Martin Kreuels

Der Mann und seine Trauer

Impressum

Satz, Cover: Maya Terler (www.maya-schreibt.com)

Verlag: BoD · Books on Demand GmbH, Überseering 33, 22297 Hamburg,

bod@bod.de

Druck: Libri Plureos GmbH, Friedensallee 273, 22763 Hamburg

ISBN: 978-3-8192-6469-6

Martin Kreuels

Der Mann und **seine Trauer**

aus der Sicht der Evolution
verbunden mit einer neuen Sinnhypothese

mit einem Gastbeitrag von Hendrik Lind (Trosthelden)

„Ein Mann, der zu beschäftigt ist, sich um seine Gesundheit zu kümmern, ist wie ein Handwerker, der keine Zeit hat, seine Werkzeuge zu pflegen.“

Spanisches Sprichwort

Inhalt

8 Vorwort

10 Aufbau des Buches (Theorie & Praxis)

11 Einleitung

12 **DER THEORIETEIL**

14 Die Population

16 Der Mann in der vorindustriellen Zeit

26 Der Mann nach der industriellen Revolution

29 Die Katastrophen in der Evolution

31 Das neurobiologische Modell des Gehirns

33 Trauer und die Zeit

35 Lebenserwartung nach einem Verlust

38 Warum ist es sinnvoll, von den Unterschieden zwischen den Geschlechtern zu wissen?

42 Lindsches Trauersprachenmodell

46 Epigenetik

49 Die fünf Säulen der Identität des Mannes

55 Netzwerk und Hierarchie

58 Ist die Trauer für den Menschen notwendig?

61 Ist Trauer generell als Zeichen biologischer Fitness zu verstehen?

65 Fußballstadion versus Trauercafé oder warum ein Stuhlkreis dem Mann nicht hilft

69 Männerstille

72 Optionen schaffen

75 Warum ein naturwissenschaftlicher Trauer-Ausbildungskurs sinnvoll ist?

76 **DER PRAXISTEIL MÄNNER GESCHICHTEN**

78 Männergeschichten

79 Fragenkatalog

80 Schüler, 16 Jahre

82 Rentner, 80 Jahre

82 Angestellter bei der Agentur für Arbeit, 59 Jahre

83 Diplom-Pädagoge, 51 Jahre

86 selbständig als Fotograf und Schriftsteller, 45 Jahre

88 Diplom Kaufmann, angestellt als Controller, 52 Jahre

92 Pensionär, 66 Jahre

99 Pastor i.R., 74 Jahre

101 Sozialpädagoge, 58 Jahre

105 Manager, 45 Jahre

108 Angestellter, 48 Jahre

110 Anonym, Alter unbekannt

112 freier Unternehmer – neue Medien, 54 Jahre

116 Dipl.-Betriebswirt ,37 Jahre

119 Systemadministrator und Servicetechniker, 38 Jahre

121 Klempner, 66 Jahre

123 Rentner, 70 Jahre

125 Handwerker,59 Jahre

126 Beamter, 52 Jahre

127 Pensionär, 65 Jahre

129 Anonymer Erlebnisbericht, Alter unbekannt

130 Rohrnetzbauer, 50 Jahre

135 Erzieher, 42 Jahre

139 Grafiker, Alter unbekannt

141 Parkbank

142 Rentner, 70 Jahre

145 Unterschiede – Warum?

146 **DER UNVOLLSTÄNDIGE UNTERSCHIEDS-KATALOG**

174 Trauer als Phase?

176 Bleiben Sie ehrlich!

178 Literatur

182 Stichwortverzeichnis

189 Über den Autor

VORWORT

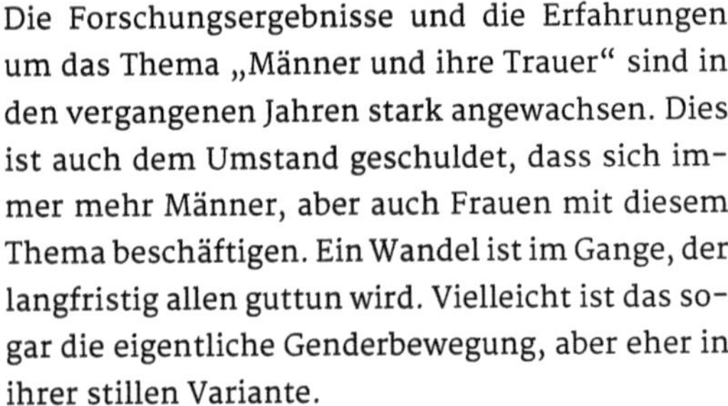

Die Forschungsergebnisse und die Erfahrungen um das Thema „Männer und ihre Trauer" sind in den vergangenen Jahren stark angewachsen. Dies ist auch dem Umstand geschuldet, dass sich immer mehr Männer, aber auch Frauen mit diesem Thema beschäftigen. Ein Wandel ist im Gange, der langfristig allen guttun wird. Vielleicht ist das sogar die eigentliche Genderbewegung, aber eher in ihrer stillen Variante.

Meine Konzentration auf dieses Thema, jetzt schon seit 2010, hat mir viele Erfahrungen geliefert, die ich weitergeben möchte. Sie setzen sich zusammen aus Hunderten Hospizbesuchen im deutschsprachigen Raum, aus ungezählten Begleitungen, durch den Austausch mit Begleitern trauernder Menschen, um von ihnen zu lernen, aber auch durch intensive Studien von Fachliteratur zu diesem Themenbereich. Einschränkend muss gesagt werden, dass die sich ergebenden Schlussfolgerungen die Meinigen sind, also nicht zwangsläufig von allen geteilt werden muss.

In der Vergangenheit habe ich versucht erste Erkenntnisse einem gewogenen Publikum vorzustellen. In meinen Anfängen war ich auf der Suche nach Männern, die mir von ihrer Trauer berichten sollten. Da das Gespräch schwierig war, zumindest habe ich nur sehr wenige Männer gefunden, kam die Idee auf, Worte durch Bilder zu ersetzen. Daraus entstand 2014 das Buch „Männer trauern anders – Bilder".[1] Kaum fertig, traten einige der Protagonisten wieder auf mich zu und wollten nun

Kreuels, M. (2014): Männer trauern anders - Bilder. BoD, Norderstedt: 104 S.

ihre Geschichten erzählen. Die Erarbeitung der Trauer durch eigene Bilder hatte Kanäle geöffnet, die sie nun sprachlich nutzen wollten. Wir erarbeiteten gemeinsam einen Fragenkatalog, der in das folgende Buch einfloss. 2015 kam das nächste Buch, absichtlich unter gleichem Titel gehalten, heraus, allerdings diesmal mit den Texten der betroffenen Männer: „Männer trauern anders – Erfahrungen".[2]

Die Zeit seitdem war angefüllt mit vielen Vorträgen und endlosen gefahrenen Autobahnkilometern, Begleitungen, Gesprächen, Podcasts, Fortbildungen und dem Schreiben von Sachbüchern, heute auch in Romanform, um auch andere Leser zu erreichen und um weitere Impulse zu setzen.[3] [4]

Ich denke, der Rückblick auf zehn Jahre ist ein guter Zeitpunkt, die Erfahrungen einmal neu zusammenzufassen und zu veröffentlichen. Das soll das vorliegende Buch leisten. Es kann aber nur ein Zwischenschritt sein, denn der Erfahrungsschatz und die Forschungen in diesem Gebiet gehen weiter. Zum Glück seit ein paar Jahren auch disziplinübergreifend. Langsam setzt sich die Erkenntnis durch, dass nicht ein Fachbereich allein ausreichend ist, um diese komplexe Thematik umfassend zu bearbeiten. Um nur ein paar Bereiche zu nennen, die sich nun verbinden: evolutionäre Psychologie, Biopsychologie und evolutionäre Sozialwissenschaften. Wir werden das Thema im Kapitel Epigenetik noch einmal aufgreifen.

Mir geht es in dem vorliegenden Buch darum, eine weitere Sichtweise den Begleitern und Begleiterinnen an die Hand zu geben. Sie soll nichts ersetzen und ist auch nicht besser als die aktuellen Herangehensweisen, die meist aus der Psychologie, der Geschichte und der Soziologie stammen. Eine neue Sichtweise bedeutet mehr Optionen zu haben, weitere Angebote schalten zu können, um damit vielleicht mehr Männer zu erreichen. Die Thematik aus allen Perspektiven zu betrachten, ist mein Ziel.

Ich würde mich freuen, wenn dieses Buch für Sie/euch Impulse enthalten würde, die Sie/ihr für Ihre/eure Arbeit nutzen könnt. Natürlich wende ich mich auch an alle Betroffenen. Sich selbst ein Stückchen besser zu verstehen, kann einen heilsamen Weg öffnen. Einen Versuch ist es wert.

Die geschlechtsspezifische Sprache wende ich strenggenommen unsauber an. Man mag mir das verzeihen, denn ich will niemanden schlecht darstellen. Das Buch ist aus der Sicht eines Mannes geschrieben worden und richtet sich auch überwiegend an Männer, auch wenn es für Frauen vielleicht die eine oder andere Tatsache erläutert. Natürlich ziehe ich Vergleiche, sonst könnte ich auch unterschiedliche Aspekte nicht beschreiben. Allerdings bewerte ich nicht.

[2] Kreuels, M. (2015): Männer trauern anders. BoD, Norderstedt: 172 S.

[3] Kreuels, M. (2023): Das leere Ich. BoD, Norderstedt: 146 S.

[4] Kreuels, M. (2024): Ukrainekind. BoD, Norderstedt: 208 S.

10

AUFBAU DES BUCHES

(Theorie & Praxis)

Der Theorieteil:
Das Buch enthält unterschiedliche Bereiche, die das Thema „Männer und ihre Trauer" beleuchten sollen. Das sind die wissenschaftlichen und die erfahrenden Aspekte, meistens mit Zitaten versehen, damit Sie dort weiterlesen können, wenn Sie tiefer in das Thema einsteigen wollen. In Teilen gehe ich bewusst ein Stück weiter und formuliere mögliche Theorien, die zur Diskussion anregen sollen. Theorien sind so lange gut, bis sie widerlegt werden. Das Risiko der Widerlegung gehe ich gerne ein, denn dann haben sich Menschen mit meiner Idee beschäftigt. Eine Bestätigung oder eine Widerlegung ist immer ein Fortschritt!
Ich möchte Impulse setzen, weil sich die Trauer im Laufe der Evolution herausgebildet hat. Wäre sie ausschließlich schädlich, hätte sie dauerhaft keinen Bestand gehabt.

Es muss ihr also etwas innewohnen, das einen Vorteil für uns ergibt. Allen den Menschen, die sich aktuell in einer Trauerphase befinden, muss diese Aussage wie ein Schlag ins Gesicht vorkommen. Ich weiß, und ich entschuldige mich dafür. Die Sichtweise ist die eines Naturwissenschaftlers und da haben Emotionen wenig Raum, auch wenn sie dem ganzen Themenkomplex eine Grundlage bieten.

Der Praxisteil:
Die Interviews der Männer[5] schließen sich nach dem Theorieteil an. Dies sind Texte aus dem Leben, die immer wieder Facetten aus dem Theorieteil widerspiegeln. Dabei weise ich hier schon auf das Kapitel „Population" hin, weil es keine Ausschließlichkeit gibt.

Die Unterschiede:
In einem umfangreichen Katalog habe ich Ihnen Unterschiede zwischen Männern und Frauen zusammengestellt. Dieser Katalog ist natürlich nicht vollständig, soll aber verdeutlichen, wie spezifisch die Natur uns für unsere Aufgaben geformt hat.

Die Bilder:
Eingeflossen sind die Bilder des im Jahre 2014[6] erschienenen Buches. Es sind Bilder von trauernden Männern, die keine Worte für ihre Situation gefunden haben. Also der Vorgänger des Praxisteils.

---

[5] Kreuels, M. (2015): Männer trauern anders – Texte. BoD, Norderstedt: 172 S.

[6] Kreuels, M. (2014): Männer trauern anders - Bilder. BoD, Norderstedt: 104 S.

EINLEITUNG

Als Biologe trage ich zwangsläufig eine Brille, durch die ich mir das Thema Trauer der Männer ansehe. Die Brille ist gefärbt durch die Evolution, die Verhaltensforschung und die Physiologie. Es wäre anmaßend, Psychologie, Soziologie und Geschichte in gleicher Weise auch noch hinzunehmen zu wollen. Dazu hätte es weiterer Studiengänge bedurft. Auch meine Zeit auf dieser Erde ist begrenzt und alles geht nun mal nicht. Hier verweise ich gerne auf Kollegen und Kolleginnen, die in diesen Bereichen ihre Expertise haben und dazu zahlreiche Veröffentlichungen geschrieben haben.

Sie, verehrte Leserin, und Sie verehrter Leser, sollten auch in diese Bereiche hineinschauen, um mögliche Antworten von mir nicht zu einseitig zu erhalten. Für mich ist die Biologie der zentrale Aspekt, da wir eine Geschichte von sechs Millionen Jahren in uns tragen. Wir, die wir heute hier leben, sind das bisherige Endergebnis dieses Weges. Wir sind die Gewinner! Aber Gewinner sind nicht endgültig perfekt, und so tragen wir neben unserem Sieg in der Geschichte auch unseren Rucksack und wissen manchmal nicht, woher wir diesen bekommen haben. Gleichzeitig ist die Natur ein dynamisches System, welches einem stetigen Wandel unterzogen ist. Dazu gehört auch, dass wir nicht das Ende sind, sondern nur eine Durchgangsstation in der Evolution. Wir können in Teilen nach hinten schauen, was aber die Zukunft bringen wird, wissen wir nicht. Es ist vielleicht auch besser so.

In vielen Gesprächen, die ich führen durfte, wiederholen sich Fragen. Dies zeugt davon, dass Probleme ähnlich gelagert sein können, auch wenn jeder Mensch individuelle Perspektiven hat und natürlich jeder seine eigene, individuelle Geschichte in sich trägt. Ob die Trauer und damit verbunden die Krise durch den Verlust eines nahestehenden Menschen entstanden ist oder andere Gründe hat,
spielt dabei keine Rolle. Es wiederholt sich das Schwanken im Leben, der Zeitpunkt, in dem aus einem stabilen Betonboden ein Schwingrasen wird. Ein Boden, der zwar noch halbwegs tragfähig ist, der aber bei einer unachtsamen Bewegung durchstoßen werden kann und in dem wir dann versinken. In der Krise verlieren wir unsere Mitte und wir brauchen Informationen, damit wir uns neu justieren können. Vielleicht wir Männer sogar mehr als das weibliche Geschlecht.

DER THEORIETEIL

14

DIE POPULATION

Sie können in den nachfolgenden Texten schnell den Eindruck gewinnen, dass ich immer alle Frauen und alle Männer unserer Gesellschaft (Population) meine und anspreche. Dabei werden Sie immer wieder anmerken können, dass das Beschriebene auf Sie nicht zutrifft. Richtig! Wenn ich von den Männern oder den Frauen spreche, meine ich ein grobes Verhältnis von 70 zu 30.[7] Damit meine ich Folgendes: In einer Population ist es, bei stabilen äußeren Bedingungen sinnvoll, dass sich der überwiegende Teil in eine Richtung bewegt. Mit Richtung ist im übertragenen Sinne zum Beispiel gemeint, dass wir eine bestimmte häufig vorhandene Nahrung bevorzugen, die gut, schnell und in großen Mengen vorhanden ist und die uns nicht schädigt. Sie können damit „Richtung" in alle Bereiche hinein definieren. Nur so lässt sich eine Art, in unserem Fall der Mensch, langfristig erhalten. Aber wir alle wissen, dass die Welt ein dynamisches System ist. Dinge ändern sich im Kleinen genauso wie auf der Ebene der Welt oder gar im gesamten Universum. Dieses dehnt sich z. B. immer noch aus und scheint damit noch nicht „fertig" zu sein!

Nichts hat ewig Bestand. Nur temporäre Abschnitte sind halbwegs stabil, bis sich ein Faktor verändert und sich damit größere Einheiten neu sortieren müssen. Sie sehen es beispielsweise jeden Abend im Anschluss an die Nachrichten, wenn das Wetter besprochen wird. Selten gibt es Phasen stabiler Wetterlagen, meist sind diese, wenn überhaupt, ein paar Tage konstant, bis wieder ein Tief- oder ein Hochdruckgebiet kommt und sich alles verändert. Langfristige Stabilität, jetzt auf Wetterebene gedacht, ist nicht sinnvoll, schauen wir auf den verregneten Winter 2023/2024, der dazu führte, dass die Landwirtschaft lange Zeit nicht die Äcker bewirtschaften konnte, oder denken Sie an den Sommer 2003 mit seiner langanhaltenden Trockenheit. Ein stetiger Wechsel hat manchmal Vorteile.

Auf der Ebene der Arten ist dies ähnlich. Ein Hauptteil marschiert in aller Regel in eine Richtung. Aber warum gibt es die anderen, den kleineren Teil?

Unterschiede zwischen Individuen sind sinnvoll, denn dann haben die Individuen die Möglichkeit, sich schneller auf neue Bedingungen einzustellen. Dass es Unterschiede gibt, wird durch die Geschlechter gewährleistet. Wir Menschen als eine Art benötigen zur Fortpflanzung einen Partner. Durch die Zusammenführung unterschiedlichen genetischen Materials durchmischt sich das Erbgut bei jedem Nachkommen etwas anders. Nicht vollständig, das wäre nicht sinnvoll, aber doch in Teilen. Jeder Mensch, ausgenommen eineiige Zwillinge, ist also ein kleines bisschen anders als seine Schwester oder sein Bruder, aber auch etwas anders als seine Eltern. Dies kann als Sicherheitsnetz für die Population als möglicher Fortschritt, aber auch als Rückschritt verstanden werden.

[7] Birkenbihl, V. F. (2008): Mehr als der sogenannte kleine Unterschied – Männer Frauen. DVD.

Würden alle, also 100 %, in eine Richtung laufen und die Bedingungen würden sich ändern, könnte es sein, dass die Population auf die Veränderung nicht adäquat reagieren könnte. Die Gefahr eines Aussterbens wäre dann höher. Gibt es aber die „anderen“, können diese die Garanten dafür sein, dass sich Teile einer Population besser auf die neuen Bedingungen einstellen können.

Nehmen wir ein Beispiel: Bei den Zugvögeln gibt es Arten, die im Herbst regelmäßig den Zug in den Süden antreten und viele Tausende gefahrvolle Kilometer zurücklegen, um in Afrika den kalten, nassen und nahrungsarmen europäischen Bedingungen auszuweichen. Ein kleiner Teil dieser Vögel flog aber nicht immer nach Afrika, sondern an die Südküste Englands, mit all seinen Nachteilen, denn dort war das Wetter auch nicht besser als bei uns. Der kleine Teil hatte zwar dauerhaften Bestand, aber wirklichen Nutzen ergab sich daraus nicht.

Seit ein paar Jahren werden die Anzeichen eines Klimawandels immer deutlicher und die Winter in England sind nicht mehr so hart, wie sie mal waren. Die Vögel kommen gut durch den Winter, sind im kommenden Jahr eher zurück in ihren Brutgebieten bei uns, können eher beginnen und ziehen häufiger zwei Bruten auf, vermehren sich also stärker als die Vögel, die erst noch aus Afrika zurückkehren. Ihre höhere Nachkommenzahlen (zwei statt ein Gelege mit einer bestimmten Anzahl Eier) wird damit langfristig dazu führen, dass sich das 70-zu 30-Verhältnis umkehren wird. Vielleicht fliegen zukünftig nur noch wenige Vögel nach Afrika oder vielleicht machen sie es ganz anders und ein kleiner Teil fliegt nach Norden oder in den Osten. Ausgelöst wurde das Ganze durch sich ändernden Klimabedingungen.

Spreche ich also nachfolgend von den Männern und den Frauen, meine ich damit den größeren Teil einer Bevölkerung. Und dies gilt dann nicht für alle Eigenschaften zusammen, sondern für jede Eigenschaft separat.

In der Mathematik wäre dies die Gauß-Verteilung, für alle die, die sich das Verhältnis als Kurve im mathematischen Bereich ansehen möchten.[8]

[8] Normalverteilung: https://de.wikipedia.org/wiki/Normalverteilung.

16

DER MANN IN DER VORINDUSTRIELLEN ZEIT

Beginnen wir damit, wann in etwa die Trauer entstanden sein könnte. Wahrscheinlich gibt es die Trauer ungefähr seit dem Zeitpunkt, seitdem es Feuer gibt und dieses bewusst genutzt wurde. Davor waren die frühen Menschen auf Rohkost angewiesen. Dies hat gravierende Auswirkungen auf unseren Tagesablauf. Da Rohkost, also Pflanzen aber auch Fleisch im ungekochten Zustand, schwer verdaulich sind und in Summe wenig Energie bereithalten, muss eine große Menge davon aufgenommen werden, um den täglichen Kalorienbedarf zu decken. Das hat zwei entscheidende Konsequenzen. Einerseits muss der Darm um einiges länger sein, um die notwendige Energie aus der Nahrung herausziehen zu können, andererseits ist der Zeitaufwand wesentlich höher die ausreichende Menge aufnehmen zu können. Wir gehen heute davon aus, dass 50-70 Stunden pro Woche notwendig sind, die für die Ernährung aufgewendet werden müssen, um ausreichend rohe Nahrung aufnehmen zu können, die wir in freier Wildbahn auch noch suchen und pflücken/ernten müssen.

Mit der Nutzung des Feuers ließen sich nun einige wesentliche Änderungen feststellen. Der Darm verkürzte sich, da die gekochte Nahrung besser und schneller vom Körper aufzuschließen war. Gleichzeitig konnte pflanzliche Nahrung besser verwertet werden und in Teilen war durch den Koch- und Bratprozess auch der Energiegehalt der Nahrung höher, so dass weniger Zeit aufgewendet werden musste, Nahrung zu suchen. Zum Vergleich die notwendige Arbeit, die vor dem Feuer für den Aspekt Nahrung (Suchen, Essen, Verdauen) aufgewendet wurde: ca. 40-50 % der Wochenzeit und dazu der heutige Zeitaufwand, ca. 3-5 %. Parallel zum Zeitraum der gezielten Feuernutzung können wir eine rasante Entwicklung des Gehirns feststellen. Die Nahrungsaufnahme und Zubereitung verkürzte sich und Zeit wurde frei. Die freigewordene Zeit wurde von den früheren Hominiden nun dafür genutzt die Kommunikation weiterzuentwickeln. Das Gehirn entwickelte sich stark weiter und es wurde möglich sich kognitiv mit anderen Themen zu befassen und diese zu hinterfragen. Der frühe Mensch öffnete sich und nahm seine Umwelt anders wahr.
Ebenfalls in diesen Zeitraum fallen nun die ersten Nachweise des gezielten, rituellen Ablegens von Leichen (335.000 bis 236.000 Jahren). Wir können davon ausgehen, dass damit auch die Auseinandersetzung mit dem Verlust intensiver wurde und evtl. zu diesem Zeitpunkt auch die Trauer entstand.[9] Wir können, wenn diese Entwicklungen sich zukünftig durch weitere Forschungsarbeiten bestätigen sollten, einen ungefähren Zeitraum festlegen, wann der Mensch zu trauern begann.

---

[9] Suzmann, J. (2021): Sie nannten es Arbeit. C.H. Beck, München.

Wahrscheinlich ist dies die Phase der gezielten und bewussten Nutzung des Feuers mit den sich daraus ergebenen Möglichkeiten. Um deutlich zu machen, über welche Zeiträume wir sprechen, wenn ich von 99 % der Menschheitsgeschichte schreibe, hier ein paar Zahlen. Die Zeit vor der industriellen Revolution ist die mit Abstand längste Phase in unserer Entwicklung.

Tabelle 1: Geschichte der Menschheit [10] [11]

Zeitraum in Jahren, vor...	Ereignis
15 Mrd.	der Urknall, Ursprung des Universums
4,7 Mrd.	die Erde entsteht
3,7 Mrd.	das erste Leben entsteht
1,2 Mrd.	Die sexuelle Fortpflanzung entwickelt sich.
500-450 Mio.	die ersten Wirbeltiere
365 Mio.	Fische entwickeln Lungen und bewegen sich an Land
248-208 Mio.	die ersten kleinen Säugetiere und Dinosaurier entstehen
208-65 Mio.	Blütezeit der Dinosaurier
114 Mio.	Plazentalier entwickeln sich
85 Mio.	die ersten Primaten entwickeln sich
65 Mio.	Dinosaurier sterben aus, Säugetiere breiten sich aus

[10] Wilson, E. O. (2013): Die soziale Eroberung der Erde. Eine biologische Geschichte des Menschen. Beck, München.

[11] Buss, D. M. (2019): Evolutionäre Psychologie. Pearson Studium; 2. Edition: 608 S.

35 Mio.	die ersten Affen entwickeln sich
6–8 Mio.	gemeinsamer Vorfahre von Mensch und afrik. Affe
6–7 Mio.	erster Primat mit aufrechtem Gang
2–3 Mio.	die Australopeticinen entwickeln sich in der Steppe Afrikas, die Gattung Homo entsteht
2,5 Mio.	die ersten Steinwerkzeuge werden benutzt
1,5–2 Mio.	Hominiden breiten sich in Afrika aus und erreichen Europa
1,5 Mio.	„Technologiesprung", feinere Bearbeitung der Werkzeuge
1,2 Mio.	Erweiterung des Gehirns bei den Hominiden
1 Mio.	Hominiden wandern nach Europa; systematische Jagd auf Groß- und Kleinwild entwickelt sich
800.000	Steinwerkzeuge in Spanien werden entwickelt, Kohlenhydrate können besser verdaut werden
600.000–400.000	lange Holzspeere und frühe Feuerstellen werden gefunden
500.000–100.000	Periode der schnellsten Gehirnerweiterung
500.000–400.000	gesicherter Nachweis von Feuer aus China und Bretagne
335.000–236.000	Homo naledi ritualisiertes Ablegen von Verstorbenen in unzugänglichen Höhlen
200.000–30.000	Blütezeit der Neandertaler
195.000	Homo sapiens entwickelt sich
135.000	erste Domestikationen von Tieren, wahrscheinlich aber auch schon durch den Neandertaler
100.000–50.000	Zweiter großer Auszug aus Afrika
77.000	erste künstlerische Erzeugnisse

75.000	Herstellung von Kleidung
50.000-35.000	Entstehung zahlreicher Stein-, Knochen- und Metallwerkzeuge, hoch entwickelte Feuerstellen
47.000	Homo sapiens und Neandertaler vermischen sich
35.000-40.000	Nachweis von Knochenflöten
35.000	Höhlenmalerei
30.000	Neandertaler sterben aus
27.000 bis heute	Homo sapiens besiedelt die ganze Erde
24.000	erste Keramikfiguren
16.000-18.000	Entwicklung des Speerwerfers (Atlatl) daraus folgten später Pfeil und Bogen
15.000-12.000	Umstellung auf Landwirtschaft, damit wurde die Sesshaftigkeit notwendig (fruchtbarer Halbmond Vorderasien)
7.000	Entstehung der Landwirtschaft in Europa, Einführung des Handels
6.000	erste stadtähnliche Strukturen, Entwicklungen von Dienstleistungen, Herrschaften, Häuptlinge, Erfindung des Rades
5.000	Metallverarbeitung, Schrift
2.000	Straßen, Aquädukte, Infrastruktur, Papier
16. Jh.	Schnelle Entwicklung der Landwirtschaft
18. Jh.	Industrielle Revolution, Dampfmaschine
19. Jh.	allgemeine Verstädterung, Elektrizität für Beleuchtung, Kommunikation und Antrieb, Telekommunikation
20. Jh.	Auto, Flugzeug, Computer, Atomkraft
21. Jh.	Internet, mobile Geräte, Künstliche Intelligenz, Biotechnologie

Wir gehen heute davon aus, dass die Jäger-und-Sammler-Phase in der Menschenentwicklung 99 % der gesamten Zeit umfasst. Daneben wurden auch die Sammler-und-Aasfresser-Hypothesen diskutiert, die sich allerdings nicht durchsetzen konnten.[12] Ein Verhältnis von 99:1 deutet stark darauf hin, dass wir einen großen Anteil der früheren Phase in uns tragen und dass das 1 % nicht viele grundlegende Veränderungen in uns bewirken konnte, einfach aufgrund der kurzen Zeit. Wir leben heute in einer modernen, sich rasant entwickelnden Welt mit vielen Anteilen aus unserer Vergangenheit.[13]

Entwickelte sich dies auf der Makro- oder Populationsebene der Menschen, so wollen wir vereinfacht auch auf die Mikroebene schauen:

Was entwickelte sich zwischen Mann und Frau?

Parallel zur Entwicklung der Menschheit entwickelten sich Rollen und Aufgabenverteilungen. Vieles davon war und ist biologisch bestimmt, beispielsweise, dass die Frauen die Kinder bekommen. Dies hat zur Folge, dass sich einzelne Aspekte nur langsam ändern werden und noch heute in uns erhalten sind. Manches wird so bleiben. Die Natur schafft durch eliminierende Selektion nur die Entwicklungen wieder ab, die für eine Population unmittelbar schädlich sind. Alle Entwicklungen, die neutral oder positiv sind, werden durch eine erhöhte Vermehrungsrate an die Nachkommen weitergegeben. Entwicklungen, die in der Zwischenzeit ihren positiven Charakter verloren haben, aber letztlich nicht schädlich oder hinderlich sind, verbleiben im menschlichen Erbgut und können wieder „angeschaltet" werden, wenn sie erneut einen Vorteil bedeuten.

Heute gehen wir davon aus, dass es keine rein biologische Entwicklung gab, sondern dass sich die Kultur und die Natur des Menschen parallel entwickelte. Dabei bedingen sich beide Aspekte gegenseitig. Eine parallele Entwicklung zwischen Biologie und Kultur nennt man Epigenetik oder Gen-Kultur-Evolution.[14] Auch das Genetische ist nicht starr und fixiert. Es schafft einen gewissen Rahmen, in dem wir uns entwickeln können. Wenn wir eine bestimmte Handlung ausüben, fällt sie uns leichter, wenn genetische Grundlagen dafür angelegt sind.

Ein kleines Beispiel zur Verdeutlichung: Haben wir die Strukturen im Gehirn, um leicht mathematische Probleme zu lösen, so ist es wahrscheinlich, dass wir später eine Aufgabe im Beruf übernehmen, für die das Wissen um mathematische Zusammenhänge von Vorteil ist. Es ist aber eher unwahrscheinlich, dass wir eine Aufgabe übernehmen werden, die rein gar nichts mit mathematischen Fähigkeiten zu tun hat. Da es uns leichtfällt eine genetische Vorgabe im Alltag umzusetzen, sind wir in diesem Bereich in aller Regel auch erfolgreich, weil wir dabei Energie einsparen können. Erfolgreich bedeutet aber in der Evolution auch, dass wir eine erhöhte Wahrscheinlichkeit haben, uns zu reproduzieren. Die Geschichte und die Forschung im Bereich der Volksstämme zeigt eindrucksvoll, dass die wirklich erfolgreichen Menschen meist mehrere Frauen um sich scharen konnten. Letztlich macht das Sinn, denn eine erfolgreiche Vermehrung war daran gekoppelt, Zugang zu Nahrung, Wohnung, Kleidung etc. zu haben. Dies hatten nun mal nur die Erfolgreichen. Mehr Nachkommen haben dann zwangsläufig dieses genetische Material, sodass sich ein

[12] Buss, D. M. (2019): Evolutionäre Psychologie. Pearson Studium; 2. Edition: 608 S.

[13] Buss, D. M. (2019): Evolutionäre Psychologie. Pearson Studium; 2. Edition: 608 S.

[14] Wilson, E. O. (2013): Die soziale Eroberung der Erde. Eine biologische Geschichte des Menschen. Beck, München.

erfolgreicher Weg weiterentwickelt. Für den Mann hatte es einen Vorteil, dass er durch die Gewinnung mehrerer Frauen die Möglichkeit hatte, relativ zu anderen, weniger erfolgreichen Männern, mehr Kinder zu zeugen als seine Geschlechtsgenossen. Für die Frauen lag der Vorteil in der Absicherung ihrer Kinder durch einen erfolgreichen Mann. Die Versorgung war demnach gesicherter als bei anderen Männern. Die Frauen haben also bevorzugt erfolgreiche Männer gesucht. Dagegen haben die Menschen, die sich immer mühsam durchbeißen müssen, einen Nachteil, weil sie in aller Regel eben nicht erfolgreich sind, sondern nur so gerade über die Runden kommen. Sie müssen ihre Energie anders nutzen, nämlich um für ihr eigenes Überleben zu sorgen. Da sie es schwerer haben, bieten sie auch nicht so viele Sicherheiten, als dass eine Fortpflanzung mit ihnen risikofrei wäre. Daraus folgend haben sie meist auch weniger Nachkommen, sind also biologisch betrachtet nicht so erfolgreich. Sie haben weniger Nachfahren und sterben letztlich (mittel- bis langfristig) aus. Nun ist diese Sicht sehr männerzentriert. Was ist mit den Frauen?

Frauen, die erfolgreich darin waren, gesunde Kinder zur Welt zu bringen und diese zu versorgen, sodass die gemeinsamen Kinder das Erwachsenenalter erreichen konnten, waren attraktiv für Männer, sodass die Männer sich diese Frauen versuchten zu „sichern“. Dazu gehört aber auch, dass die Frauen in der Lage waren, aufkommende Krankheiten zu heilen, eine ausgewogene Ernährung zur Verfügung zu stellen und den Wohnort so zu gestalten, dass alle in Sicherheit leben konnten. Es ist in Summe eine Entwicklung, die beider Geschlechter bedurfte und nur dann erfolgreich sein konnte. Ein erfolgreicher Mann hat biologisch keinen Erfolg, wenn er sich eine nicht erfolgreiche Frau aussuchte. Diese Anpassung geht so weit, dass eine Frau instinktiv den Gesundheitszustand eines Mannes riechen kann. Sie ist also genauso in den Prozess eingebunden wie der Mann.

Gehen wir noch mal zurück auf die Ebene der erfolgreichen Eigenschaften eines Menschen.
Wenn Sie in der heutigen Zeit auf Businessplattformen (Jobangebote) schauen, beispielsweise LinkedIn oder Xing, werden Sie dort eine große Anzahl von Coaches finden, die sich genau diese Eigenschaften des Menschen zunutze machen, denn diese appellieren an ihr Potenzial, also das, was sie gut können. Die Coaches versuchen herauszufinden, wo ihre Kernkompetenzen liegen. In die gleiche Richtung gehen Fragebögen beim Arbeitsamt, die Ihnen helfen sollen, den geeigneten Beruf zu finden. Nur in dem, was Sie gut können, werden Sie auch erfolgreich sein. Das ist nichts anderes, als was in der Vergangenheit gefordert war.

Dieser Weg wurde über Millionen von Jahren mit dem Ergebnis gegangen, dass heute Milliarden von menschlichen Nachfahren auf der Erde leben, alle konnten sich vermehren, weil sie Eigenschaften aufwiesen, die in der gegebenen Umwelt von Vorteil waren. Die in früheren Zeiten nicht erfolgreichen Menschen gibt es heute nicht mehr, ihre Gene starben in aller Regel im Laufe der Zeit aus, weil die relative Anzahl ihrer Nachkommen geringer war. Wir, die wir heute auf dieser Erde leben, sind Produkte erfolgreicher Eltern, Großeltern, Urgroßeltern etc. Wir sind die Sieger, wenn auch nur die vorübergehenden.

Im Laufe der Evolution hat sich zwischen Mann und Frau eine Arbeitsteilung entwickelt, die in der Aufteilung von Geschlechterrollen mündete. Die Männer waren überwiegend für das Außen (z. B.

Landwirtschaft, Jagd, Krieg) und die Frauen überwiegend für das Innen (z. B. Kindererziehung, Pflege von kranken oder alten Angehörigen, Sammeln) zuständig. Heute wissen wir aber auch, dass es zu Überschneidungen kam. Frauen waren in Teilen auch in der Jagd erfolgreich, dort meist bei kleineren Arten, während die Männer auch Anteile in der Erziehung übernahmen und natürlich auch sammelten. Mir geht es auch nicht um eine Ausschließlichkeit, sondern um ein generelles Bild.[15]

Jeder hatte seinen Weg, für den er verantwortlich war und den er mit der Zeit immer perfekter ausfüllte. Dieser Weg wurde über viele Jahrtausende beschritten, sodass nicht nur Aufgabenprofile manifestiert wurden, sondern sich auch unsere Körper daran anpassten. Schauen Sie dafür in die Unterschiede zwischen Männern und Frauen am Ende des Buches. Aber erst das Zusammenspiel dieser beiden war letztlich erfolgreich und deshalb besiedeln wir heute diesen Planeten und haben begonnen ihn zu formen.

Und noch ein kleiner Einschub, weil ich erwähnte, dass Männer versuchten mehrere Frauen an sich zu binden. Ein Gedanke, der uns heute in der westlichen Welt fremd ist.

Die Spermien des Mannes werden noch heute nur zu 10 % zur Befruchtung der Eizelle eingesetzt. 90 % des Spermienmaterials ist dafür da, Fremdsperma an der Befruchtung der Eizelle zu hindern!

[15] Lamm, L. (2023): Frauen bei der Jagd: Geschlechter-Mythos endgültig widerlegt. https://www.nationalgeographic.de/geschichte-und-kultur/2023/07/frauen-jagd-geschlechter-mythos-jaeger-sammler.

Tabelle 2: Tätigkeiten, die zwischen den Kulturen gleich sind. Der angegebene Prozentsatz ist die Rate, in wie vielen Kulturen diese Aufgabe spezifisch für das entsprechende Geschlecht vorkommt.[1]

Männlich	Weiblich
Großtierjagd (100 %)	Kinderbetreuung (100 %)
Krieg führen (100 %)	Kochen (95 %)
Metallbearbeitung (100 %)	Wasser holen (93 %)
Herstellung Waffen (100 %)	Kleidung nähen (84 %)
Fertigung Instrumente (98 %)	Töpferei (83 %)
Fischerei (90 %)	Getreide mahlen (94 %)
Viehherdenbetreuung (82 %)	Lasten tragen (72 %)
Ackerbau (80 %)	Sammeln von Nahrung (75 %)
	Früchte ernten, sammeln (70 %)
	Feuermachen (73 %)

Da die Frauen die Kinder bekommen und durch eine lange, energieaufwändige Schwangerschaft, aber auch noch lange Zeit nach der Geburt (Ernährungsphase durch die eigene Milchproduktion) an das Kind gebunden waren, sie in dieser Zeit also nur eingeschränkt in der Lage waren, hochwertige, proteinreiche Nahrung (Fleisch) zu erjagen, brauchten sie die Fähigkeiten des Mannes. Ihre Tätigkeit war die Gestaltung des „Nestes", das Sammeln von Früchten und später der Anbau von pflanzlichen Produkten in der Nähe ihres Wohnortes. Die Wahrscheinlichkeit, dass das Kind

[16] Bischof-Köhler, D. (2006): Von Natur aus anders. Die Psychologie der Geschlechtsunterschiede. Kohlhammer, Stuttgart.

überlebte, war somit höher, wenn sie sich auf den Bereich direkt an ihrer Wohnstätte konzentrieren konnte, während der Mann der Gefahr der Jagd ausgesetzt war. Übrigens haben die Frauen das Bier erfunden, nicht wir Männer.

Der Mann hingegen, nicht unmittelbar gebunden an ein Kind, konnte allein oder in Kleingruppen mit anderen Männern den Wohnort verlassen, um für seine Familie Fleisch (proteinreiche Nahrung) zu erjagen. Durch die Aufteilung in unterschiedliche Aufgabenbereiche über einen sehr langen Zeitraum hinweg, wir erinnern uns an den Wert von 99:1, haben sich Funktionen unseres Körpers herausgebildet, die dieses Leben unterstützten. So ist beispielsweise der Mann an kraftintensive Tätigkeiten bestens angepasst, während die Frau optimal an ein Leben mit Kindern angepasst ist. Es gibt zahlreiche Publikationen zu den körperlichen Unterschieden.[17] [18] [19] [20] [21] [22] [23] [24] [25] [26] [27] [28] [29] [30] [31] [32]

Der Mann war durch seine Aufgaben häufig allein unterwegs, sei es auf der Jagd oder in der Landwirtschaft. Wenn er in Kleingruppen unterwegs war, war eine kurze, aussagekräftige Sprache sinnvoll. Im weitesten Sinne in Befehlsform oder kurzen Anweisungen. Während der Jagd von Großwild war keine Zeit für Gespräche, sondern für klare Strukturen, damit notwendige Aufgaben zwischen den Männern eindeutig und zeitsparend kommuniziert werden konnten. Die innewohnenden Gefahren wurden somit reduziert.

Die Frau perfektionierte ihre Fähigkeiten in der Kommunikation laufend weiter. Sie war von ihren Kindern, vielleicht anderen Frauen mit wiederum deren Kindern und den älteren Menschen, die nicht mehr auf die Jagd gehen konnten, umgeben. Es ging um Austausch, um das Gespräch, um Erziehung, die Weitergabe von Erfahrungen. Kurze

---

[17] Bischof-Köhler, D. (2006): Von Natur aus anders. Die Psychologie der Geschlechtsunterschiede. Kohlhammer, Stuttgart.

[18] Hollstein, W. (2012): Was vom Manne übrigblieb. opus magnum, Stuttgart.

[19] Birkenbihl, V.F. (2008): Mehr als der sogenannte kleine Unterschied – Männer Frauen. DVD.

[20] Eisenegger, C. (2014): Testosteron - Das verkannte Hormon. www.spektrum.de.

[21] Gilmore, D. D. (1991): Mythos Mann. Artemis und Winkler, München.

[22] Gray, J. (1998): Männer sind anders. Frauen auch. Mosaik, München.

[23] Kasten, H. (2003): Weiblich – Männlich. Geschlechterrollen durchschauen. Reinhardt, München.

[24] Kratochvil, H. (2012): Im Prinzip Jäger und Sammler. Galila, Etsdorf am Kamp.

[25] Moir, A. & D. Jessel (1990): Brainsex – Der wahre Unterschied zwischen Mann und Frau. Econ, Düsseldorf.

[26] Pease, A. & B. Pease (2002): Warum Männer nicht zuhören und Frauen schlecht einparken. Ullstein, München.

[27] Schwanitz, D. (2003): Männer - Eine Spezies wird besichtigt. Goldmann, München.

[28] Stamm, M. (2007): Begabung, Leistung und Geschlecht. Eigene Internetseite www.margitstamm.ch.

[29] Stolz, M. & O. Häntzschel (2013): Männer und Frauen. Knaur, München.

[30] Travison, G. et al. (2007): A population-level decline in serum Testosterone levels in american men. The Journal of Clinical Endocrinology & Metabolism 1 (92): 196-202.

[31] Weber-Kellermann, I. (1991): Das Männliche und das Weibliche. Zur Sozialgeschichte der Geschlechterrollen im 19. und 20. Jahrhundert. In: E. Moltmann-Wendel: Frau und Mann; Alte Rollen - Neue Werte. Patmos, Düsseldorf: 15-46.

[32] Wilson, E. O. (2013): Die soziale Eroberung der Erde. Eine biologische Geschichte des Menschen. Beck, München.

Anweisungen im Sinne einer Aufgabenverteilung waren nicht im Fokus. Noch heute kümmern sich Frauen zehnmal häufiger um ihre pflegebedürftigen Angehörigen, als Männer dies tun.[33] Und noch heute teilen bei Scheidungsprozessen die Gerichte den Frauen die Kinder häufiger zu als den Männern.

Wichtig ist in diesem Zusammenhang, die Dauer der Phasen vor und nach der industriellen Revolution zu betrachten (99:1). Wir können davon ausgehen, dass die Phase der vorindustriellen Revolution Hunderttausende Jahre andauerte, die danach nur wenige Hundert. Viele Rollenbilder konnten sich über einen sehr langen Zeitraum festigen und wurden von Generation zu Generation weitergegeben und weiterentwickelt. Der Mensch war mit dieser Struktur erfolgreich und konnte sich in der natürlichen Gemeinschaft der Arten durchsetzen. Mit dem industriellen Zeitalter seit Mitte des 18. Jahrhunderts entstand eine völlig andere Situation. Die Lebensumstände veränderten sich rasant.

Einschub: Ich halte hier eine Notiz für angebracht, denn Sie werden bemerkt haben, dass in der rechten Gesinnung genau diese Argumente genutzt werden, um ein völkisches Bild zu zeichnen und die alte Rollenverteilung auch in unsere Zeit zu übertragen. Angeblich wäre sie Teil unserer Existenz. Dies ist eine Tendenz, die wider die menschliche Entwicklung läuft, da sich die Rahmenbedingungen fundamental verändert haben.

Eine Anpassung erfolgt immer an die gegebenen Bedingungen. In der Vergangenheit war diese Strategie sinnvoll, um die Art Mensch (*Homo sapiens*) erfolgreich sich entwickeln zu lassen, wobei diese Entwicklung kein steuerbares Phänomen war, sondern sich aufgrund der gegebenen Bedingungen herausbildete. Heute herrschen andere Bedingungen vor und ein althergebrachtes Rollenverständnis ist nicht mehr notwendig. Die Biologie kann nicht dazu genutzt werden, eine politische Denkweise zu begründen. Unser Denken und unsere Entwicklung mögen in Teilen Auswirkungen auf unsere Biologie haben, wir sind aber nicht ihr Sklave, sondern können uns heute, in Absprache mit den Menschen in unserer Umgebung, frei entscheiden.

[33] Hammer, E. (2014): Männer altern anders. Herder, Freiburg.

26

DER MANN NACH DER INDUSTRIELLEN REVOLUTION

Als industrielle Revolution wird eine fundamentale Veränderung der wirtschaftlichen und sozialen Verhältnisse, also der Arbeitsbedingungen und Lebensumstände, beschrieben.[34] Seit dieser Zeit ist vieles, was zuvor Millionen von Jahren Bestand hatte, verändert worden. Der Mensch nutzte die Möglichkeiten, sich neu auszurichten, und das in einem enormen Tempo. Beispielsweise können Frauen heute problemlos schwere körperliche Arbeiten in Berufen der Männer verrichten, weil die Körperkraft durch Maschinen ersetzt wurde. Gleichzeitig sind sie nicht mehr darauf ausgerichtet, das „Innen“, das Nest, allein ausfüllen zu müssen. Staatliche Strukturen haben viele Aspekte in der Kinderbetreuung übernommen (Kindergarten, Schule etc.). Frauen haben heute meist die gleichen Rechte und Möglichkeiten auch für das „Außen“ bekommen, auch wenn es noch in vielen Bereichen Anpassungsbedarf gibt. Die Einstellung zu vielen Sachverhalten hat sich verändert und Frauen haben viele frühere Notwendigkeiten, die auf das gemeinsame Überleben und das der Kinder ausgerichtet waren, abgelegt, weil sie unter den heutigen Bedingungen nicht mehr nötig sind. Eine alleinerziehende Mutter hat es heute sicherlich nicht immer leicht, allerdings ist sie auch nicht mehr unmittelbar vom Tod bedroht, wie es in früherer Zeit keine Seltenheit war. Natürlich sind noch viele Hilfestellungen notwendig, um die Situation besser zu machen, und gut ist es auch heute noch nicht, aber mit den innewohnenden Schwierigkeiten möglich. Die Angleichungen sind noch nicht überall und im vollen Umfang umgesetzt worden, aber wir dürfen in dieser Hinsicht auch nicht die Kürze der Zeit außer Acht lassen, was nicht als Entschuldigung, aber als mögliche Erklärung herangezogen werden darf. Schließlich geht es nicht nur darum, dass sich Frauen Freiheiten erkämpfen, sondern auch darum, dass Männer diesen Weg mitgehen und neue, bisher nicht notwendige Aspekte, hinzulernen. Es gehören also zwei dazu, was viel Kommunikation erfordert. In der Soziologie gibt es eine Studie, die besagt, wie schwierig es ist, einen Sachverhalt in der ganzen Bevölkerung zu verankern.

Nehmen wir das primitive Beispiel, dass Männer immer mittwochs den Müll an die Straße stellen. Aus Berechnungen und Analysen wurde ermittelt, dass es ca. 150 Jahre dauert, bis alle es tatsächlich verstanden haben und auch umsetzen. Eine Kleinigkeit, aber wir Menschen sind manchmal etwas zäh in unserer Wandelbarkeit.

Ähnliches gilt für den Mann, der nicht mehr zwingend nach „draußen“ muss, sondern auch mehr Anteile im „Innen“ übernehmen kann. Althergebrachte Rollen wurden in Teilen neu definiert. Als Beispiel sei hier die Zeit nach der Geburt eines Kindes erwähnt, in der der Mann zu Hause bleiben kann. Die Möglichkeit wird noch lange nicht von allen Männern genutzt und auch die Betriebe sind darauf noch nicht gut eingestellt.

[34] Industrielle Revolution: https://de.wikipedia.org/wiki/Industrielle_Revolution.

Die Epoche bis zum 18. Jahrhundert war sehr lang. Die Menschen, als Teile der Natur, haben sich in eine erfolgreiche Richtung entwickelt, wie wir heute noch an uns sehen, sonst wären wir heute nicht mit über 8,16 Milliarden Menschen auf der Erde (Stichtag 01.07.2024)[35] vertreten und in jeder Sekunde kommen 2,6 Bürger hinzu.[36]

Unser Körper mit seinen morphologischen Merkmalen ist aber immer noch an die Zeit vor dem 18. Jahrhundert angepasst. Zugleich soll er sich aber heute auf neue Aufgaben einstellen. Das wird der Mensch zweifelsohne auch tun, wie viele Aspekte heute es bereits zeigen. Zum Beispiel bildet sich im Unterarm des Menschen eine neue Arterie, weil die Finger häufiger für feine Bewegungen benötigt werden und sich die benötigte Blutmenge für die Finger erhöht hat. Innerhalb von 100 Jahren haben von ursprünglich 10 % aller Menschen mittlerweile 30 % diese neue Arterie ausgebildet. Aber alle Änderungen, sowohl morphologischer, aber auch ethnologischer Art werden innerhalb von 250 Jahren nicht umsetzbar sein, auch nicht in den kommenden 250 Jahren, auch wenn dies sicherlich das Ziel wäre!

Um den Zeitraum seit der fundamentalen Veränderung vor wenigen Hundert Jahren zu verdeutlichen, nehmen wir an, dass eine menschenähnliche Entwicklung mit ersten typischen Verhaltensweisen vor ca. fünf Millionen Jahren einsetzte. Dann sind die vergangenen 250 Jahre gerade mal der 25.000. Teil dieses Zeitraumes. Aus meiner Sicht sehen wir heutige, notwendige und sinnvolle Veränderungen mit viel zu viel Ungeduld. Ein gewisser Druck für Veränderungen ist wünschenswert. Aber wir werden uns damit überfordern, wenn wir alles und sofort und vollständig anpassen wollen. In dieser Hinsicht halte ich eine schnelle Abwandlung von tiefgreifenden Verhaltensmustern, die über Millionen von Jahren gewachsen sind, für faktisch nicht möglich. Es gibt zu viele Aspekte, die auf diesem Weg mitgenommen werden müssen, wenn er erfolgreich bewältigt werden soll.

Wenn also Dinge nicht so schnell änderbar sind, müssen wir ihre Ursprünge erklären können, damit wir mit diesen „Unzulänglichkeiten“ lernen umzugehen. Durch Beschreibungen und Erklärungen kann Toleranz entwickelt werden und der Konflikt bleibt dann aus.

Wie sieht denn die heutige Realität wirklich aus? Dazu verweise ich auf die interessante Reportage des norwegischen Soziologen Harald Eia.[37] Aber

---

[35] Chromosom und Gene: Chromosom und Gene: https://www.google.de/search?q=anzahl+gene+y+chromo-som&rlz=1C2CHBD_deDE958DE958&sca_esv=ba1232cc7c24873f&ei=qQseZ47FK_7pi-gPgN72oAI&ved=0ahU-KEwjOvdmro66JAxX-9AIHHQCvHSQQ4dUDCA8&uact=5&oq=an-zahl+gene+y+chromo-som&gs_lp=Egxnd3Mtd2l6LXNlcnAiF2Fuem-FobCBnZW5lIHkgY2hyb21vc29tMgQQABgeMggQABiiBBiJBTI-IEAAYgAQYogQyCBAAGIAEGKIEMggQABiABBiiB-EiGFFDrCljhC3ABeAGQAQCYAUigAYwBqgEBMrgBA8gBAPgBAZgCA6ACnwHCAgoQABiwAxjWBBhHwgIGEAAYBxgemAMAiAYB-kAYIkgcBM6AHtgY&sclient=gws-wiz-serp.

[36] Bayrischer Rundfunk (2018): https://www.br.de/nachrichten/deutschland-welt/7-674-575-000-menschen-leben-zu-beginn-2019-auf-der-erde,RCrQoqr.

[37] Eia, H. (2013): Gehirnwäsche: Das Gleichstellungs - Paradox. Youtube https://www.youtube.com/watch?v=3OfoZR8aZt4&list=PLPPa8aTP2j2MPyEzYwqmCOMHLi1bmu95e.

auch andere Autoren[38] [39] [40] [41] [42] [43] [44] zeigen in ihren Arbeiten deutlich auf, wie verwurzelt wir noch in der Vergangenheit sind und wie modern wir uns heute zu geben haben.

Der Anspruch an uns, und die Möglichkeiten, die gegeben sind, führen zu einer ganzen Reihe von Konflikten, die eine tiefe Zerrissenheit offenbaren. Wir könnten sie umgehen, wenn wir alte Anteile für uns akzeptieren. Das heißt aber nicht, dass wir uns auf diesen ausruhen dürfen! Festzustellen bleibt, dass auch heute noch klassische Rollenbilder und -verteilungen, zum Beispiel in der Berufswelt, an der Tagesordnung sind. So sind nach wie vor die sozialen Berufe, wie Pflege und Erziehung, eine klassische Domäne der Frau, während technisch orientierte Berufe mehrheitlich von Männern ausgeübt werden.

Allerdings beginnt seit einigen Jahren eine zunehmende Durchmischung. Die Auflösung von klassischen Rollen wird immer mehr erkennbar. Aber von einer gleichberechtigten und gleichverteilten Aufgabenwelt können wir definitiv noch nicht sprechen. Ihre Realisierung ist Zukunftsmusik. Notwendig ist dafür, dass es über einen langen Zeitraum eine stabile Umwelt geben muss, damit eine Menschheit entstehen kann, in der alle Aufgaben gleich verteilt sind.

Aber die Bedingungen sind fragil und wir Menschen sind abhängig von Bedingungen, die wir teilweise selbst geschaffen haben.

Nehmen wir ein fiktives Beispiel: Was würde mit den Menschen in der westlichen Welt geschehen, wenn der Strom über einen längeren Zeitraum, sagen wir ein halbes Jahr, vollständig ausfallen würde und wir nicht so ohne Weiteres in den nächsten Supermarkt gehen könnten, um dort unser Mittagessen aus der Tiefkühltheke zu kaufen. Kein Strom heißt: keine Kühlung, keine Landwirtschaft mit Maschinen und vieles andere mehr. Sofort wären wir wieder da, wo wir vor dem 18. Jahrhundert waren: bei einer dann wieder notwendigen klassischen Rollenverteilung. Eigenschaften, die wir im Laufe unserer Geschichte erworben haben, kämen erneut zum Einsatz. Wir bewegen uns auf einem schmalen Grat. In unserer technisierten Welt hängt alles davon ab, dass wir Strom zur Verfügung haben. Strom ist für uns ein grundlegender Bestandteil einer stabilen Umwelt, wenn die Rollenverteilungen irgendwann einmal aufgehoben sein sollen. Es wird also langfristig nicht nur darum gehen, dass wir uns angleichen, sondern dass wir uns im nächsten Schritt auch unabhängig von den technischen Notwendigkeiten machen.

Ein Besucher einer meiner Vorträge formulierte es so:

„Wir müssen schauen, dass wir unsere Kultur eingebettet in unsere Biologie weiterentwickeln."

[38] Birkenbihl, V. F. (2008): Mehr als der sogenannte kleine Unterschied – Männer Frauen. DVD.

[39] Bischof-Köhler, D. (2006): Von Natur aus anders. Die Psychologie der Geschlechtsunterschiede. Kohlhammer, Stuttgart.

[40] Hammer, E. (2014): Männer altern anders. Herder, Freiburg.

[41] Hollstein, W. (2012): Was vom Manne übrigblieb. opus magnum, Stuttgart.

[42] Kasten, H. (2003): Weiblich – Männlich. Geschlechterrollen durchschauen. Reinhardt, München.

[43] Kratochvil, H. (2012): Im Prinzip Jäger und Sammler. Galila, Etsdorf am Kamp.

[44] Schwanitz, D. (2003): Männer - Eine Spezies wird besichtigt. Goldmann, München.

DIE KATASTROPHEN IN DER EVOLUTION

Katastrophen in der Evolution sind so natürlich wie das Atmen der Individuen. Es gab sie immer und es wird sie immer geben, denn das System der Erde ist kein starres System, sondern ein dynamisches, welches immer wieder Veränderungen unterworfen ist. Veränderungen sind aber nicht gleichförmig, sondern können in Schüben erfolgen. Wir merken es aktuell (2024), wenn wir an die plötzlichen und heftigen Überschwemmungen in Europa denken. Ein kleiner Bach, der bisher friedlich vor sich hin gurgelte, wird binnen Minuten zu einem tosenden Strom, der eine Landschaft, die über viele Jahrzehnte, vielleicht sogar Jahrhunderte hinweg Bestand hatte und gewachsen ist, vollständig verändert. Damit verbunden Leben zerstört, Bereiche unbewohnbar werden und in den kommenden Jahren dort eine neue Landschaft entstehen lässt.

Denken wir an Erdbeben, Vulkanausbrüche, Hurrikans, Trockenzeiten, Regenfluten, Tsunamis oder Epidemien. Plötzliche Ereignisse, die dazu führen, dass sich die in einem Raum lebenden Organismen anpassen müssen. Nach einer kurzen Phase des Überlebens(kampfes), um der Situation zu entfliehen oder sie auszuhalten, schließt sich eine meist längere Phase an, in der sich die Arten den neuen Bedingungen anpassen müssen. Einigen fällt es schwer, andere durchlaufen den Zeitraum der Veränderungen scheinbar mühelos und andere schaffen es nicht und verschwinden von der Bildfläche.

Katastrophen erfolgen im Großen (Makroebene) dann, wenn ganze Gebiete betroffen sind. Sie geschehen aber auch im Kleinen (Mikroebene), wenn ein nahestehender Mensch verstirbt oder die Arbeit verloren geht oder das geliebte Haustier gehen muss. Eine Veränderung betrifft das eigene Leben und der Körper reagiert mit einem Trauerprozess, um sich der neuen Situation anzupassen. Ist der vorhergehende Zeitraum sehr lang und gleichförmig, beispielsweise nach einer langen Ehe, ist die Veränderung plötzlich, einschneidend und betrifft einen kurzen Zeitraum. Genauso mit der großräumigen Katastrophe, beispielsweise wenn ein sehr alter tropischer Regenwald, der über Jahrhunderte gewachsen ist, an einem Vulkanhang nach einem plötzlichen Ausbruch vollständig zerstört wird. All die unzähligen Arten in dem Wald werden auf einen Schlag getötet oder müssen fliehen, wenn sie können. Die Fliehenden können Glück haben, seltenen Pflanzen ist die Flucht allerdings nicht möglich.

Im Gehirn eines Trauernden spielt sich ein ähnliches Szenario ab, wenn Nervenbahnen, die sich an bisherige Gegebenheiten angepasst hatten, nun ihre Funktion verlieren, weil sich die Bedingungen geändert haben und nun neue Verzweigungen und Verknüpfungen gebildet werden müssen. Im Großen müssen sich neue Artengemeinschaften bilden, die es vorher so noch nicht gegeben hat, damit ein funktionierendes Ökosystem entstehen kann. Im Kleinen geschieht die Umstrukturierung im Kopf.

Beides sind Prozesse, die nicht reibungslos verlaufen, sondern mit Rückschlägen gekoppelt sind. Der Mensch fällt in ein Loch, wird krank, verliert vorübergehend die Orientierung oder begeht schlimmstenfalls Suizid, weil die neuen Bedingungen nicht zu ertragen sind. Die Artengemeinschaft in einem Ökosystem hat noch kein Gleichgewicht ausgerichtet, einzelne eingewanderte Arten verschwinden wieder kurzfristig, andere überschwemmen eine Region, weil auf einmal ein neuer für sie geeigneter Raum entsteht.

Beide Prozesse dauern und beide sind in ihren Abläufen durchaus vergleichbar, wenn auch grundverschieden. Die Neuausrichtung eines Ökosystems bestaunen wir mit Faszination und erforschen Phasen der Neubesiedlung akribisch. Die Begleitung eines Trauernden hingegen ist mit unglaublich viel Schmerz verbunden. Dabei kann oder muss (!) bei dem Trauernden viel Neues entstehen, was vorher nicht vorhanden war. Diesen Weg zu begleiten und den Trauernden in seinen neuen Möglichkeiten zu bestärken, könnte ein neuer Ansatz in der Begleitung sein.

Wie schreibt es Erhard Oeser: „Die Evolution scheint […] von einem Prinzip der kreativen Zerstörung beherrscht zu sein." Und ein paar Seiten weiter: „Denn nur eine Welt der Katastrophen ist eine lebendige Welt. Eine uniforme Welt des Gleichgewichts ist eine tote Welt. Nur dann, wenn dieses Gleichgewicht immer wieder unterbrochen wird, sind Entwicklung und Leben vorhanden."[45]

Letztlich muss sich das Individuum entscheiden. Will es die Veränderung annehmen und für sich nutzen? Oder ist die Veränderung zu übermächtig und eine Anpassung erscheint unmöglich? Ich weiß, viele Betroffene stehen genau vor dieser Fragestellung. Und vielleicht ist genau das die eigentliche Aufgabe innerhalb der Trauerzeit:

Will ich die Veränderung für mich annehmen und meistern?

Aber was passiert eigentlich? Oder fragen wir anders: Warum passiert es?

---

[45] Oeser, E. (2011): Katastrophen – Triebkraft der Evolution. primus verlag, Darmstadt.

DAS NEUROBIOLOGISCHE MODELL DES GEHIRNS

Die Neuroplastizität beschreibt die Fähigkeit des Gehirns, seine Funktion so zu verändern, dass es optimal auf die gegebenen Bedingungen reagieren kann. Wir sprechen auch von der Möglichkeit des lebenslangen Lernens des Gehirns. Die Flexibilität ist die Grundlage unserer Existenz, weil wir immer wieder auf verändernde Bedingungen reagieren müssen, wollen wir überleben.

Bei konstanten Bedingungen bilden sich sogenannte Datenautobahnen im Gehirn aus. Das sind Nervenverbindungen, die Informationen schnell und konstant weiterleiten. Vorzustellen ist dies, wie eine gut ausgebaute Straße. Je länger die vorhandenen, konstanten Bedingungen herrschen, umso besser ist diese "Autobahn" ausgebaut. Ein immer gleicher Sachverhalt wird geübt und verfestigt sich damit. Sportler sind auf diesen Umstand zwingend angewiesen, um die notwendigen Bewegungen im Sport zu festigen, diese quasi zu automatisieren.

Im Laufe der Evolution haben sich Vorprogrammierungen ausgebildet, weil der überwiegende Teil der Menschen, diese benötigte. Es machte einfach Sinn das Rad nicht jedes Mal neu zu erfinden. Sie wurden als Standard von Generation zu Generation weitergegeben.[46]

Durchleben wir eine existenzielle Katastrophe, wie beispielsweise den Verlust des Partners, werden Teile der "Datenautobahnen" nicht mehr benötigt bzw. es müssen sich Verschaltungen neu bilden. Dies ist dadurch möglich, dass der Körper mit Stresshormonen geflutet wird. Gleichzeitig sinkt das Niveau des Immunsystems. Das Gehirn beginnt sich in Teilen neu zu strukturieren. Die Neuroimmunologie beschreibt diese Prozesse, die den ganzen Körper betreffen. Für den Körper ist das ein anstrengender Vorgang. Viele Menschen sprechen von einhergehenden Körperschmerzen, Migräneattacken, hoher Anfälligkeit für Infekte, permanenter Erschöpfung, depressiven Schüben, intensives Weinen, Probleme mit der Darmtätigkeit, Herzrhythmusstörungen etc. Der gesamte Körper scheint zu trauern.[47]

Mittlerweile ist in der Wissenschaft aber auch klar, dass es hier gravierende Unterschiede zwischen Männern und Frauen gibt, die zu unterschiedlichen Verhaltensweisen und Reaktionen führen.[48]

Dies ist die Phase, in der sich im Grunde genommen der Körper, aber vor allem das Gehirn, neu ausrichtet. Wichtig sind dann Abläufe, die wiederkehrend sind, damit sich "Datenautobahnen" neu ausbilden können. Manchmal kommt es sogar zu komplett neuen Verschaltungskombinationen, die verborgene Talente zu Tage fördern. Dahinter steht aber immer, dass der Körper, speziell

[46] Buss, D. M. (2019): Evolutionäre Psychologie. Pearson Studium; 2. Edition: 608 S.

[47] Hasten, C. & C. Schubert (2017): Der Körper trauert mit. Psychoneuroimmunologie der Trauer. Leidfaden 2/2017: 10-14.

[48] Dance, A. (2023): Übeltäter Immunsystem. In: Neuroimmunologie - Körperabwehr im Gehirn. Spektrum der Wissenschaft.

das Gehirn, sich mit der neuen Situation abfinden muss. Neue Aufgaben kommen hinzu, andere gehen verloren oder werden nicht mehr benötigt. Darauf können wir uns als Menschen einstellen, diese Flexibilität ist eine Eigenschaft des Menschen. Auch diese haben wir im Laufe der Evolution gelernt.
Diese Veränderungen finden innerhalb unseres Körpers statt und können damit sichtbar gemacht werden, da sich Strukturen nachweisbar verändern. Grundlage ist, das stoffwechselphysiologische Abläufe, die immer auch Einfluss auf das Allgemeinbefinden haben, Vorgänge anstoßen und Strukturen verändern. Das klingt alles nach grundlegender Neuordnung. Aber keine Angst, aus einem Menschen wird kein Hamster. Meist ist diese Veränderung auf molekularer Ebene angesiedelt, haben aber dennoch spürbare Auswirkungen, schließlich verändert sich das Leben nachhaltig.

Unser Gehirn funktioniert auf zwei Ebenen. Da ist einmal das Gedächtnis, dass sich daran erinnert was passiert ist, beispielsweise an Krankheit, den Tod und die Beerdigung. Auf der anderen Seite existiert das Bindungssystem im Gehirn mit seinen viel und langfristig genutzten Datenautobahnen. Das hat in der Vergangenheit zum Beispiel gelernt, dass der Partner, Freunde oder nahestehende Mensch, nehmen wir mal den Verlust des Partners, immer wieder zurückgekommen ist. Das muss ausgebildet sein, sonst können wir keine Bindungen eingehen. Die Regelmäßigkeit schafft Vertrauen und Sicherheit, um beispielsweise eine Familie gründen zu können.
Damit wird klar, warum Trauer nur bei sozialen Lebewesen entstanden ist.

Das Gehirn rechnet also immer damit, dass der nahestehende Mensch wiederkommt. Diese Verschaltungen bleiben erst auch dann noch bestehen, wenn der nahestehende Mensch verstorben ist. Deshalb haben wir das Gefühl, dass er oder sie in der Nähe ist, oder wir seine oder ihre Stimme hören oder wir die betreffende Person auf der Straße gesehen haben. Das Gehirn funktioniert im Bereich des Bindungssystem, wie eine Prognoseeinheit. Wir gehen von etwas aus, was über einen längeren Zeitraum Bestand hatte und bestätigt wurde.
In der Vergangenheit war es zwingend notwendig, dass es beide Partner gab, um die Scharr der Kinder zu ernähren. Ein Sachverhalt, der die meiste Zeit der Evolution Bestand hatte, nämlich im Grunde genommen 99 % unseres Menschseins. In der heutigen Zeit ist das nicht mehr notwendig, aber die heutige Zeit umfasst nur das letzte 1 % der Menschheitsgeschichte.
Tritt nun der Fall ein, dass diese wiederkehrende Routine nicht mehr stattfindet, muss das Gehirn diese Verschaltungen ab- bzw. umbauen. Da das Gehirn als Organ ein Leben lang lernfähig ist, kann es das, benötigt dafür aber Zeit.[49] Bei manchen Menschen geht das schneller, bei anderen dauert dies länger. Deshalb kann auch keine Zeit definiert werden, wie schnell sich ein Mensch durch das Tal der Trauer hindurchbewegt, weil dies wesentlich damit verbunden ist, wie schnell sich der Körper auf die neuen Bedingungen einstellen kann.

[49] O'Connor, M.-F. (2023): The Grieving Brain: The Surprising Science of How We Learn from Love and Loss. HarperOne: 256 S.

33

TRAUER UND DIE ZEIT

Das neurobiologische Modell des Gehirns am Beispiel der Zeitempfindung.

„Die Zeit blieb stehen."

Tut sie das wirklich? Natürlich nicht. Die Uhr tickt immer im gleichen Rhythmus weiter. Die Zeit wird als eine Abfolge von Ereignissen definiert, die nach vorne gerichtet ist. Bisher kann keiner in die entgegengesetzte Richtung gehen. Der Traum der Zeitreise ist nicht möglich. Sie ist eine physikalische Größe. Das Uhrwerk einer Uhr ist von Menschen gebaut und folgt einem bestimmten, immer gleichbleibenden Prinzip.

Wenn Zeit stabil ist, bedeutet dies aber noch lange nicht, dass wir eine gleichlautende Empfindung haben. Die Zeit in einem Wartezimmer kann unter Umständen quälend lang werden, besonders dann, wenn wir Langeweile haben. Nicht umsonst liegen in den meisten Wartezimmern Zeitschriften aus, um die Zeit zu „verkürzen". Auf langen Flügen werden Filme gezeigt. Wir meinen schon Stunden dort zu sitzen, wenn nichts passiert, dabei sind erst wenige Minuten vergangen. Wir vertreiben uns die Zeit. Dagegen kann eine Party rasend schnell wieder vorbei sein und wir glauben, dass sie doch gerade erst begonnen hat, dabei ist es schon später Abend. Dennoch ist die Uhr in den betreffenden Situationen nicht anders gelaufen. Es ist unsere Empfindung von Zeit.

Die Wahrnehmung ist abhängig von ihrer Ereignisdichte. Je mehr Ereignisse wir wahrnehmen, umso schneller vergeht gefühlt die Zeit. Der Mensch benötigt aber möglichst gleichmäßig ablaufende Ereignisse, um ein Zeitgefühl zu entwickeln. Auch dies findet sich im Gehirn wieder. Wie wir in der langjährigen Partnerschaft ein Bindungssystem aufbauen, indem das Gehirn davon ausgeht, dass etwas Regelmäßiges in der Partnerschaft geschieht, ein Prognoseverhalten, so funktioniert dies ähnlich mit der Zeit. Sonnenauf- und -untergang, die vier Jahreszeiten, Frühling, Sommer, Herbst und Winter. Das Gehirn eicht sich darauf hin und baut „Datenautobahnen" auf. Weil es zeitliche Ereignisse sind, die regelmäßig, immer gleich stattfinden. Wir entwickeln ein Zeitgefühl. Wer Tiere hat, wird feststellen, dass Fütterungszeiten von ihnen erlernt werden. Sie werden unruhig, wenn es zum Fressnapf gehen soll. Sie haben Verschaltungen aufgebaut, die es ihnen ermöglichen zu reagieren. Manche Menschen werden morgens immer pünktlich kurz vor dem Weckerklingeln wach. Hunde stehen abends vor der Türe, wenn das Herrchen von der Arbeit zurückkommt.

Ändern sich Bedingungen, „fallen wir aus der Zeit“. Ein Mensch, der eine halbe Stunde im Eiswasser getaucht ist, wird die Zeit anders bemessen als ein Mensch, der Fieber hat. Für den Menschen im Eiswasser vergeht die Zeit langsamer, ein fiebriger Mensch hat das Gefühl, dass Zeit schneller vergeht. Dies ist sogar messbar.

Und beim Eintritt des Todes? Auf einmal gibt es absolut keine Ereignisse mehr. Stille kehrt ein. Die Ereignisse fahren auf null runter und wir haben für einen Augenblick den Eindruck, als ob die Zeit stehen bleiben würde. Das Gehirn betrügt uns, weil die Prognosefähigkeit scheitert. Die Zeit scheint erst dann weiterzulaufen, wenn wir wieder ins Handeln kommen und beispielsweise Freunde, Familienangehörige etc. anrufen, um von dem Ereignis zu berichten.

Gibt es Rituale in einer Partnerschaft, sagen wir mal Abendessen um 18 Uhr, werden wir durch unseren Körper daran erinnert. Wir haben also den Gedanken, zu einer bestimmten Uhrzeit den Tisch decken zu müssen, und es fühlt sich eigenartig an, wenn wir dies nicht mehr tun müssen. Alle diese Ereignisse sind abgespeichert und wir müssen ihre Veränderung erst lernen.

In meiner gesamten Kindheit und Jugendzeit bin ich samstagabends um 19 Uhr zur Kirche gegangen. Mein Elternhaus, nahe dem Wallfahrtsort Kevelaer (Niederrhein), war katholisch geprägt. Irgendwann bin ich ausgezogen und habe den Kirchgang eingestellt. Es hat lange gedauert, Jahre, bis dieser Impuls nicht mehr auftrat und ich ihn vergessen habe. Die Verschaltung in meinem Gehirn hat sich zurückgebildet.

LEBENSERWARTUNG NACH EINEM VERLUST

Als ich 2010 anfing nach Informationen zu suchen, warum die Männer trauern, wie sie es tun, dauerte es noch mal drei Jahre, bis ich auf den Männergesundheitsbericht[50] stieß. Dort las ich eine Aussage, die mich aufhorchen ließ.

Verlieren Männer ihre/-n Partner/-in und stellen sie sich nicht ihrer Trauer, binden sich nicht bald wieder in einer neuen Partnerschaft oder schließen sich einer Gemeinschaft an, kann ihre Lebenserwartung um bis zu zehn Jahren reduziert sein.[51]

Unverheiratete Frauen haben dagegen eine um zwei Jahre höhere Lebenserwartung als verheiratete Frauen.

Warum ist das so?

Es gibt ein sehr altes Bild, das meiner Meinung ganz gut passt. Die Aufgabe des Mannes in der Vergangenheit war die Versorgung seiner Familie. Fehlt ihm diese Aufgabe, versucht er diese Lücke zu schließen. Dabei kann er in Suchtverhaltensweisen (z. B. Alkohol, Sex, zu viel Arbeit, extreme Sportausübung etc.) rutschen. Durch diese Verhaltensweisen schädigt er sich langfristig so sehr, dass er bis zu zehn Jahre eher stirbt gegenüber dem Durchschnitt der männlichen Bevölkerung in unserem Land. In einer Partnerschaft oder in einer Gemeinschaft scheinen die beteiligten Menschen ausgleichend auf ihn einzuwirken, sodass die Jahre nicht verloren gehen.

Erstaunlicherweise haben Mönche und Nonnen in Klöstern eine etwa gleichlange Lebensspanne zu erwarten. Die Mönche leben auch in einer Gemeinschaft.

Nachfolgend ein Beispiel, wie sehr wir Männer in dieser Rolle auch heute noch verhaftet sind: Für mein erstes Buch zur Trauer der Männer[52] durfte ich einen Komödianten in Berlin interviewen. Seine beiden Kinder waren kurz nach der Geburt verstorben. Seine Frau trauerte zu Hause und er stand wenige Tage später wieder auf der Bühne und unterhielt sein Publikum mit Witzen.

Auf die Frage hin, warum er das mache, antwortete er mit Unverständnis, denn es sei doch die Aufgabe des Mannes, seine Familie zu versorgen.

Eine Aussage, die sicherlich nicht repräsentativ ist, allerdings beleuchtet sie den Umstand, wie wir Männer häufig immer noch denken.

Jahre später arbeitete ich am Sternenkinderzentrum im Odenwald und begleitete Familien, die ihre Kinder verloren hatten. Die Frauen, die zu uns kamen, taten dies meist wenige Tage nach

[50] Weißbach, L. & M. Stiehler (2013): Männergesundheitsbericht 2013: Psychische Gesundheit. Hans Huber: 276 S.
[51] Weißbach, L. & M. Stiehler (2013): Männergesundheitsbericht 2013: Psychische Gesundheit. Hans Huber: 276 S.

[52] Kreuels, M. (2014): Männer trauern anders - Bilder. BoD, Norderstedt: 104 S.

dem Verlust. Ihre Ehemänner kamen in aller Regel ein gutes halbes Jahr später zu uns. Meist war das erste Gespräch damit verbunden, uns mitzuteilen, dass sie das Gefühl hätten, dass ihnen jemand den Stecker gezogen hätte. Sie fühlten sich von einem Tag auf den anderen völlig kraftlos.

Auch hier spiegelt sich ein häufiges Muster wider. Männer gehen nicht selten in den Funktionsmodus. Sie gehen ihrer Aufgabe nach und versuchen den Versorgungsaspekt für die Familie zu erfüllen. Nach ein paar Wochen oder Monaten, wenn scheinbar alles läuft, fallen sie dann in das Loch, welches ihnen den Boden unter den Füßen wegzieht. Dabei verstehen sie sich selbst nicht mehr, denn das eigentliche Ereignis scheint doch schon lange zurückzuliegen. Sie denken dann, dass das Thema doch verarbeitet sei. Dabei wurde es von ihnen noch gar nicht angegangen.

In Gesprächen mit Paaren tritt immer wieder das Unverständnis zutage, dass die Trauer so unterschiedlich sei. Die Frau hält dem Mann vor, dass dieser nicht trauern würde, während er ihr vorhält, dass sie nur noch trauern würde. Die Trauergeschwindigkeit zwischen den Geschlechtern ist unterschiedlich, und wenn dies nicht verstanden wird, steigen die Scheidungsraten. Aus Berlin gab es vor ein paar Jahren Zahlen, dass die Scheidungsrate bis zu 90 % der betroffenen Paare betragen kann.

Die Aufgabe des Begleiters ist es dann, die unterschiedlichen Verhaltensweisen zu erklären, denn beide haben in ihrer Art recht. Wir handeln in der Trauer unterschiedlich und dies führt zwischen den Geschlechtern häufig zu Unverständnis.

Seit mittlerweile zehn Jahren halte ich Vorträge zum Thema Männertrauer und das Publikum ist zu 90 % weiblich. Die Frauen sitzen nach eigenen Aussagen in meinen Veranstaltungen, weil sie ihre Männer nicht verstehen. Eine typische Verhaltensweise, denn die Frauen sind schneller bereit, sich Rat und Hilfe zu suchen, als dies bei den Männern der Fall ist. Beratungsstellen werden zu 80 % von Frauen aufgesucht.

Es ist viel Unverständnis vorhanden, weil Unterschiede nicht bekannt sind. Gerade in den heutigen Zeiten, wo es die Großfamilie mit ihren unterschiedlichen Generationen unter einem Dach nicht mehr häufig gibt, fehlen die direkten Informationen der älteren Menschen, die den jüngeren Generationen Hilfestellungen geben könnten.

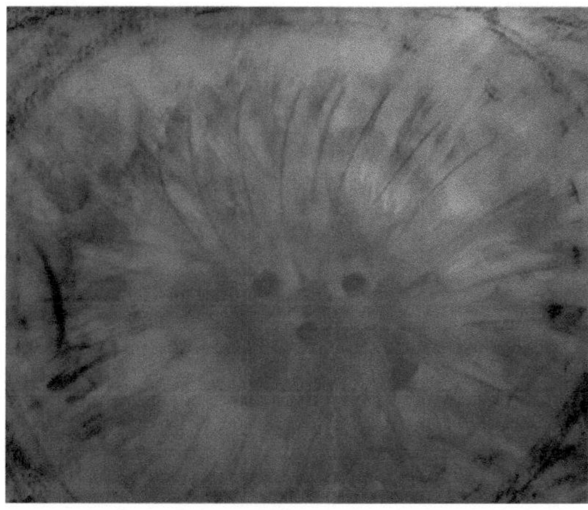

Das Ihnen vorliegende Buch will Ihnen dabei helfen, indem es Ihnen Unterschiede zwischen den Geschlechtern aufzeigt. Wir sind unterschiedlich und zeigen unterschiedliche Verhaltensweisen. Ein Verständnis zwischen den Geschlechtern kann m. E. nur dann stattfinden, wenn wir um die Unterschiede wissen. Denn daraus kann dann Verständnis erwachsen, denn es gibt keine falsche Trauer. Es gibt nur den Fehler, nicht zu trauern, denn das wird dann irgendwann zum Bumerang, gerade beim Mann.

Trauer ist ein kumulatives Phänomen. Wir können sie weder ignorieren noch eine Trauerphase überspringen. Bearbeiten wir eine Trauer nicht und folgt ihr eine weitere, sattelt sie sich auf die erste auf und der Trauerberg wird umso größer. Es ist also die Aufgabe, jede Trauer für sich zu bearbeiten. Tun wir das nicht, haben wir häufig die gesundheitlichen Konsequenzen zu tragen, womit wir wieder bei der Überschrift des Kapitels wären.

Der Evolutionspsychologe Denys de Catanzaro[53] hat eine evolutionäre Theorie zum Suizid aufgestellt. Suizid tritt dann auf, wenn das Individuum eine dramatisch verringerte Fähigkeit aufweist, zu seiner inklusiven Fitness beizutragen. Dazu wird zum Beispiel auch gerechnet, dass es einen Beitrag zum Überleben seines Umfeldes beisteuert. Mit Umfeld ist gemeint, dass es eine genetische Verwandtschaft gibt, egal wie hoch der Prozentsatz wirklich ist. Anzeichen dieser reduzierten Kapazität zur Fitness beinhalten Aussichten auf schwache zukünftige Gesundheit, chronische Gebrechlichkeit, Schande oder Misserfolg, schlechte Chancen in Bezug auf erfolgreiche heterosexuelle Partnerschaften und die Annahme eine Belastung für die eigene genetische Familie zu sein.[54]

Dies in Summe kann dazu führen, dass die Betroffenen entscheiden, aus dem Leben zu gehen, weil der Sinn fehlt.

[53] In: Buss, D. M. (2019): Evolutionäre Psychologie. Pearson Studium; 2. Edition: 608 S.

[54] Buss, D. M. (2019): Evolutionäre Psychologie. Pearson Studium; 2. Edition: 608 S.

38

WARUM IST ES SINNVOLL, VON DEN UNTERSCHIEDEN ZWISCHEN DEN GESCHLECHTERN ZU WISSEN?

Der Mensch hat eine Geschichte, einen langen Weg von sechs Millionen Jahren. Die Bedingungen in dieser Zeit veränderten sich immer wieder und der Typus Mensch, der mit diesen Veränderungen am besten zurechtkam, konnte überleben und sich fortpflanzen. Alle die Individuen, die das nicht konnten, wurden von der Natur „aus dem Spiel" genommen. Sie starben aus. In diesem Zusammenhang müssen wir uns fragen, was Natur wirklich ist. Es gibt dazu zahlreiche Definitionen, wenn Sie im Internet unterwegs sind. Eine wirkliche Antwort darauf kann ich Ihnen nicht geben. Ob es ein Schwarmbewusstsein ist oder was auch immer, die Spekulationen gehen bis zum Göttlichen. Ich will den Weg einer möglichen Erklärung nicht weiter gehen und spreche nachfolgend der Einfachheit halber immer wieder von der Natur, denn offensichtlich gibt es Hinweise darauf, dass es steuernde Instrumente gibt, die Einfluss auf uns ausüben. Instinktiv reagieren wir darauf und beschreiten dann einen bestimmten Weg. Dieser Weg ist nicht in Stein gemeißelt, aber da wir uns dessen meist nicht bewusst sind, gehen wir ihn.

Ein nicht erklärbares Phänomen will ich Ihnen hier beschreiben, dessen Eigenschaft aber an die Nachkommen weitergegeben wird. Unter Naturfotografen ist bekannt, dass Tiere, die sie aus einem Versteck heraus mit einem starken Teleobjektiv beobachten und die erst noch in eine andere Richtung schauen, sich nach wenigen Minuten so ausrichten, dass sie dem Fotografen direkt in die Linse schauen. Wir sprechen hier nicht von wenigen Metern, sondern von Hunderten Metern. Sie scheinen es zu spüren. Evolutionär macht dieses Erspüren Sinn, denn anstelle des Fotografen könnte auch ein Raubtier sie beobachten. Sie können das Experiment selbst ausprobieren. Wenn Sie in einem Café sitzen, starren Sie mal einem anderen Gast auf den Rücken. Er oder sie wird sich nach wenigen Minuten zu Ihnen umdrehen. Warum wir das spüren, wartet noch auf seine Erklärung.

Neben diesem Phänomen gibt es viele andere Ereignisse, auf die wir reagieren, aber nicht wissen, warum wir das machen.

Einige weitere Beispiele verdeutlichen die Unmittelbarkeit des natürlichen Einflusses:

Zur Zeit der Auflösung der DDR 1989 waren die Bedingungen unruhig, angstbehaftet und schlecht planbar. Eine Gesellschaft befand sich in einem Umbruch. Ob es eine friedliche Veränderung sein würde oder ob es Krieg geben würde, war damals nicht absehbar. Die Streitkräfte der meisten europäischen Staaten waren in Alarmbereitschaft versetzt worden. Die Volksarmee der DDR war in Auflösung begriffen und ein Vakuum drohte zu entstehen.

Im Folgejahr 1990 konnte in den Kliniken Deutschlands beobachtet werden, dass sich die Geburtenrate der Jungen reduzierte und die der

Mädchen erhöht war. Aber warum war das so? Eine mögliche Erklärung ist bei Hüther[55] nachzulesen: Es werden mehr Jungen geboren, wenn es den Müttern gut geht oder wenn die Aussicht besteht, dass es ihnen, den Müttern, dadurch besser gehen wird. Der Erhalt einer Population ist primär abhängig von der Anzahl der gebärfähigen Frauen, weil diese viel Zeit und noch mehr Energie in das Kind investieren müssen. Die Jungen sind in dieser Situation eher zweitrangig, da ihr biologischer Energieaufwand zum Erhalt der Population im Vergleich zu den Mädchen geringer ist. Folglich erhöhte die Natur (zur Zeit des Mauerfalls) die Anzahl der geborenen Mädchen, um die Population Mensch abzusichern für ein paar Jahre.

Ähnliche Beobachtungen lassen sich weltweit nach Katastrophenszenarien machen. So ließ sich beobachten, dass zu Beginn der industriellen Revolution die Vorgaben zu den Emissionen noch nicht vorhanden waren. Die Folge war eine extreme Smogbelastung der Stadt London aufgrund einer ungünstigen, aber stabilen Wetterlage. Diese hatte zur Folge, dass Menschen durch den Rauch in den Straßen der Stadt erkrankten und viele von ihnen verstarben. Auch hier konnte in den Geburtenbüchern der Folgezeit nachgewiesen werden, dass die Geburtenrate der Mädchen erhöht war.

Anhand eines weiteren Beispiels aus den USA will ich ihnen vorstellen, wie sehr die Natur direkten Einfluss auf uns hat. Dort unterzog die Armee männliche Soldaten einem harten und andauernden körperlichen Training, das sich über Wochen hinzog. Parallel zum Training wurden den Männern Bilder von Frauen vorgelegt, die sie sich theoretisch aussuchen könnten. Die Frauen hatten dabei unterschiedliche Körperformen und wurden von schmal wie ein Model bis sehr üppig den Männern vorgelegt. Das Ergebnis war, dass je länger und härter das Training war, die Männer sich im zunehmenden Maße für üppige Frauen auf den Bildern entschieden. Wurde die Härte des Trainings reduziert, nahm auch die Anzahl der schlanken Frauen in der Auswahl der Männer wieder zu. Lars Fischer[56] interpretiert die Studie dahingehend, dass es für Männer unter harten Umweltbedingungen von Vorteil ist, mit einer üppigeren Frau zusammen zu sein, da diese körperliche Reserven hat, um ihren Teil für den Erhalt der Familie beizutragen. Eine sehr schlanke Frau hätte unter diesen erschwerten äußeren Bedingungen wahrscheinlich zu wenig Kraft.[57]

[55] Hüther, G. (2009): Männer. Das schwache Geschlecht und sein Gehirn. Vandenhoeck & Ruprecht, Göttingen.
[56] Fischer, L. (2016): Leidende Männer mögen dickere Frauen. http://www.spektrum.de/news/leidende-männer-mögen-dickere-frauen/1430014.

[57] Marlow, F. & A. Wetsman (2001): Preferred waist-to-hip ratio and ecology. Personality and Individual Differences, 30, 481–489.

Und ein weiteres Beispiel möchte ich Ihnen noch kurz vorstellen:
Der Humangeograf Roger Ulrich[58] verglich in einer viel beachteten Studie die Genesungszeiten von Patienten. Die Patienten hatten dabei unterschiedliche Ausblicke aus ihren Krankenhauszimmern. Die einen Patienten schauten auf einen Garten mit zahlreichen unterschiedlichen Pflanzen und die andere Gruppe der Patienten auf eine ihrem Fenster gegenüberliegende Ziegelwand. Die Fragestellung lautete:
Hat der Ausblick Auswirkungen auf die Genesungszeiten von Patienten?
Ja, hatte er! Die Patienten mit dem „Gartenblick" hatten eine signifikant kürzere Genesungszeit als die Patienten mit der Ziegelwand vor dem Fenster. Offensichtlich hatte der Ausblick in den grünen Garten positive Auswirkungen auf den Krankheitsverlauf und die Menschen erholten sich schneller.

Ein weiteres Beispiel: Babys, die während eines Hungerwinters geboren wurden, waren oft außerordentlich klein, und kaum eines von ihnen brachte mehr als zweieinhalb Kilogramm auf die Waage. Erstaunlicherweise brachten aber die Frauen, die unter diesen Bedingungen geboren wurden, später selbst oft auffallend kleine Kinder zur Welt – obwohl längst kein Mangel mehr herrschte. Im Rahmen der Hungerstudie untersuchten Wissenschaftler der Universitätsklinik Amsterdam über viele Jahre die Nachkommen der hungernden Schwangeren. Dabei fiel ein Sachverhalt auf: Die Kinder trugen später im Leben ein hohes Risiko für Übergewicht, Diabetes und Herz-Kreislauf-Erkrankungen; zudem erkrankten sie überdurchschnittlich oft an Schizophrenie.
Die Öffentlichkeit nahm erst Mitte der 2000er-Jahre Notiz davon, nachdem umfangreiche epidemiologische Untersuchungen in Europa generationsübergreifende Effekte beim Menschen nachgewiesen hatten. Historische Aufzeichnungen aus Schweden deuteten darauf hin, dass die Enkel von Männern, die vor ihrer Pubertät eine Hungersnot durchlebt hatten, nicht so häufig an Herzerkrankungen oder Diabetes leiden wie die Enkel von Männern, die reichlich zu essen hatten.[59]

Es gibt viele Unterschiede zwischen Frauen und Männern. Viele lassen sich biologisch erklären und haben sich über lange Zeiträume entwickelt. Die Natur versucht dabei das einzelne Individuum optimal an seine Umwelt anzupassen, damit die gesamte Population eine hohe Überlebenswahrscheinlichkeit hat.

Nach den Interviews der trauernden Männer (Praxisteil) werden Sie eine größere Anzahl von Unterschieden nachlesen können. Wenn Sie an speziellen Aspekten interessiert sind, verweise ich zum leichteren Auffinden auf das Stichwortverzeichnis. Die benannten Unterschiede sind jeweils mit einer Literaturquelle versehen, falls Sie nach mehr Details suchen.

Aber warum gebe ich den Unterschieden so viel Raum?
Ich halte es für wichtig, von den Unterschieden zu wissen, denn wenn wir die Trauer des Mannes verstehen wollen, müssen wir auch wissen, wie er „tickt", was anders an ihm ist als an einer Frau.

[58] Ulrich, R. S. (1984): View through a window may influence recovery from surgery. Science 224: 420-421.
[59] Kaati, G., L. O. Bygren & S. Edvinsson (2002): Cardiovascular and diabetes mortality determined by nutrition during parents' and grandparents' slow growth period. European journal of human genetics 10.11 (2002): 682-688.

Aber ja, natürlich gibt es zahlreiche Überschneidungen zu Frauen, deshalb nenne ich Ihnen deutliche Unterschiede. Frauen sind damit keineswegs eigenschaftslos, sondern haben im gleichen Umfang ihre Besonderheiten. Um diese aber explizit zusammenzustellen, möchte ich hier die Frauen auffordern, dies zu tun.

Dabei geht es niemals um eine Bewertung, sondern um Ihre Wahrnehmung, damit wir begleitenden Menschen auf Trauernde möglichst gut eingestellt sind.

Und vielleicht erhalten Sie durch dieses zugegeben eher naturwissenschaftliche Kapitel eine Ahnung davon, wie komplex ein Zusammenleben von Mann und Frau auf der Grundlage aller Unterschiede wirklich ist. Nach Gray[60] glauben viele Männer, dass Frauen genauso denken und fühlen wie sie selbst. Ich glaube persönlich, dass man dies auch von den Frauen behaupten könnte. Daraus ergeben sich Kommunikationsprobleme, die häufig zum Streit führen. Wenn Männer und Frauen lernen, ihre Unterschiede zu akzeptieren und nicht zu bewerten, haben sie eine Chance, in Liebe und Frieden miteinander zu leben.

Nach Vera Birkenbihl[61] sind Männer und Frauen eigentlich inkompatibel zueinander. Wir müssen uns bewusst Brücken bauen, um miteinander zu kommunizieren. Das eine Geschlecht kann diesen Sachverhalt besser, das andere Geschlecht jenen.

Eine Aussage, die auch Edith Stein[62] schon vor vielen Jahren äußerte, indem sie sagte, dass nur eine Einheit zwischen Mann und Frau entstehen kann, wenn Stärken und Schwächen zusammengefügt werden. Hätten wir alle die gleichen Eigenschaften, würde es bei einer Paarbildung nur zur Verdoppelung der Eigenschaften kommen, womit niemandem gedient wäre, denn dann wären Schwächen doppelt vorhanden, genauso wie Stärken. Und ob das doppelte Vorhandensein von Stärken die Verdoppelung der Schwächen ausgleichen kann, wage ich zu bezweifeln.

Bei einigen Aussagen werden Sie mir automatisch Klischee unterstellen, was Ihr gutes Recht ist. Alle genannten Aussagen berufen sich auf Befragungen, Untersuchungen und wissenschaftlichen Erhebungen der genannten Autoren und Quellen.

„Selbst wenn Stereotypen nur ‚Mythen' zur Grundlage haben sollten, so könnte darin [...] eine gewisse kulturell scharfsichtig wahrgenommene und vielfach bestätigte Wahrheit zum Ausdruck kommen."[63] [64]

„Unsere Biologie weist den männlichen und den weiblichen Exemplaren des *Homo sapiens* unterschiedliche Funktionen zu. Unsere Evolution verstärkte und verfeinerte diese Unterschiede. Unsere Zivilisation spiegelt sie wider. Unsere Religion und unsere Erziehung bildeten sie weiter aus und verstärkten sie abermals.“[65]

[60] Gray, J. (1998): Männer sind anders. Frauen auch. Mosaik, München.

[61] Birkenbihl, V. F. (2008): Mehr als der sogenannte kleine Unterschied – Männer Frauen. DVD.

[62] Stein, E. (1917): Zum Problem der Einfühlung. Halle (Saale), 1917. (Teile II und IV aus o. g. Diss.) Neuausgabe in Edith-Stein-Gesamtausgabe. Band 5, Herder, Freiburg 2008.

[63] Block, J. H. (1976): Issues, problems and pitfalls in assessing sex differences: a critical review of the psychology of sex differences. Merill-Palmer Quarterly 22: 283-308.

[64] Bischof-Köhler, D. (2006): Von Natur aus anders. Die Psychologie der Geschlechtsunterschiede. Kohlhammer, Stuttgart.

[65] Moir, A. & D. Jessel (1990): Brainsex – Der wahre Unterschied zwischen Mann und Frau. Econ, Düsseldorf.

42

LINDSCHES TRAUERSPRACHMODELL

Ein Gastbeitrag von Hendrik Lind (Trosthelden.de)

Rund 7.000 Einzelgespräche mit Trauernden seit 2013 haben einen bisher nicht beachteten Aspekt in der Trauerforschung offengelegt, der in der Hilfe für Trauernde neue Möglichkeiten ermöglicht und die Gefahr der Vereinsamung reduziert. Es handelt sich um die Existenz sogenannter Trauersprachen. Nachdem die Trauerforschung sich bisher um allgemeine Trauererklärungen bemüht hat, ist das erste Manifest für individuelle Trauer entstanden. Das ermöglicht die Entwicklung von höchst individueller Trauerhilfe.

Seit Jahrzehnten klagen Trauernde über die immergleichen unbefriedigten Bedürfnisse:

1. Betroffenen fehlt emotionales Verständnis im sozialen Umfeld (Verständnis im Außen).
2. Betroffenen fehlt Selbstverständnis in der neuen Lebenssituation (Verständnis im Innen).

Die Forschung der Pauschaltrauer sowie die aktuelle Trauerhilfe konnten diesen Bedürfnissen keine zufriedenstellende Antwort geben. Das ändert sich mit dem Blick auf die individuelle Trauer.

Drei Ebenen der individuellen Trauersprache

Mit dem Schicksalsschlag spricht ein trauernder Mensch eine eigene Sprache; eine Trauersprache, die die betroffene Person zwar plötzlich sprechen kann, sich selbst in der neuen Lebenssituation aber (noch) nicht unbedingt versteht. Die Trauersprache ist sehr individuell und setzt sich aus dem eigenen Schicksalsschlag, dem eigenen Umgang mit der Trauer sowie sonstigen Lebensumständen zusammen.

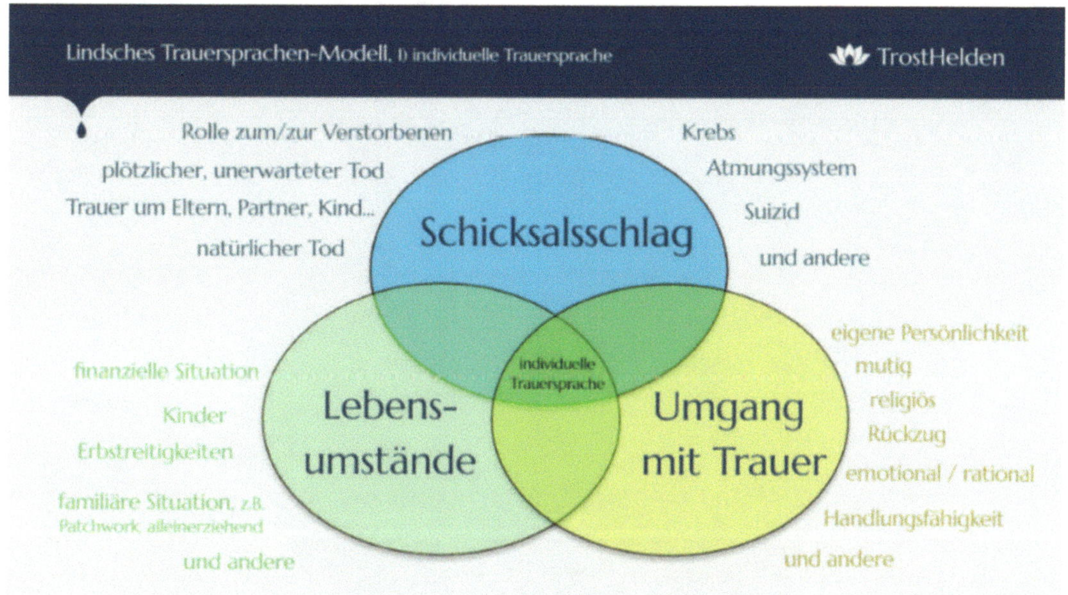

Jeder Aspekt der drei einzelnen Ebenen der individuellen Trauer erzeugt mehrere eigene Gefühls- und Themenwelten. Es macht beispielsweise einen Unterschied, ob der geliebte Mensch nach langer Krankheit, nach einem erfüllten Leben oder durch einen Unfall gestorben ist (Ebene Schicksalsschlag).

Es macht einen Unterschied, ob noch eigene Kinder vorhanden sind und ihre Trauer versorgt werden muss oder eben nicht (Ebene Lebensumstände). Der eigene Charakter macht ebenfalls einen Unterschied (Ebene Umgang mit Trauer).

Zu beachten ist, dass Menschen in Trauer pro Ebene von verschiedenen Aspekten berührt werden; so beispielsweise auf der Ebene Lebensumstände die Themenwelten *Kinder* und *finanzielle Situation* und *Angst vor Jobverlust*. Aus der Kombination aller drei Ebenen mit allen ihren jeweiligen Bestandteilen ergibt sich die individuelle Trauersprache. In Summe ergeben sich zigtausend individuelle Trauersprachen.

Das Umfeld oder auch Anbieter wertvoller Unterstützung für Trauernde können diese Sprache aus rein logischen Gründen nicht sprechen. Sie können sich rein mental in die Situation hineinversetzen, doch ihre Bedeutung auf emotionaler Ebene kann nicht erkannt werden. Genau das ist aber der Punkt, der Trauernde zu Selbsterkenntnis in der neuen Lebenssituation bringt.

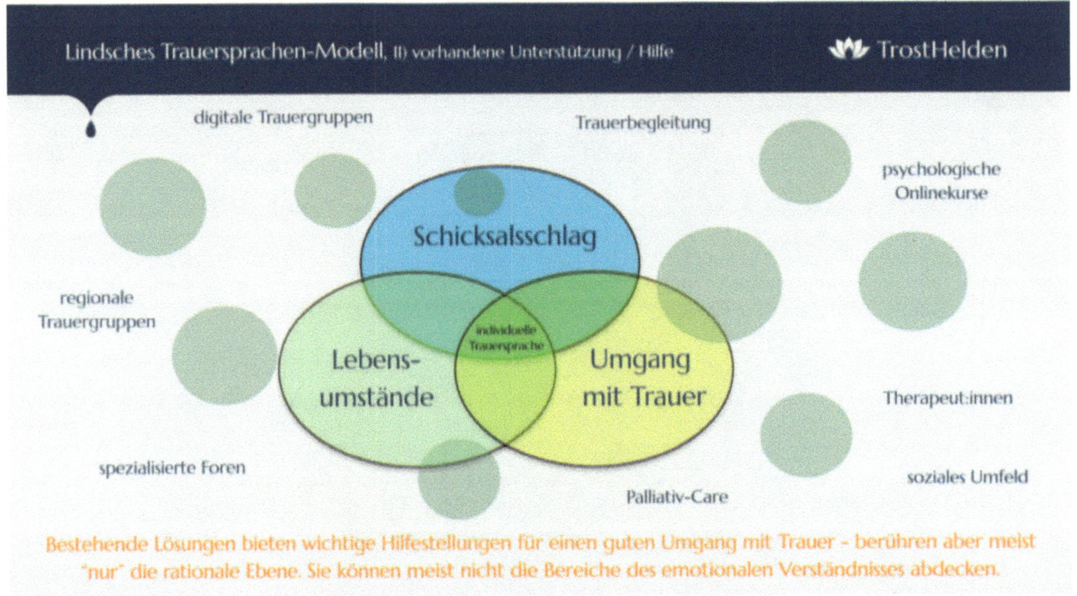

Herz gegen Verstand – doch ich verstehe dich nicht, mein Herz!

Das wird zum Beispiel dann deutlich, wenn vom Umfeld, den existenten Hilfsangeboten und sogar dem eigenen Verstand gute Lösungsansätze herangetragen werden und aus dem Unterbewusstsein – also auf Herzensebene – eine vehemente Ablehnung oder Nichtanerkennung kommt. Selbst gegen den eigenen Kopf. Das entsprechende Thema oder Gefühl bleibt emotional ungelöst. Rationale Aspekte haben vor Herzensargumenten bei Trauer das Nachsehen und verursachen ablehnende Wut und Ohnmacht. Oftmals verursacht diese Situation einen Rückzug der trauernden Person; der erste Schritt in eine Vereinsamung ist gemacht. Allein das Verstehen der Herzensargumente in der völlig neuen Situation der Trauer will gelernt werden. Sperren wir uns, entfernen wir uns nicht nur von unserem Umfeld, sondern sogar von uns selbst.

Die Lösung ist uneingeschränktes Verständnis, denn Gleich und Gleich gesellt sich gern

Treffen zwei Trauernde mit gleicher oder ähnlicher Trauersprache aufeinander, entsteht Verständnis und Erkenntnis auf Herzensebene. „Das Ich erkennt sich am Du" hat der Philosoph Martin Buber bereits 1923 festgestellt.

Verständnis im Außen tut in erster Linie gut. Dieses Verständnis dient jedoch auch als Spiegel, um sich selbst in der Trauer neu kennen zu lernen. Die beiden oben genannten, unbefriedigten Bedürfnisse des Verständnisses im Außen und im Innen wandeln sich und bringen Erleichterung, Selbsterkenntnis und Selbstwirksamkeit.

trosthelden.de – die erste Matching-Plattform für Trauernde

Gemeinsam mit Experten aus der Trauerbegleitung und der Psychologie wurde ein Algorithmus geschaffen, der alle Aspekte des Lindschen Trauersprachen-Modells abdeckt und gewichtet. So ist eine Hilfe für Trauernde entstanden, die neben der existenten Hilfe und Begleitung ein wichtiger Bestandteil für einen guten Umgang mit der eigenen Trauer ist. Denn er bringt Verständnis im Außen und Verständnis im Innen.

Sie kennen das Beispiel, wenn sich Frau und Mann nicht verstehen. Sie nutzen dieselben Wörter, allerdings haben diese eine unterschiedliche Bedeutung. Im Kapitel „unvollständiger Unterschiedskatalog“ finden sie das Beispiel mit dem oder den Grillen. Hendrik Lind hat dieses Thema auf die Trauer konzentriert und hebt es noch einmal auf eine andere Ebene. Sprache ist nicht gleich Sprache und ihre Bedeutung ist abhängig davon in welcher Situation ich mich gerade befinde. Das macht das Verhältnis zwischen zwei Menschen in unterschiedlichen Phasen nicht leichter, jedoch für die Menschen, die sich in den gleichen Lebensphasen befinden, denn dann wird die Sprache auf beiden Seiten verstanden. Lind greift hier einen Umstand auf, der noch on Top zu werten ist, denn nicht nur die Geschlechter sind in vielen Teilen völlig unterschiedlich in ihrer Wahrnehmung von Trauer, sondern hinzuzurechnen ist auch noch die aktuelle Lebensphase, in der sich die jeweiligen Gesprächspartner befinden. Da das Verstehen so wichtig aber auch gleichzeitig so schwierig ist, sind für das Verständnis eines Trauernden sehr viele Aspekte notwendig, denen Lind eine weitere Komponente hinzufügt.

46

EPIGENETIK

Als ich im Studium war, 1990, war die Lehre des Engländers Charles Darwin[66], wenn es um Vererbung ging, für uns Studenten ein Dogma. Veränderungen waren nur über Mutationen des Erbgutes, der Desoxyribonukleinsäure (DNS), möglich. Aber er hatte im 19. Jahrhundert einen Gegenspieler, nämlich den französischen Botaniker Jean-Baptiste de Lamarck. Lamarck war der Meinung, dass durch Anpassung an einen Lebensraum diese Erfahrungen direkt abgespeichert würden. Wie so oft in der Geschichte hatten beide unrecht und recht zugleich.[67]

In der Erbsubstanz des Menschen liegen auf dem X-Chromosom ca. 20.000 und auf dem Y-Chromosom nur ca. 690 Gene.[68] Damit entsprechen wir zu 80 % einer Maus. Das sind zu wenige Informationscodierungen, um das, was uns Menschen ausmacht erklären zu können. Der Mensch mit seinen Eigenschaften, seiner Entwicklung, Evolution und Fortschritten etc. ist nicht in grob 21.000 Codes zu beschreiben. Es muss also zwangsläufig weitere Informations- und Speicherquellen geben, die an die folgende Generation weitergegeben werden können.[69] Das System ist deshalb kompliziert und noch nicht wirklich verstanden. Versucht man es auf den Punkt zu bringen, ist es eher eine Mischung. Vererbung ist das Resultat von genetischen Veränderungen und Einflüssen von außen, die zur nächsten oder zur übernächsten Generation weitergegeben werden können, dabei kann es sein, dass es Informationen gibt, die nur an ein Geschlecht weitergegeben werden.

Ein wichtiger heutiger Bestandteil dabei ist, dass es den noch neuen Wissenschaftsbereich der Epigenetik gibt. An einer Definition haben sich schon unterschiedliche Autoren versucht. Deshalb einige wenige Varianten.

- Eine mögliche Definition ist die von Gary Felsenfeld: „Epigenetik ist das Studium von mitotischen und / oder meiotisch vererbbaren Veränderungen der Genfunktion, die nicht durch

[66] Darwin, C. (1963): Die Entstehung der Arten durch natürliche Zuchtwahl. Reclam, Stuttgart: 693 S.

[67] Buss, D. M. (2019): Evolutionäre Psychologie. Pearson Studium; 2. Edition: 608 S.

[68] Chromosom und Gene: https://www.google.de/search?q=anzahl+gene+y+chromosom&rlz=1C2CHBD_deDE958DE958&sca_esv=ba1232cc7c24873f&ei=qQseZ47FK_7pi-gPgN72oAI&ved=0ahUKEwjOvdmro66JAxX9AIHHQCvHSQQ4dUDCA8&uact=5&oq=anzahl+gene+y+chromosom&gs_lp=Egxnd3Mtd2l6LXNlcnAiF2FuemFobCBnZW5lIHkgY2hyb21vc29tMgQQABgeMggQABiiBBiJBTIIEAAYgAQYogQyCBAAGIAEGKIEMggQABiABBiiBEiGFFDrCljhC3ABeAGQAQCYAUigAYwBqgEBMrgBA8gBAPgBAZgCA6ACnwHCAgoQABiwAxjWBBhHwgIGEAAYBxgemAMAiAYBkAYIkgcBM6AHtgY&sclient=gws-wiz-serp.

[69] Kegel, B. (2009): Epigenetik. DuMont, Köln.

Veränderungen der DNA-Sequenz erklärt werden können."[70]

- Epigenetik ist ein Zusammenspiel zwischen Veränderungen und Einflüssen innerhalb und außerhalb des menschlichen Körpers, die sich gegenseitig bedingen und das Individuum optimal an die gegebenen Bedingungen anpassen sollen. Diese Veränderungen betreffen auch die folgenden Generationen, wobei auch Sprünge über Generationen hinweg stattfinden können.[71]
- Dabei können erworbene Eigenschaften am Y-Chromosom gebunden Generationen überspringen und damit vom Großvater auf den Enkel übertragen werden.[72]

In der Traumaforschung trat dieses Phänomen zum ersten Mal auf die weltliche Bühne, als Wissenschaftler feststellten, dass die Folgegenerationen der Juden, die die KZs der Nationalsozialisten überlebt hatten, anfälliger für Depressionen, Suizide und Krebserkrankungen waren, als dies bei Juden der Fall war, die diese Erfahrungen nicht gemacht hatten. Es mussten also erworbene Informationen weitergegeben worden sein. Eine Mutation des genetischen Erbgutes war aber nicht festzustellen.[73]

Mit Mäusen experimentierten Wissenschaftler ähnlich, wenn es um das Themenfeld der negativen Erfahrungen ging. Man setzte die kleinen Gesellen in ein Labyrinth, an dessen Ende ein Rosenduftstoff platziert wurde. Die Mäuse wurden durch diesen Duft angelockt, mussten dann aber erleben, dass sie einen leichten Stromschlag bekamen, wenn sie den Duft erreichten. So weit so gut, oder eben nicht für die Mäuse. Die Wissenschaftler konnten dann an den Folgegenerationen feststellen, dass die Nachkommen vor diesem Duft flüchteten, obwohl sie diese Erfahrungen (Stromschlag) niemals am eigenen Leib gemacht hatten. Auch hier mussten also Informationen weitergegeben worden sein, die nicht durch Mutation zu erklären waren.[74]

Und so wurden immer mehr Beispiele im Laufe der Jahre gefunden, die Rückschlüsse zuließen, dass es mehr Möglichkeiten der Informationsweitergabe an die Folgegenerationen geben musste, als dies bisher bekannt war.

Themenfelder wie Berichte zu Kriegskindern und Kriegsenkeln kamen auf den Markt, die Dinge beschrieben, die als traumatische Erfahrungen abgespeichert und die an die Kinder und Kindeskinder weitergegeben worden waren, denn die wiesen Verhaltensweisen auf, die sie niemals selbst erlebt haben konnten.[75]

Heute gilt es als gesichert, dass negative Erfahrungen (Traumata) von Generation zu Generation weitergegeben werden, die Auswirkungen auf die eigene Trauer haben können. Manchmal wird durch ein eigenes Erlebnis eine gespeicherte Information eingeschaltet und man muss sich mit dem Problem eines Vorfahren auseinandersetzen. Nachzuverfolgen ist dieses Phänomen aktuell über drei Generationen (2. Weltkrieg bis heute, ca.

[70] Kegel, B. (2009): Epigenetik. DuMont, Köln.
[71] Namaschk, G. & S. Rohr (2015): "Er macht doch gar nichts..." - Ein Blick auf Kinder mit Vater oder Mutter im Wachkoma. Broschüre Facharbeit Wachkoma.
[72] Kegel, B. (2009): Epigenetik. DuMont, Köln.
[73] Yehuda, R. et al. (2016): Holocaust exposure induced intergenerational effects on FKBP5 Methylation. Biol. Psychiatry 80 (5): 372-380.
[74] Epigenetik: https://www.spektrum.de/news/epigenetik-maeusekinder-erben-erfahrungen-der-grosseltern-spektrum-de/1215397.
[75] Bode, S. (2004): Die vergessene Generation. Klett-Cotta, Stuttgart: 303 S.

100 Jahre). Interessanterweise spricht die Bibel davon, dass Informationen sogar über sieben Generationen weitergegeben werden können.

Als Fazit kann daraus abgeleitet werden, dass Erfahrungen eben nicht nur Ereignisse sind, die wir Menschen zur Kenntnis nehmen und die uns zu unseren eigenen Lebenszeiten bewegen, sondern die sich in jede Zelle unseres Körpers einnisten und damit weitergegeben werden können. Die Epigenetik ist damit ein Handwerkszeug, das das Einfallstor der Erfahrungen in unseren Körper beschreiben kann. Quasi die Schnittstelle zwischen außen und innen in der Welt, in der wir leben. Und kann man Erfahrungen nicht sehen, so lassen sich doch bestimmte Moleküle (Methylgruppen), die bestimmte Gensequenzen an- oder abschalten, sichtbar machen. Damit werden im übertragenen Sinne negative Erfahrungen sichtbar. Ob es das gleiche Phänomen auch für positive Erfahrungen gibt, ist bisher nicht bekannt.

Wir sehen aber anhand dieser Beispiele, dass Trauer auch eine direkte biologische Komponente hat. Nehmen wir unsere Geschichte der Menschheit hinzu, schließt sich hier der Kreis, als die Trauer vor ca. 300.000 Jahren entstand (s. Kapitel Der Mann in der vorindustriellen Zeit).

Aus meiner Sicht also ein weiterer Hinweis darauf, dass wir zwingend auch den biologischen Aspekt in unsere Arbeit als Begleiter integrieren sollten, auch wenn dieser auf wissenschaftlicher Ebene aktuell noch viel Forschungsbedarf enthält.

DIE FÜNF SÄULEN DER IDENTITÄT DES MANNES

Zurück zum Mann. Sprechen wir von der Identität des Mannes, erscheinen immer wieder die fünf Säulen, die ich nachfolgend kurz darstellen möchte, um einen weiteren Aspekt dafür zu nennen, warum wir so schnell verunsichert sind.

Und weil ich in Veranstaltungen immer auch höre, dass diese Säulen keine Ausschließlichkeit der Männer sind, hier der Hinweis, dass natürlich die Säulen zumindest in Teilen auch für Frauen wichtige Aspekte sein können. Ich möchte aber nachfolgend diese auf die Männer beziehen, ohne die Frauen auszuschließen.

Interessanterweise treten 98 % aller Männerängste nur in den westlichen Industrienationen auf. Es scheint so, als korreliere die Angstintensität mit dem Verschwinden von Rollenverteilungen, die uns über einen langen Zeitraum eine gewisse Sicherheit gegeben haben. In Zeiten, in denen das Rollenverhalten nicht mehr notwendig ist, müssen wir Männer neue Wege finden. Das bedarf Zeit, denn auf diesen Wegen müssen wir uns erst zurechtfinden. Das sagt nichts darüber aus, dass Rollenverteilungen heute notwendig sind. Das besagt lediglich, dass bei Veränderungen sich häufig eine gewisse Verunsicherung einstellt, die sich nach einer gewissen Zeit wieder legt. Der Prozess ist ein Lernprozess, dessen Ziel noch nicht abgespeichert ist. Wir müssen diese Erfahrungen also immer wieder weitergeben.

Im klassischen Rollenverständnis gilt es beim Mann als unpassend, Ängste zu haben und diese zu zeigen. In seinem ureigensten Verständnis steigt er dabei die Hierarchie herab. Wir kommen im folgenden Kapitel noch dazu. Frauen hingegen dürfen Ängste haben! Angst zu haben, ist weiblich. Aus der Sicht der Biologie: Es macht sie attraktiv, was anziehend auf Männer wirkt. Unser Beschützerinstinkt wird dadurch angesprochen, was wiederum unserer alten Rolle als Familienbeschützer entspricht.

Aber was sind die Säulen, die die Identität des Mannes charakterisieren:

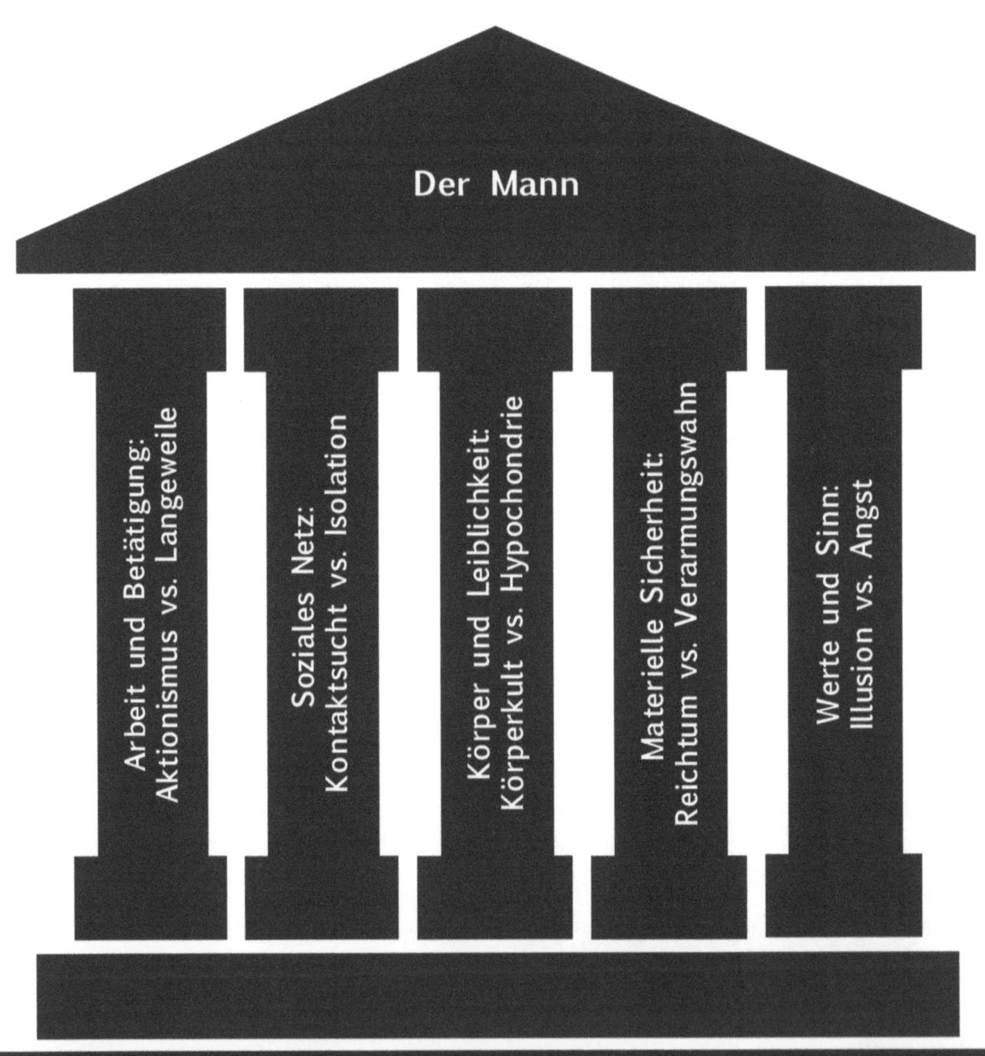
Der Mann
Arbeit und Betätigung:
Aktionismus vs. Langeweile
Soziales Netz:
Kontaktsucht vs. Isolation
Körper und Leiblichkeit:
Körperkult vs. Hypochondrie
Materielle Sicherheit:
Reichtum vs. Verarmungswahn
Werte und Sinn:
Illusion vs. Angst

Säule 1

Arbeit und Betätigung: Aktionismus vs. Langeweile

- beinhaltet: Betätigung, Beruf, Hausarbeit, Ehrenamt, Hobby, Anerkennung, Status
- Der gefühlte öffentliche Status ist von der Arbeit und ihrer Art der Tätigkeit abhängig und davon, in welcher Gruppe ich mich befinde.
- Seine Kontakte beschränken sich in aller Regel auf den Kollegenkreis. Gehen die Kontakte verloren, verschwinden sie auch im familiären Umfeld.
- Ist der Mann im Erwerbsleben eher Gast zu Hause, da er die meiste Zeit fort ist, muss er beim Verlust der Rolle die häusliche Rolle neu definieren.
- Werden finanzielle Mittel kleiner (z. B. durch den Verlust der Arbeit), verliert der Mann die Rolle als Ernährer, dann ist er rollenlos. Das seelische Gleichgewicht ist gefährdet. Identität und Sicherheit sind bedroht. Erlernte Bewältigungsstrategien greifen nicht mehr. Eine Neuanpassung ist gefordert.
- In keinem europäischen Land gibt es so viele Workaholics wie in Deutschland.[76] Aber auch in Japan sterben jährlich 10.000 Männer durch den Tod am Arbeitsplatz (Karoshi). Für China gibt es Vermutungen, dass die Sterblichkeit um den Faktor 50 höher sein könnte. Für Deutschland, aber auch für Japan, wird deutlich, wie hoch der Aspekt Arbeit zu sehen ist und wie groß das Loch werden kann, wenn die Rente „droht". In meiner Kindheit war noch die Frage, bevor der Mann in Rente ging: „Hat er auch ein Hobby?", nicht nur amüsant, sondern hatte auch einen ernsten Hintergrund.

[76] Karoshi: https://arbeits-abc.de/karoshi/.

Säule 2

Soziales Netz: Kontaktsucht vs. Isolation

- beinhaltet: Familie, Partner, Freunde, Nachbarn, Gruppen, Vereine
- Männer haben häufig nicht gelernt, soziale Beziehungen zu pflegen, die nicht einen funktionalen Ursprung haben. Meist sind es die Frauen, die die sozialen Kontakte knüpfen.
- Je länger ein Mann im Elternhaus gelebt hat, umso schwieriger findet er eine Partnerin.
- Männer haben eine geringere Lebenserwartung als Frauen, wenn sie allein sind. Frauen dagegen haben eine geringere Lebenserwartung, wenn sie in einer Beziehung sind.[77]
- Bindet sich der Mann nicht bald nach dem Verlust der Frau und/oder schließt sich einer Gemeinschaft an, ist seine Lebenserwartung um bis zu zehn Jahre reduziert.[78]
- Männer haben Verlustängste, sobald sie sich binden.
- Geschiedene Männer haben eine doppelt so hohe Mortalitätsrate wie verheiratete.
    - die Gründe liegen in der geringen Anzahl an sozialen Kontakten
    - Einsamkeit, Verlust der Rolle als Beschützer und Ernährer
- Mehr als 70 % aller Männer in Deutschland kennen ein Bordell von innen!
- Männer fürchten zu große Nähe, gleichzeitig suchen sie Nähe und Wärme.

Ein eigenes Beispiel soll dies näher beleuchten. Als meine Frau 2009 starb, brach der Kontakt zu unserem Freundeskreis in den kommenden Monaten um gut 80 % ein. Zuerst habe ich gehadert und konnte das Verhalten nicht wirklich verstehen, bis ich angefangen habe, unseren Freundeskreis zu kategorisieren. Die 20 % der Freunde, die verblieben waren, waren meine Kollegen und Kolleginnen aus der Schulzeit und aus dem Studium. Die 80 % der Menschen, zu denen der Kontakt weniger wurde, waren die Menschen, die durch meine Frau in unser Leben geführt wurden. Denen fehlte aber jetzt mit ihrem Tod der Bezugspunkt, also wurden die Kontakte weniger.

[77] Weißbach, L. & M. Stiehler (2013): Männergesundheitsbericht 2013: Psychische Gesundheit. Hans Huber: 276 S.

[78] Weißbach, L. & M. Stiehler (2013): Männergesundheitsbericht 2013: Psychische Gesundheit. Hans Huber: 276 S.

Säule 3

Körper und Leiblichkeit: Körperkult vs. Hypochondrie

- beinhaltet: Leiblichkeit, Gesundheit, Berührung, Sexualität, Bewegung, Entspannung, Genuss
- Psychische Störungen führen bei 90 % der Männer zur Impotenzproblematik.
- Für viele Männer ist die Größe ihres Penis ein Problem.
- Ängstliche Männer werden schneller aggressiv.
- Wenn Männer krank sind, haben sie Angst, nicht wieder gesund zu werden. Sind sie gesund, haben sie Angst davor krank zu werden.
- Männer pflegen alles ins Lächerliche zu ziehen, vor dem sie Angst haben.
- Männer gehen um 30 % weniger zum Arzt als Frauen, um 50 % weniger in Therapien und um 75 % weniger zum Psychotherapeuten.[79]
- Männer begreifen den eigenen Körper häufig als technisches Konstrukt, der funktionieren muss, und wenn er beschädigt oder krank ist, muss dieser repariert werden. Damit haben sie ein distanziertes Verhältnis zum eigenen Körper. Ganz anders bei Frauen, gerade diejenigen, die Schwangerschaften erlebt haben. Sie haben einen anderen Zugang zu ihrem Körper und begreifen ihn nicht als technisches Bauwerk.

Säule 4

Materielle Sicherheit: Reichtum vs. Verarmungswahn

- beinhaltet: Einkommen, Vermögen, Lebensstandard, Wohnen
- Bricht die materielle Sicherheit weg, verliert der Mann seine Rolle als Ernährer.
- Der soziale Status sinkt bei niedrigem Einkommen.
- Vollständige Erwerbslosigkeit führt häufig zur Chancenlosigkeit.
- Ein Verlust von Wohlstand ist gefühlt ein Abstieg in der imaginären Hierarchie. Je erfolgloser Männer sind, umso weiter rutschen sie gefühlt ab. Die Folgen sind dann auch gesundheitlich zu spüren, da die Depressionszahlen ansteigen (s. nachfolgendes Kapitel Netzwerk und Hierarchie).

[79] Hollstein, W. (2012): Was vom Manne übrigblieb. opus magnum, Stuttgart.

Säule 5

Werte und Sinn:
Illusion vs. Angst

- beinhaltet: Einstellungen, Ideale, Glaube, Perspektiven
- Muslimische Männer: Nach Ahmet Toprak[80] sind besonders in traditionellen Familien folgende Aspekte wichtig:
  - Ehre
  - Kontrolle, um die Ehre und das Ansehen zu erhalten
- Alles, was dem zuwiderläuft, wird als Bedrohung aufgefasst:
  - Beispiel: Ein Mädchen, das vor der Ehe Kontakt zu einem Mann hat, gefährdet die Ehre des Vaters, da es Gerüchte geben könnte, dass das Mädchen „unsauber" sei. Die Familienehre steht somit auf dem Spiel. Ziel ist es aber, als Familie Ansehen zu haben, denn nur so ist ihre Versorgung gesichert. Daraus ergibt sich, dass auch der Bruder auf die Schwester aufpasst, damit dieser Fall nicht eintritt. Ohne in eine Bewertung einzusteigen, verweise ich auf alte, naturnahe Stämme. Auch hier ist es sinnvoll, eine hohe Achtung im Dorf zu haben, denn nur so ist gewährleistet, dass die Familie durch andere mitversorgt wird, auch dann, wenn es mal nicht gut läuft. Eine alte Tradition, die heute unter den hiesigen Bedingungen nicht mehr notwendig ist, die sich aber erhalten hat und auf Unverständnis stößt.[81]

In Summe betrachtet reagieren wir auf alte Rollen, die dazu dienten, die eigene Familie zu sichern und damit die Nachkommenschaft erfolgreich zu versorgen, bis auch diese in das Erwachsenenalter eintraten und eigene Familien gründeten.

[80] Toprak, A. & K. Nowacki (2012): Muslimische Jungen. Prinzen, Machos oder Verlierer? Lambertus, Freiburg i. B.

[81] Toprak, A. & K. Nowacki (2012): Muslimische Jungen. Prinzen, Machos oder Verlierer? Lambertus, Freiburg i. B.

NETZWERK UND HIERARCHIE

Eine grundlegende Anpassung in unserer Evolution ist die Ausbildung von Vernetzungsstrategien. Hierbei gibt es zwei Varianten:

- Männer nutzen Hierarchien,
- Frauen bauen Netzwerke auf.

Beide Strategien haben ihren Sinn, wenn wir uns die lange Menschheitsgeschichte ansehen. Sie haben aber natürlich auch Nachteile.

Männer waren in ihrer Geschichte in Gruppen unterwegs, um proteinhaltige Nahrung für die Familie zu besorgen. Auf der Jagd nach Großwild war dabei eine Kommandostruktur (Hierarchie), so will ich es mal nennen, sinnvoll. Ein Mann übernahm die Führung und teilte die Gruppe für Aufgabenbereiche ein. Dabei war es nachvollziehbar, wenn die Aufgabenverteilung nicht diskutiert wurde, da mit der Diskussion Zeit verloren gegangen wäre oder Bedingungen entstehen konnten, die für die gesamte Gruppe negativ waren. In Gefahrensituationen war es darüber hinaus nützlich, wenn jemand die Verantwortung übernahm, um die Gruppe aus der Situation mit möglichst wenig Schaden wieder herauszuführen. Ich beziehe jetzt einmal Kampfhandlungen gegen andere Gruppen mit ein, meine aber überwiegend die Gefahren, die bei der Jagd auf Großwild entstehen konnten. Gleichzeitig war es sinnvoll, wenn derjenige die Führung übernahm, der die meiste Erfahrung hatte, am stärksten war oder sich in einer Region besser als die anderen auskannte.

In der Regel besetzte also ein erfahrener Mann die Leitungsposition. Abgestuft und mit entsprechend weniger Verantwortung, aufgrund fehlender Erfahrung sortierten sich die anderen Männer hinter ihm ein. Für jede Position zeichnete der Mann persönlich verantwortlich. Wusste er nicht weiter und der Mann, der auf der imaginären Leiter hinter ihm einsortiert war, konnte die Frage/das Problem beantworten/lösen und somit besser qualifiziert war, tauschte mit dem vor ihm stehenden Mann die Position. Einer stieg auf, der andere ab. Daraus ergab sich die Konsequenz, dass jeder Mann auf seiner Position die Aufgabe, die ihm zugetragen wurde, allein lösen wollte und musste, damit er seine Position halten konnte. Das Aufsteigen war erwünscht, der Abstieg war zu verhindern, da nur die weiter oben stehenden Männer auch die gebührende Achtung erhielten (s. die fünf Säulen der Identität des Mannes). Die in den hinteren Reihen stehenden Männer bekamen wenige davon. Damit hatten diese aber auch wenige Anrechte auf Ressourcen wie Nahrung, Kleidung und evtl. Frauen. Nur die Erfolgreichen hatten, biologisch betrachtet, die Möglichkeit, ihre Gene weiterzugeben.[82]

Blicken wir in das Reich der Tiere, so sehen wir ähnliche Strukturen. Das Rudelverhalten von Säugetieren weist häufig ebenfalls Hierarchien auf. Als Teil der Natur weisen wir ähnliche Strukturen, vielleicht teilweise mit divergierenden Aufgaben, auf. Natürlich können auch weibliche Individuen die Führung übernehmen. Aber der

[82] Pinel, J. P. J. & P. Pauli (2012): Biopsychologie. Pearson, Hallbergmoos, 8. Aufl.: 622 S.

Sinn, der diesen Beobachtungen innewohnt, ist ähnlich. Hierarchien verteilen Verantwortungen. Der, der die meiste Verantwortung schultert, sich gegen andere Artgenossen durchsetzt, hatte häufig vermehrte Möglichkeiten, seine Gene an mehrere Weibchen weiterzugeben. Der Erfolgreichere konnte sein Erbgut verbreiten. Dem Unterlegenen, dem mit Schwächen oder Beeinträchtigungen, waren diese Wege verschlossen. So war gewährleistet, dass die besser Angepassten Nachkommen zeugen konnten, die diese Eigenschaften auch besaßen und somit Nachkommen erhielten, die diese Eigenschaften ebenfalls besaßen. Charles Darwin sprach von der natürlichen Zuchtwahl.[83] Der führende Mann trug allerdings auch das größere Risiko.

Das System war nicht starr, da durch Lernen, Erfahrungen und positive Taten, die der Gruppe zum Erfolg gereichten, die Positionen verändert werden konnten. Ältere, Verletzte oder schwächer werdende Männer rutschten dabei nach hinten, bis sie irgendwann die Gruppe gänzlich verließen. Genauso verhielt es sich mit Männern, die Fehler machten und damit die Gruppe gefährdeten. Ein in Teilen natürlicher Prozess, da ältere Menschen weniger Interesse an der Familiengründung hatten als die jüngeren, schließlich war damals die körperliche Fitness entscheidend, da die medizinische Versorgung kaum vorhanden war. In unserer Zeit ist es möglich, auch mit schweren körperlichen Einschränkungen eine Familie zu versorgen.

Frauen dagegen waren aufgrund der zu versorgenden Kinder weniger großräumig beweglich und hielten sich meist um die Heimstätte auf. Eine wirkliche Kommandostruktur war im Zusammenwirken der Familien, älteren und kranken Menschen und der notwendigen zahlreichen Kinder nicht sinnvoll. „Notwendig", weil die Sterblichkeit unter den Kindern zu damaligen Zeiten um ein Vielfaches höher lag, als es heute der Fall ist. Und wie sollten sich die Älteren, Verletzte oder die Kinder auch einer (Kommando)struktur unterwerfen? Eine verantwortungsvolle Aufgabenverteilung war nur eingeschränkt möglich. In diesen Gruppen ging es primär um den Austausch und die Hilfe untereinander. Eine Hierarchie wurde durch ein Netzwerk ersetzt.

Beide Strategien hatten über lange Zeiträume bestand und sind auch heute noch Teil unseres Menschseins. Ob wir diese Strategie heute noch benötigen, lasse ich unbeantwortet, allerdings finden wir sie heute noch an vielen Stellen, teilweise aber auch zum Nachteil des Mannes.

Durch die Netzwerkstrategie der Frau sind sie offener dafür, nach Rat zu fragen, als es Männer sind, um ein Problem zu lösen. Bei ihnen besteht nicht die Sorge um einen Abstieg, wenn sie um Rat fragen. Beratungsstellen werden heute zu 80 %

[83] Darwin, C. (1995): Die Entstehung der Arten durch natürliche Zuchtwahl. Reclam, Stuttgart: 693 S.

von Frauen aufgesucht. Trauercafés sind zu 90 % weiblich. Orte, an denen Informationen und Erfahrungen ausgetauscht werden, um persönliche Probleme mit den Erfahrungswerten anderer Menschen in ähnlichen Situationen zu lösen.

Männer dagegen denken in Hierarchiegefügen. Der überwiegende Teil der Soldaten in den Kriegen der Welt sind männlich. Beratungsstellen werden nur von 20 % der Männer aufgesucht, nur 10 % der Trauercafébesucher sind männlich. Dafür liegt aber die Suizidrate in Deutschland mit 80 % klar in Männerhand. Eine erlernte Strategie aus der Urzeit des Menschen spiegelt sich noch heute in unserem Verhalten wider und ist für viele Männer ein Nachteil.

Natürlich können Männer diese Strategie über Bord werfen. Niemand verhindert den männlichen Besuch in der Beratungsstelle. Kein Trauerbegleiter und keine Trauerbegleiterin blockiert die Teilnahme des Mannes am Trauercafé. Es ist die Entscheidung des Mannes, dorthin zu gehen, um das Angebot anzunehmen. Fakt ist aber auch, dass Männer es nicht in gleicher Weise wie die Frauen tun. Es muss also in uns eine Vorgabe gespeichert sein, die uns eine Schwelle vor die Füße legt, die weibliche Netzwerkstrategie zu übernehmen, nämlich das Hierarchiedenken.

Söhne können von den Vätern lernen, positive Erfahrungswerte gibt es überall, dennoch handeln wir Männer häufig nicht danach.

Netzwerkstrategien haben immer auch etwas mit sozialen Gedanken zu tun. So kümmern sich in aller Regel immer noch die Frauen um kranke Familienangehörige (zehnmal häufiger, als es Männer tun). Im Kindergarten, in der Grundschule sind es die Frauen, die die Kinder betreuen und unterrichten, aber häufig ist es der Mann, der der Direktor der Grundschule ist. 80 % aller Schulleiter sind Männer. In Krankenhäusern, Hospizen und Pflegeeinrichtungen sind ebenfalls die Frauen als Pflegende in der Mehrzahl, während wir Männer gerne die Leitung übernehmen.

Auch hier, wie bei vielen anderen Angelegenheiten in diesem Buch, bin ich weit davon entfernt, diese Unterschiede zu bewerten. Ich möchte Ihnen nur Unterschiede zeigen, die in der menschlichen Vergangenheit einmal Sinn machten. Wir lösen sie heute auf, dennoch bestehen sie vielfach noch.

Viele Veränderungen in der Gesellschaft machen es auch dem Mann nun möglich, Berufe anzutreten, die bisher überwiegend von Frauen ausgeübt wurden, aber immer noch gibt es die deutlichen Unterschiede.

Nachfolgend möchte ich ein paar Fragen in den Raum stellen. Sie mögen diese Fragen als provokant empfinden. Dies ist allerdings nicht mein Anspruch. Ich möchte Sie nicht provozieren, sondern versuchen Sie zu motivieren, weiterzudenken. Letztlich steht dahinter die Frage:

Hat Trauer einen Sinn?

Eine Frage, die immer wieder gestellt wird. Versuchen wir uns einmal dem Thema von der biologischen Seite zu nähern.

58

IST DIE TRAUER FÜR DEN MENSCHEN NOTWENDIG?

Wir trauern. Jeder tut es irgendwann in seinem Leben. Worum auch immer. Es ist egal, weil Trauer nicht einer Wertung unterliegt. Verliert man etwas, vermisst man es, dann trauert man. So ist das nun mal. Punkt. Worin liegt dann der Sinn? Wenn es potenziell jeder machen muss, verliert es doch seinen besonderen Wert, dann scheint es für jeden dazuzugehören. Dann ist es also gewöhnlich? Dann kann man auch darauf verzichten. Oder vielleicht doch nicht?

„Trauer sind die ‚Kosten' für wertvolle Beziehungen mit Artgenossen und das Signal des Anbruches einer neuen Zeit."[84]

Hypothese: Vielleicht ist die Trauer eine Notwendigkeit, sich grundlegend weiterentwickeln oder neu ausrichten zu können? Quasi der Reset-Knopf des Lebens?
Eine Tatsache, die es uns ermöglicht, wenn auch ungewollt, neue Wege zu gehen, die wir nicht beschreiten könnten, wenn der Sachverhalt des Verlustes nicht eingetreten wäre, da eine so drastische Neuausrichtung nur durch eine persönliche Katastrophe entstehen kann? Hat die Natur dieses „Tool" absichtlich in uns angelegt, um dem Individuum die Möglichkeit der Entwicklung zu geben? Ein weiteres Beispiel für die dauerhaft angelegte Flexibilität des Menschen sich auf neue Situationen einzustellen. Und jetzt bin ich nur Wissenschaftler: Es scheint erfolgreich zu sein. Denn wenn wir davon ausgehen, dass alle Menschen (ca. 100 %) im Laufe ihres Lebens durch dieses Tal in irgendeiner Weise durchgehen müssen, aber die Zahl der Menschen, die daran scheitern, nur in die Tausende geht, was immer noch viel zu viel ist, wäre dies ein kleiner Prozentzahl verglichen mit der großen Menge von Menschen, die es mehr oder weniger schaffen. Ich bitte dies nur auf der Basis von Zahlen zu betrachten. Ich lasse bewusst sämtliche Emotionen an dieser Stelle einmal außen vor.

Ich begleite einen Menschen, der sich schwertut, die Situation zu begreifen, diese anzunehmen. Er weint, seine Motivation ist dahin. Er hat keine Kraft mehr. Er ist wütend. Er will nicht mehr. Es stellen sich Fragen, viele Fragen. Wie soll es weitergehen? Was hat das alles für einen Sinn? Warum musste mir das passieren? Wieso ausgerechnet mir? Er weigert sich weiterzugehen. Er steht unter Schock. Sein Körper rebelliert. Es besteht Chaos. Hoffnungslosigkeit stellt sich aufgrund fehlender Perspektive ein. Die Menge der Fragen ist einfach zu groß. Sie erscheinen als unüberwindlicher Berg. Die Struktur des bisherigen Lebens ist verloren gegangen. Er muss beginnen,

[84] Gellert, G. (2023): Die Wildnis und wir – Geschichten von Intelligenz, Emotion und Leid im Tierreich. Springer, Berlin: 150 S.

eine neue Struktur auf einer neuen Basis zu erschaffen.

Nach einer Zeit, deren Länge keiner kennt, kommt der Großteil der Trauernden in eine Phase, die man als einen Zustand „nach der Trauer“ beschreiben kann. Er oder sie ist durch das Tal der Tränen hindurchgelaufen, hat sich sortiert, evtl. neu ausgerichtet und geht im Leben weiter. Die einen binden sich neu, andere verändern Strukturen, wechseln Arbeitsstellen, ziehen um, tauschen Menschen im Freundeskreis aus, engagieren sich ehrenamtlich, wollen anderen helfen usw. Die Palette der Möglichkeiten ist unendlich.

Was wäre, wenn damit Trauer als heftiges einschneidendes Erlebnis ein natürlicher, normaler und vielleicht sogar notwendiger Prozess wäre, der tatsächlich von der Natur auch so vorgesehen ist? Quasi der Schock, um Veränderungen herbeizuführen, also der ultimative Tritt? Jeder kennt den Satz: „Leben ist Veränderung“, oder auch das Gegenteil davon „Stillstand ist der Tod“. Wir Menschen entwickeln uns weiter, stetig. Und in den härtesten Krisen sind die Entwicklungsschritte am größten und deren Geschwindigkeit am nachhaltigsten (Beispiel Kriege, Naturkatastrophen etc.). Damit unterstelle ich nicht, dass ein Krieg und eine Katastrophe positiv ist. Lassen wir einmal die Bewertung bewusst weg, egal in welche Richtung! Betrachten wir nur einmal den Umstand an sich.

Trauer ist für uns Menschen eine der fundamentalsten Krisen, die wir erleben können. Manche zerbrechen daran, andere wachsen in ungeahnte Bereiche. Sie birgt bei aller Katastrophe auch das größte Potenzial der Veränderung, der eigenen Neuausrichtung, des Setzens des Reset-Punktes. Wie tiefgreifend die Veränderung ist, ist auf allen Ebenen zu betrachten und zu beobachten. Es verändert sich nicht nur das Außen, sondern auch wir ändern uns im Körper, da vieles neu verschaltet werden muss, das heißt, selbst biologisch ändern wir uns in Teilen, mal abgesehen von der Gedankenwelt, in der wir uns bewegen.

Brauchen wir Menschen vielleicht genau deshalb die Trauer, um uns möglicherweise grundlegend weiterentwickeln zu können, zumindest einzelne Individuen? Und gehören dann zu diesen Menschen auch Individuen, die die ganze Bevölkerung voranbringen oder neue Impulse setzen?

Und genau wie Katastrophen oder Kriege immer plötzlich oder, sagen wir es anders, in ihrer Härte überraschend und nicht vorhersehbar auf uns einwirken, so ist es die Trauer auch. Wir können uns nur unzureichend auf sie vorbereiten. Ein sterbender Mensch, den wir begleiten, stirbt am Ende doch plötzlich und wir stehen dort und beginnen erst dann zu begreifen was geschieht. Brauchen wir dieses Momentum des Plötzlichen und der Endlichkeit, damit wirkliche Veränderung starten kann? Brauchen wir die Vehemenz, um uns neu ausrichten zu können? Brauchen wir deshalb die Trauer, um uns entwickeln zu können? Braucht der einzelne Mensch die Trauer für seine Entwicklung sowohl in seiner Persönlichkeit, aber auch sekundär als Population? Was aber nicht bedeuten soll, das diese Mensch zuvor unzureichend war! -> keine Bewertung!

Die Natur um uns herum hatte immer wieder damit zu tun, dass es Katastrophen gab. Ich verweise auf das Kapitel weiter vorne (Die Katastrophen in der Evolution). Die Katastrophe ist Teil unserer Entwicklung als Lebewesen. Immer wieder waren wir mit ihr konfrontiert und immer wieder mussten wir Lösungen finden, um überleben zu können. Die Katastrophe ist also nichts, was in der Geschichte einmalig vorkam, sondern wir mussten mit ihr leben lernen. Die Natur musste also im Laufe ihrer Geschichte dieses Faktum mit einkalkulieren und Mechanismen entwickeln, um mit einem plötzlichen Geschehnis zurechtzukommen. Und das passiert auch in unserem Körper, wenn wir in die Trauer stürzen. Und vielleicht ist der Begriff falsch oder, sagen wir es anders, er beinhaltet mehr, als er auf den ersten Blick verdeutlicht. Trauer ist Schwere, Trauer kann aber auch der ungeahnte Sprung nach vorne sein. All diese Facetten beinhaltet sie.

Ein Praxisbeispiel:
Die Kinderbuchautorin Cornelia Funke sagte in einem ZEIT-Interview:

„Nach dem Tod meines Mannes konnte ich besser schreiben als zuvor und dachte: Das ist doch der letzte Dreck! Dieses Leben ist so eingerichtet, dass wir durch Schmerz lernen? Was für eine Gemeinheit!“[85]

Im vorliegenden Fall hatte dies Auswirkungen auf die Schreibfähigkeiten von Cornelia Funke. Sie hat mittlerweile eine Gesamtauflage von 20 Millionen Bücher in 37 Sprachen erreicht. Versucht man durch eine KI-gestützte Abfrage weitere Beispiele zu finden, wird es schwierig, da eine Weiterentwicklung in allen Bereichen stattfinden kann. Es geht auch nicht darum, erfolgreicher im Beruf zu sein. Vielleicht passt der folgende Ausspruch: Aus der Trauer gestärkt hervorgehen! Und damit bekommt der Begriff „Stärke“ noch mal eine völlig neue Bedeutung.

Ich will noch einen weiteren Punkt ergänzen:

Der Umstand, dass wir aus der Trauer einen neuen Impuls setzen können, macht dann Sinn, wenn wir eine hohe Lebensspanne haben, da Trauer Zeit benötigt. Trauer und die sich daraus ergebenden Veränderungen, würden keinen Sinn machen, wenn unsere Lebenszeit nur wenige Jahre betragen würde. Würde die Eintagsfliege in sozialen Verbänden leben, würde Trauer keinen Sinn machen, weil sie sich nicht entwickeln würde. Säugetiere dagegen leben relativ lange. Damit kann sich die Trauer aber auch neue Wege ebnen.

[85] Cornelia Funke: https://corneliafunke.com/de.

IST TRAUER GENERELL ALS ZEICHEN BIOLOGISCHER FITNESS ZU VERSTEHEN?

Was wäre, wenn die Trauer eine Ausdrucksform der persönlichen Resilienz und damit ein Zeichen der biologischen Fitness wäre? (Stichwort: Gesamtfitness)

Unter der Gesamtfitness[86] versteht man in der Biologie den Erfolg, den ein Individuum hat, wenn es seine Gene an die kommende Generation weitergeben konnte. Dazu zählt nicht nur die eigene Zeugung von Nachkommen, sondern alles was die Familie betrifft, also auch sämtliche Verhaltensweisen, die dazu beitragen, um zum Beispiel der Familie zu helfen. Dies kann auch das Kümmern um die Kinder der Geschwister sein, die auch einen Teil der eigenen Gene enthalten.

Dies kann dann auch ein Kümmern um die Toten sein, beispielsweise verstorbener Kinder, welches als Zeichen zu deuten wäre, dass jemand eine intensive Bindung aufbauen kann und somit viel Energie in eine mögliche gemeinsame Nachkommenschaft investiert.

Resilienz ist die Eigenschaft, sich von einem einschneidenden Ereignis zu erholen. Zu den positiven, die Resilienz stärkenden Faktoren gehören:

- Umweltfaktoren: Unterstützung durch die Familie, die eigene Kultur, die Gemeinschaft, das soziale Umfeld und die schulische Umgebung

- Personale Faktoren: kognitive Fähigkeiten (z. B. Intelligenz, Deutungs- und Sinngebungsmodelle der Realität, Religiosität) wie auch emotionale Fähigkeiten (z. B. Emotions- und Handlungskontrolle), eine hohe Selbstwirksamkeitserwartung, Toleranz für Ungewissheit, die Fähigkeit, Beziehungen aktiv gestalten zu können, oder die positive Einstellung gegenüber Problemen (Problemlösungsorientierung)

- Prozessfaktoren: die Fähigkeit, in der Krise Chancen und Perspektiven zu erkennen, die Akzeptanz des Unveränderbaren und die Konzentration aller Energien auf das als Nächstes zu Bewältigende und die dabei entwickelten Strategien

---

[86] Kappeler, P. M. (2020): Verhaltensbiologie. Springer Spektrum: 479 S.

Negative Faktoren sind:

- z. B. unsichere Bindungen, geringe kognitive Fertigkeiten und eine geringe Fähigkeit zur Selbstregulation von Anspannung und Entspannung sowie Fixierung auf Probleme

Trauer ist Stress und ein Trauerweg ist ein langwieriger schwerer und energiezehrender Prozess. Neben der Einordnung der Erfahrung muss sie eingebettet werden in den neu zu gehenden Weg. Zahlreiche Stresshormone (z. B. Cortisol) werden ausgeschüttet, die den eigenen Organismus langfristig schädigen können, wenn ein neuer Weg nicht aktiv beschritten wird. In der Neurophysiologie müssen für neue Wege im Denken im Gehirn neue „Datenautobahnen" angelegt werden. Das muss geübt werden und kostet Zeit. Werden nur bestehende Wege beschritten, befinden wir uns in einem permanenten Konflikt. Neues Denken bedarf einer aktiven Handlung, damit neue Verschaltungen geschaffen werden können. Es muss hinzugelernt werden.

Der Hormonhaushalt stellt dabei ein wichtiges Regularium dar. Zuerst muss der Organismus geschützt werden, damit die Flut an neuen Informationen nicht zu einer Überlastung führt. Körpereigene Opiate und Endorphine werden ausgeschüttet, um den Menschen zu schützen. Eine direkte und vollständige Konfrontation könnte zum Zusammenbruch führen. Man fühlt sich wie in Watte gepackt.

Auf Dauer wird die Ausschüttung zunehmend reduziert, damit der Organismus sich mehr mit der neuen schweren Thematik beschäftigen kann. Gleichzeitig nimmt der relative Anteil an Stresshormonen zu. Der Körper muss eine Balance herstellen zwischen Fordern und Verhinderung von Überforderung. Je mehr der Mensch lernen kann, umso geringer wird der Stressfaktor. „Er wächst an seinen neuen Aufgaben."

Negative und langfristige Auswirkungen von Stresshormonen (Cortisol) sind:

- Infektanfälligkeit (geschwächtes Immunsystem) durch Ausschüttung von Glukokortikoiden und Kortikosteroiden
- zu hoher Bluthochdruck und Herzerkrankungen
- Schlafstörungen, trotz Schlaf fühlt man sich am nächsten Tag müde und schlapp
- Angstzustände
- Stimmungsschwankungen und Depressionen
- Osteoporose
- Verkümmerung der Muskulatur
- Fetteinlagerung am Körperstamm (Stammfettsucht mit Stiernacken und rundem Vollmondgesicht)
- Bindegewebsschwäche
- dünne Haut
- verzögerte Wundheilung
- Magengeschwüre
- diabetische Stoffwechsellage
- Ödeme (Wassereinlagerungen im Gewebe)
- schlechte Selbstpflege
- Antriebslosigkeit
- selbstbeigefügte Isolation

Ist der Organismus resilienzfähig, kann er den Hormonhaushalt im aktiven Weg durch die Trauer auf ein gesundes Maß einstellen und verhindert dadurch Erkrankungen. Schafft er es nicht, wird er krank, was schlechtestenfalls im Suizid endet. Der überwiegende Anteil der Suizidgründe sind psychische Probleme, also das Nichterschaffen von neuen Datenautobahnen im Gehirn. Auffällig ist, dass dies vor allem bei älteren Menschen der

Fall ist. Es ist anzunehmen, dass ihre Resilienzfähigkeit aufgrund des Alters abnimmt. Interessanterweise ist die Suizidrate bei Männern deutlich höher als bei Frauen. Aus Studien wissen wir, dass die Resilienzfähigkeit des weiblichen Organismus aufgrund des doppelten X-Chromosoms erhöht ist.[87] Insgesamt würde dies wiederum, biologistisch betrachtet, Sinn ergeben, da die Frau einen höheren Anteil im sozialen Gefüge einnimmt, als dies der Mann in seiner Evolution gelernt hat. Vereinfacht gesagt, hat die Frau sich immer schon mehr (z. B. Kümmern, Austausch, Pflege) um die Familie direkt gekümmert, als dies der Mann getan hat. Die Aufgaben des Mannes lagen eher in der indirekten Unterstützung aus dem Außen heraus.

Die Ergebnisse von drei Zwillingsstudien von 2008, 2012 und 2014 deuten darauf hin, dass Resilienzeigenschaften zu 31–52 % genetisch bedingt sein könnten. Bei männlichen Personen ist die Erblichkeit höher als bei weiblichen. Wird die Resilienz von Personen nicht anhand von Selbstauskünften oder Fremdauskünften bestimmt, sondern werden beide in einem sich ergänzenden Modell berücksichtigt, zeigt sich eine erheblich höhere Erblichkeit. So untersuchte eine Zwillingsstudie die Erblichkeit von Resilienz bei Heranwachsenden anhand der Auskünfte von Müttern, Vätern und der Kinder in über 1.300 Familien mit über 2.600 Zwillingen. Es zeigte sich, dass Unterschiede in dem zugrunde liegenden Faktor der Resilienz zu 70–77 % durch genetische Faktoren erklärbar sind.[88]

Aus dieser Perspektive wird Resilienz als das Produkt komplexer und dynamischer Interaktionen innerhalb einer Person sowie der Person und ihrer Umgebung verstanden. Es wird zwar oft angenommen, dass es sich bei Resilienz um eine individuelle Eigenschaft handelt, doch die meisten Forschungsergebnisse zeigen, dass sie das Ergebnis der Fähigkeit des Einzelnen ist, mit seiner Umgebung und den Prozessen zu interagieren, die entweder sein Wohlbefinden fördern oder ihn vor dem überwältigenden Einfluss von Risikofaktoren schützen. Die Interaktion des Einzelnen mit seiner Umwelt ist aber eine Domäne der Frauen. Beratungsstellen (Trauercafé etc.) werden zu 80 % von Frauen genutzt.[89]

Trauer wäre also eine natürliche Prüfung auf Resilienz. Wird der Trauerweg aktiv beschritten, kann der Organismus heilen und seine biologische Fitness bewahren.

Auch im Tierreich lässt sich aktives Trauerverhalten beobachten. So wurde beobachtet, wie Affenmütter ihre toten Jungen tagelang herumtragen (bis zu 27 Tage) oder wie Wale verstorbene Kälber mitführen und immer wieder an die Wasseroberfläche heben, damit sie vermeintlich atmen können.[90] Eine aktive Auseinandersetzung mit dem verstorbenen Familienmitglied ist an die anderen Mitglieder der Gruppe vielleicht ein Zeichen von „sich kümmern", also der Bereitschaft, Energie in die Aufzucht der Jungen zu investieren. Die Mutter eines verstorbenen Jungtieres bekundet somit ihre Bereitschaft, eigene Energie zu investieren. Interessant ist, dass dieses Verhalten bisher nur

[87] Reichart, T. & C. Pusch (2023): Resilienz-Coaching: Ein Praxismanual zur Unterstützung von Menschen in herausfordernden Zeiten. Springer: 316 S.

[88] Resilienz: https://de.wikipedia.org/wiki/Resilienz_(Psychologie).

[89] Resilienz: https://de.wikipedia.org/wiki/Resilienz_(Psychologie).

[90] Waal, F. de (2023): Mamas letzte Umarmung - die Emotionen der Tiere und was sie über uns aussagen. Klett-Cotta, Stuttgart: 432 S.

bei Arten dokumentiert ist, die in Gruppen leben, wie Affen, Wale (Säugetiere) oder auch bestimmte Vogelarten. Grundlage ist allerdings, dass es eine Verbundenheit zueinander gibt, und diese findet in der Regel über das Hormon Oxytocin statt. Je größer die Verbundenheit zueinander, umso mehr Hormon wird ausgeschüttet, wenn die Individuen sich begegnen. Bei Einzelgängern wurde dieses Verhalten bisher nicht beschrieben. Es würde auch weniger Sinn machen, da es darum geht, jemandem sein Verhalten aktiv zu zeigen. Zeigt die Mutter dieses betreffende Verhalten, ist es das Zeichen an die Männchen, dass sich die Mutter einsetzt, also eine „gute" Mutter ist. Zu fragen wäre dann, ob diese Tiere dann zukünftig eine erhöhte Reproduktionsrate haben oder ob sich Männchen gezielt um diese Weibchen bemühen.

Es geht um das Lernen im weitesten Sinne am Tatbestand Tod. Krähen prüfen beispielsweise den toten Organismus, um herauszubekommen, woran dieser gestorben ist und ob dieser eine Gefahr für sie oder die Gemeinschaft darstellt.
Der Trauerbegleiter oder die Gruppe, die den Trauernden auffängt, hat also eine weitere Aufgabe, nämlich die Stärkung der Resilienzfähigkeit, denn diese ist erlernbar. Sind die Trauernden Teil einer Gruppe (egal welche), vermindert sich der Ausstoß vom Stresshormon (Cortisol). Dies gibt die Möglichkeit für den Trauernden, sich seiner Trauer zu widmen, also den Weg aktiv weitergehen zu können.
Ein Beispiel von Gruppenzugehörigkeit (außerhalb der Ebene Freundschaft) zeigt sich immer wieder beim Mann. Männliche Trauergruppen sprechen innerhalb der Gruppe nicht zwingend über die erfahrene Trauer, sondern häufig reicht es, eine gemeinsame Aktivität zu leben, z. B. das gemeinsame Kochen. Dem Mann tut es schon gut, nur ein Teil davon zu sein im Bewusstsein, dass alle Mitglieder dieser Gruppe ähnliche Erfahrungen gemacht haben. Ähnliches wird immer wieder von Trauerbegleitern und Trauerbegleiterinn berichtet. Sie wundern sich, dass der Mann in der Begleitung gar nicht über seine Trauer spricht. Ihm reicht schon die Gemeinschaft.

FUSSBALLSTADION VERSUS TRAUERCAFÉ ODER WARUM EIN STUHLKREIS DEM MANN NICHT HILFT

Eigenschaften, die in der Vergangenheit einmal sinnvoll waren, müssen heute oder in der Zukunft nicht zwingend immer noch sinnvoll sein. Das männliche Hormon Testosteron hat dabei unter vielen anderen die Eigenschaft, unsere Aggression zu fördern. In einer Zeit, in der die Jagd für uns überlebenswichtig war, eine nachvollziehbare und sinnvolle Eigenschaft, um sich selbst mit ausreichend proteinreicher Nahrung zu versorgen, aber auch die eigene Familie, die Kinder oder auch den Stamm und die dörfliche Gemeinschaft. Aggression fördert dabei die Tötungshandlung beispielsweise von zu erlegendem Wild.

Aggression schützt aber auch vor Feinden, die Interesse an Dingen meiner Gemeinschaft haben oder die Frauen einer Gemeinschaft rauben wollen, um ihre eigene Position zu stärken oder zusätzliche Nachkommen zu zeugen, was dann die eigene Gemeinschaft wachsen lässt.

Die Verteidigung, damals direkt körperlich ausgetragen, impliziert Aggression mit seinen ganzen körperlichen Facetten, um dieser Situation gewachsen zu sein. Das heißt nicht nur die Grimasse, die ich ziehe, und die Muskeln und die Kraft, die ich dafür benötige, sondern auch die Bereitstellung von ausreichend Sauerstoff, die Kühlung über Schweißdrüsen, damit der Körper nicht überhitzt, die schnelle und häufig intuitive Situationswahrnehmung, das Aushalten von körperlicher Gewalt durch Schläge (Schmerz), das Ausschütten von ausreichend gespeicherter Energie und so weiter.

Und heute? Die Jagd wurde ersetzt durch den Gang zum Supermarkt, geschützt in einem klimatisierten Auto, mit dem ich direkt vor der Eingangstüre parken kann. Der Kampf gegen den Feind wird immer mehr aus dem Büro heraus durchgeführt, indem ich bei Kaffee und Brötchen eine ferngesteuerte Drohne bediene und nach acht Stunden nach Hause zu meiner Familie gehe, aber im Laufe meines Arbeitstages auf der anderen Seite der Erde vielleicht zwei Panzer und eine Gruppe Feinde ausgelöscht habe.

Dennoch sind wir hormongesteuert und die uns innewohnende Aggression ist damit nicht einfach weg. Wir gehen also joggen, stemmen Gewichte im Fitnessstudio oder trainieren bei Mannschaftssportarten, um einen gefühlten „Ausgleich“ zu schaffen, wir arbeiten am Wochenende

im Garten oder trainieren eine Fußballmannschaft. Wir fühlen uns einfach unwohl, wenn wir nur am Schreibtisch sitzen. Oder wir werden krank aufgrund mangelnder Bewegung.
Wenn althergebrachte Verhaltensweisen aber nicht verschwinden, wenn wir diese nicht brauchen, suchen sie sich in unserer heutigen Zeit Alternativen, damit man sie nicht unterdrücken muss.

Männer möchten einer größeren Gruppe angehören. Neben dem Gefühl von Stärke und Sicherheit ist hier auch der Gemeinschaftsaspekt nicht zu unterschlagen. Das muss nicht immer eine sportliche Gruppe sein, sondern kann durchaus der Kirchenchor oder die Naturschutzgruppe sein. Nehmen wir das Beispiel des Fußballstadions, weil es meiner Ansicht nach am deutlichsten werden lässt, wenn ich eine Verbindung zur Vergangenheit ziehen will:
Fußballstadien sind Orte, in denen der Anteil der Männer unter den Besuchern bei ca. 70 % liegt. Das Verhalten innerhalb der Stadien ist an alte Stammesbräuche angelehnt, bei denen Männer sich zusammenschlossen, um beispielsweise den Feind zu schlagen. Die Parallelen sind überdeutlich. Eine Gruppe definiert sich über ihre gemeinsame Lautstärke, wodurch sie immer bemüht ist, lauter zu werden, weitere Zeichen sind Kleidung, Fahnen, Bemalung und der Konsum von berauschenden Substanzen. Oder schauen Sie sich das Abbrennen von Pyrotechnik an, die immer mehr in Stadien, wenn auch verboten, zu beobachten ist. Früher waren es Fackeln.[91] [92] [93]

Während der weltweiten Coronakrise 2020 bis 2023 waren öffentliche Veranstaltungen (beispielsweise Fußballspiele) nur unter Ausschluss der Öffentlichkeit möglich, und es gab es immer wieder Ausgangsbeschränkungen. Damit fehlte ein für viele Männer wichtiges Ventil, ihre Aggressionen abzubauen. In einer Studie von Anderberg[94] gehen die Autoren auf der Grundlage von statistischen Auswertungen mittels Suchmaschinen davon aus, dass die häusliche Gewalt in der Coronazeit mit ihren Ausgangsbeschränkungen um bis zu 40 % gegenüber Nichtquarantänezeiten zugenommen hatte.
Auch das Thema der appetitiven Aggression ist ein Thema bei Männern. Psychologische Studien zum Überfall der Hamas auf die israelitischen Grenzregionen gehen davon aus, dass, unterstützt durch psychogene Substanzen, genau dieser Aspekt gefördert wurde.
Appetitive Aggression beschreibt dabei die Lust am Töten, von der vermutet wird, dass wir Männer diese in uns tragen müssen, damit wir ein Tier töten können. Wenn sich alle Männer vor dem Töten ekeln würden, hätte sich eine erfolgreiche Versorgung mit Proteinen durch den Mann nicht hätte durchsetzen können, zumindest nicht auf Fleischbasis. Auffallend in Kriegszeiten ist, dass der Feind mit Tierarten verglichen wird, wie Ratten oder Schweinen zum Beispiel, um sich zum gewissen Anteil wieder unbewusst in die „Jägerzeit" zurückzuversetzen. Es geht um die Entmenschlichung des Feindes, um den Tötungsvorgang auf die Jägerzeit zu legitimieren. Wie oft hören wir, wenn wir wirklich wütend sind, den

[91] Birkenbihl, V. F. (2008): Mehr als der sogenannte kleine Unterschied – Männer Frauen. DVD.
[92] Schwanitz, D. (2003): Männer - Eine Spezies wird besichtigt. Goldmann, München.
[93] Kratochvil, H. (2012): Im Prinzip Jäger und Sammler. Galila, Etsdorf am Kamp.
[94] Anderberg, D., Rainer, H. & F. Siuda (2022): Der Einfluss der Covid-19-Pandemie auf häusliche Gewalt – neue Ansätze zur Quantifizierung mittels Google-Suchdaten. ifo Schnelldienst 1 / 2022 75. Jahrgang 19. Januar 2022: S. 32-34.

Ausspruch: „Du Schwein." Keiner würde auf „du Auto" oder „du Gänseblümchen" reagieren.
Aggression und Gewalt ist also Teil von uns Männern, gab es doch eine Zeit, die dieses Verhalten unterstützte und förderte, damit wir erfolgreiche Jäger wurden und unsere Familien oder unseren Stamm gegen Eindringlinge schützen konnten.
Die Stadien sind heute Orte, wo Männer dieses Verhalten leben können. Hier können sie schreien, toben etc. und in der Regel schaden sie damit niemandem, aber sie bauen diese innewohnenden Aggressionen ab. Damit gehen sie „erleichtert" nach 90 Minuten wieder zurück in ihr privates Umfeld.

In der Trauer sind Wut und Zorn für Männer Themen und hier müssen Wege gefunden werden, diese Verhaltensweisen zu kanalisieren. Einige Beispiele dazu:

- Viele Trauergruppen von männlichen Jugendlichen haben im Raum einen Boxsack, an dem sich die Jungen abarbeiten können, wenn sie es nicht mehr aushalten.
- Eine Trauerbegleiterin aus Gelsenkirchen geht mit ihrer männlichen Trauergruppe in das nahe gelegene Fußballstadion.
- In Dülmen bei Münster erschaffen die Männer einer Trauergruppe mit Kettensägen Kunstwerke aus Baumstämmen.
- Eine andere Gruppe führt ritualisierte Stockkämpfe nach einer japanischen Tradition durch.
- Subsummieren würde ich auch männliche Wandergruppen, da Ausdauer auch zum Abbau der aufgestauten Aggressionen führen kann. Als Beispiel sei hier die 70-km-Wanderung über zwei Tage hinweg und zwischen zwei Klöstern bei Magdeburg genannt.

Damit wird deutlich, warum viele Angebote, die sich an trauernde Männer richten, bei dem überwiegenden Teil der Männer nicht funktionieren können.
Männer sind Wesen, die das Ergebnis durch ihr Handeln erreichen, meistens aber nicht über das Gespräch. Ein klassisches Trauercafé ist ein Ort, in dem man zusammensitzt, meist bei einer guten Tasse Kaffee, um sich austauschen. Viele Männer meiden diese Orte. Warum?
Weil diese Form der Begleitung wesentliche weibliche Komponenten beinhalten, die für Frauen sehr passend sind, aber nicht immer für Männer.
- Das Gespräch ist für viele Männer nicht immer die geeignete Variante, weil sie sich schwertun,

Worte für etwas zu finden, das sie nicht gerne äußern. Darin liegen gleich mehrere Probleme:

- Im Gespräch ist es für Frauen wichtig, sich direkt anzuschauen, um neben der Sprache auch die Mimik des Gegenübers lesen zu können. Damit schätzen Frauen das gesprochene Wort ein. Für Männer gilt aber aus der Urzeit noch, dass ich meine Gefühle, geäußert durch Worte und Mimik, nicht preisgebe, weil es tief in uns immer noch als Schwäche gespeichert ist. Männer bauen in Gruppen Hierarchien auf. In diesen möchten sie die Position behalten und nicht absteigen, was durch gefühlte Schwäche (geäußerte Gefühle) aber passieren würde. Frauen hingegen bauen in Gruppen Netzwerke auf, damit sie Informationen austauschen. Bei ihnen besteht also nicht die Gefahr, möglicherweise abzusteigen.
- Augenkontakt ist für Frauen wichtig. Im Innersten des Mannes ist Augenkontakt, resultierend aus der Urzeit, eine Drohgebärde gegenüber meinem Feind.
- Bei Frauen sind Kommunikationszentren mit Gefühlszentren gekoppelt. Bei Männern liegen diese Zentren getrennt im Gehirn vor. Im Trauergespräch muss ich als Mann allerdings darauf zurückgreifen. Dies geht nicht so schnell, wie Frauen dies können, sodass ich erst einmal schweige, um mich zu sortieren. Das Trauercafé, meist angesetzt auf zwei Stunden, ist für die meisten Männer zu kurz und häufig bekomme ich zu hören, dass die vier Minuten bei der Verabschiedung am Auto oder im Gehen die entscheidenden Minuten für den teilnehmenden Mann waren.
- Der Raum eines Cafés ist für Frauen ein Austauschraum, in dem sie sich wohlfühlen. Für Männer ist dies ein stressbelasteter Raum, der mannigfaltige Gefahren beinhaltet. Für den Mann ist dies, evolutionär betrachtet, kein Raum, in dem er siegen kann.
- Für Männer ist die Bewegung ein wichtiges Element ihres Verhaltens. Im Café müssen sie sitzen und sie handeln außer dem Heben der Tasse nicht. Ihnen wird hier ein wesentliches Element genommen.
- Frauen fassen ihr Gegenüber im Gespräch durchschnittlich vier- bis sechsmal häufiger an, als dies Männer tun. Auch dies ist ein Element, vor dem Männer zurückschrecken, dabei ist das nur gut gemeint, wird aber in dieser sensiblen Situation von Männern anders aufgenommen.
- Körperliche Nähe zwischen Männern stellt für heterosexuelle Männer ein Problem dar, da man Sorge hat, als homosexuell angesehen zu werden. Umarmung, Küssen etc. ist aber beim Siegen erlaubt, siehe hier wieder das Fußballspiel. Dies ist dann ein Zeichen für das Gruppenzusammengehörigkeitsgefühl.[95] [96] [97]

[95] Birkenbihl, V. F. (2008): Mehr als der sogenannte kleine Unterschied – Männer Frauen. DVD.

[96] Schwanitz, D. (2003): Männer - Eine Spezies wird besichtigt. Goldmann, München.

[97] Kratochvil, H. (2012): Im Prinzip Jäger und Sammler. Galila, Etsdorf am Kamp.

MÄNNERSTILLE

Stille ist eine Möglichkeit, sich zu spüren. Der Mann hat es in seiner Vergangenheit meist so gehalten, dass er sich zurückgezogen hat, wenn er in sich hineinschauen wollte. Symbolisch stellt dies die oft beschriebene und klischeebehaftete „Höhle" da. Dort fand er die Ruhe, die er suchte.
Auch heute noch löst der Mann einen Großteil seiner Probleme nicht im Gespräch, sondern für sich. Wie oft höre ich Frauen klagen, dass sich ihr Mann in Schweigen hüllt und nicht mit ihr redet. Er hat sich dann zurückgezogen, ist eingetaucht in seine Welt, in der es keine Besucher gibt. Heute soll er sich öffnen, in der Partnerschaft Gespräche führen, zum Arzt gehen, sich liebevoll um die Kinder kümmern, der Frau die Wünsche von den Augen ablesen, sich pflegen, gut riechen usw. Nichts davon ist verkehrt!
Wie oft sagt die Mutter ihrem Sohn, er solle sie anschauen, wenn sie mit ihm spricht. Und wie oft blockt der Sohn genau dann ab oder bekommt einen glasigen Gesichtsausdruck, als ob er durch seine Mutter hindurchschaut? Und wie oft redet der Sohn genau dann mit ihr, wenn er aus dem Fenster schaut oder in der Küche das Geschirr abtrocknet oder am Computer sitzt?!

Reden und Denken geht bei uns Männern nicht gleichzeitig. Die Technik des Rückzuges zu uns selbst haben wir fast verlernt oder es ist kein Raum dafür vorgesehen. Schon unsere Väter und Großväter der letzten 200 Jahre haben sie uns nicht mehr gelehrt. Nicht sie nahmen uns an die Hand, sondern die Mütter, die Kindergärtnerinnen und die Grundschullehrerinnen. Doch die zeigten uns nicht männliche, sondern zwangsläufig weibliche Strategien, z. B. die der Kommunikation, die sie so hervorragend beherrschen.
Heute ist die „Höhle" nur noch ein Synonym für das Archaische im Mann. Und archaische Muster werden in aller Regel als überkommen abgelehnt. Dabei ist die Höhle nicht mehr aus Stein, kalt, feucht und im dunkleren hinteren Teil lauert der Höhlenbär. Die heutige Höhle ist das eigene Auto, ist die alleinige Wanderung, ist das Joggen, das Angeln, der Hobbykeller, die Autowerkstatt, die Vogelbeobachtung, die Jagd etc. In meiner Trauerzeit war das Auto der für mich beste Ort. Ich war in Bewegung, habe meine Musik gehört und war für mich allein. Viele Stunden und viele bewegte Kilometer, in der ich mit mir arbeiten konnte.

Männer und Frauen schalten unterschiedlich stark ab, um entspannen zu können. Kann der Mann sein Gehirn auf 10 % Aktivität herunterfahren, funktioniert das bei der Frau nur um 10 %.[98] Für die Frau hätte ein Rückzug in eine Höhle keinen Sinn, weil ihr Gehirn weiterarbeitet. Evolutionär, und darunter sind viele biologische Eigenschaften zu sehen, waren die Kinder Teil ihrer direkten Umgebung und da machte es wenig Sinn abzuschalten. Jeder, der Kinder hat, weiß, wovon ich spreche.
Wir Männer dagegen sind in einem Raum, egal welcher, in dem wir allein sind, durchaus gut

[98] Pease, A. & B. Pease (2002): Warum Männer nicht zuhören und Frauen schlecht einparken. Ullstein, München.

aufgehoben, weil wir so die Stille in uns besser hören können.

Schauen wir als kleinen Einschub auf die Altenheime in Deutschland. Dort werden vielfältige Angebote den Gästen unterbreitet. Allzu oft bleiben die Männer aber in ihren Zimmern allein zurück. Und genauso oft wird ihnen mangelnde Geselligkeit bescheinigt, dabei fühlen sie sich durchaus wohl in ihren eigenen vier Wänden und suchen nicht nach Geselligkeit. Ihnen fehlt nichts, auch wenn das in der Sicht von außen so scheinen mag. Oder, andersherum betrachtet, kann er sein Zimmer jederzeit verlassen, wenn er möchte.

Stille ist: die eigenen Gedanken, ohne beobachtet zu werden, zu reduzieren, bis nur noch das Gefühl übrig bleibt. Frauen benötigen meist andere Strategien, wie den Austausch untereinander. Vielfach wird in der Literatur beschrieben, dass Frauen beim Reden denken. Klingt platt – ich weiß –, aber wer das Glück hat, mit einer Frau zusammenleben zu dürfen, kennt das. Es geht manchmal nur darum, für sich während des Redens Dinge zu sortieren, und wir Männer glauben irrtümlich, wir müssten ihr einen Lösungsvorschlag unterbreiten, doch den will sie in diesem Augenblick gar nicht hören.

Ein Aspekt dabei aus der Biologie ist die Aufteilung unseres Gehirns. Beim Mann sind Gefühls- und Gesprächszentrum auf verschiedene Gehirnhälften verteilt. Er hat neurophysiologisch einen anderen Zugriff auf seine Gefühle mittels Sprache. Bei der Frau verteilen sich Gefühls- und Gesprächszentren auf beide Gehirnhälften, die miteinander vernetzt sind. Die Frau hat dadurch einen schnelleren und direkteren Zugriff auf ihre Gefühle. Beides hat sich in der Evolution als sinnvoll bewährt, denn der Mann musste bei seiner Arbeit nicht den direkten, zeitnahen Zugriff auf seine Gefühle haben, während der Umgang der Frau mit den Kindern ohne Zugriff auf die Gefühle schwierig geworden wäre. Kinder sind Wesen, die ausschließlich auf der Gefühlsebene kommunizieren. Erst später beginnen sie zu kalkulieren und zu planen.[99] [100]
Dies ist eine Anpassung an frühere Aufgaben. Hatte der Mann seine Aufgaben erfüllt, konnte er abschalten. Die Frau versorgte Kinder und Haushalt. Der Mann baute das „Nest" und beschützte es, für die Pflege und die sozialen Kontakte sorgte die Frau. Heute leben wir in einer modernen Welt mit modernen Anforderungen, aber unser Gehirn, unsere Aufmerksamkeit wurde über Jahrmillionen anders ausgebildet. Es ist anders getaktet! Das Gehirn ist allerdings ein Ort, der sich verändern kann. Wir können dazulernen, Dinge annehmen oder ablehnen. Wir müssen aber wissen, weshalb wir das tun, und wir benötigen Vorbilder.

[99] Moir, A. & D. Jessel (1990): Brainsex – Der wahre Unterschied zwischen Mann und Frau. Econ, Düsseldorf.

[100] Pease, A. & B. Pease (2002): Warum Männer nicht zuhören und Frauen schlecht einparken. Ullstein, München.

Ein Beispiel aus Ostfriesland: Ich bin über fünf Jahre hinweg jeden Morgen um einen See gelaufen, um dort die Vögel zu kartieren. Dabei habe ich immer auch aufgeschrieben, ob Angler am See saßen. In diesen fünf Jahren waren über 470 Angler am See. Alles Männer, keine einzige Frau in der ganzen Zeit. Sind wir ins Gespräch gekommen, waren natürlich enthusiastische Angler vor Ort, allerdings auch eine große Zahl Männer, die den Ort zur Entspannung nutzten und nur nebenbei angelten. Meist lag auf dem Grill die Wurst aus dem Supermarkt. Es läuft kein Radio, das Handy hat keinen Empfang. Die meisten sitzen hier allein, schauen einfach nur vor sich hin, hinaus auf den See. Sind sie doch einmal zu zweit, hat jeder sein eigenes Zelt. Jeder sitzt den überwiegenden Teil des Tages vor seinem Zelt und denkt nach. Dieses Grübeln ist nicht negativ und auch nicht aktiv. Natürlich gibt es von Zeit zu Zeit ein kurzes Pläuschchen mit dem Angelkollegen. Schließlich will man schon im Angelduell den größeren Fisch gefangen haben, aber man trennt sich auch schnell wieder.

Frauen dagegen unterhalten sich gerne und auch ausführlich. Nach Kirchstein[101] geben Männer durchschnittlich etwa 7.000 Kommunikationsträger pro Tag von sich (Wörter, Tongeräusche, Körpersignale), Frauen dagegen ca. 20.000. Der Angelplatz wäre für die meisten von ihnen der falsche Ort.

Wesentlich ist die Schlussfolgerung aus dieser Beobachtung: Nehme ich dem Mann die Gelegenheit, in seine symbolische Höhle zu gehen, nehme ich ihm ein wichtiges Werkzeug, seine Gedanken zu sortieren. Dabei ist eine „Höhle" immer ein x-beliebiger Rückzugsort, an dem er ungestört für sich sein kann. Löst er nicht seine Probleme, oder nennen wir es weniger dramatisch Fragestellungen, häuft er diese in sich an, bis er krank wird oder ausbricht, sich mit Gewalt die Ruhe nimmt, die er sucht. Vielleicht zerschlägt er dann mehr Porzellan, als er wirklich will. Oder er geht, weil er für sich keinen Weg findet, in die Betäubung, beginnt zu trinken, zieht sich in eine digitale Welt zurück oder verbringt mehr Zeit im Büro, als er müsste.

Ruhe für den Mann ist eine Möglichkeit, Probleme zu lösen, diese zu durchdenken, um Alternativen zu finden. Ruhe und Stille sind aber auch die Orte für Neues. Hier beginnt seine Kreativität, hier kann er weiterdenken, seiner Fantasie freien Lauf lassen. Nur durch Ruhe kann er neue Dinge schaffen, seine Kreativität entfalten, die im Alltag durch den umgebenden Lärm oder durch die Arbeit verdeckt wird. Die Höhle ist nicht nur Blick zurück, um Gewesenes zu reflektieren und Probleme zu klären, sondern auch der Beginn für Neues, als Blick nach vorn, in eine selbst gestaltete Zukunft.[102]

---

[101] Kirchstein, H. (2015): Männer trauern anders. Typisch männliche Strategien angesichts von Tod und Verlust – und wie sich damit umgehen ließe. Vortrag vor der Selbsthilfegruppe verwaister Eltern, Bramsche-Ueffeln am 23.4.15.

[102] Kreuels, M. (2017): Männerstille. BoD, Norderstedt: 100 S.

72

OPTIONEN SCHAFFEN

„Der Tag ist angefüllt mit dies und das. Eher, ich habe ihn gefüttert, versucht alles hineinzupacken, Arbeit, Aufgaben, Gespräche und Termine, damit die Gedanken auf dem Weg bleiben, nicht nach rechts oder links ausbrechen. Ich muss sie zügeln, sie eng führen, will ich nicht in die Löcher auf dem Weg stürzen. Es ist der Weg über eine schmale Deichkrone. Ein falscher Tritt und aus dem Gang wird ein Straucheln. Und ein Straucheln geht immer nur bergab.
Der Weg ist mühsam, er kostet unendlich viel Kraft. Ich denke geradeaus, damit ich nicht in Schleifen denken muss. Diese Art von Gedanken, die zu nichts führen als zur Wiederholung der Wiederholung, an die man sich aber heftet, um nichts zu vergessen. Ist es hell, habe ich eine Chance, den Weg zu gehen, weil ich ihn sehen kann. Wird es dunkel, beginnt der eigentliche Kampf, dabei habe ich schon den ganzen Tag gekämpft. Es sieht keiner. Das Display auf meiner Stirn ist ausgeschaltet. Ich laufe den täglichen Marathon, um abends in ein Endspiel einzusteigen.
Dann, wenn es abends still wird, beginnen die Schreie in meinem Kopf. Die Stille brüllt, setzt mir zu, stößt mich dahin und dorthin. Prügelt auf mich ein, bis ich grün und blau am Boden liege, bis jemand nur scheinbar gütig ist und mich durch den Schlaf erlöst, in dem mich dann die Träume jagen, damit ich nicht zur Ruhe komme. Nur, um dann am nächsten Morgen völlig erschöpft mein Tagewerk zu starten, der wieder der Marathon ist, dieser unbarmherzige Lauf, der mich zum abendlichen Endspiel führt. Tagein und tagaus."

Bilder aus dem Leben eines Trauernden. Sie brauchen kein Mitleid, kein Klopfen auf die Schulter. Das, was sie brauchen, ist die Servicestation unterwegs, die Energiedrinks und Schokoriegel bereithält, die die Massage anbietet, damit sie weiterlaufen können, denn der Marathon ist ihr Lauf, den ihnen keiner abnehmen kann. Auch nicht das abendliche Endspiel, das sie selbst spielen müssen. Sie brauchen zuweilen den Coach, der sie auf der Bahn hält, der ihnen taktische Anweisungen geben kann, damit sie den Wettkampf mit sich selbst gewinnen können. Aber der gute Coach steht immer nur an der Außenlinie, nimmt am Spiel niemals teil.
Ein Mann braucht nicht zwingend vorgekaute Lösungen, was er allerdings benötigt, sind Optionen. Ob und welche er nutzt, spielt keine Rolle. Häufig passt schon die Option an sich, ohne diese Karte wirklich ziehen zu müssen.

Ich will ihnen von einer drastischen Art von Optionen berichten.
In einem Projekt haben wir Männer im Sterbeprozess interviewt. Alle Männer, die wir aufsuchten, hatten sich die Option zurechtgelegt, selbstbestimmt aus dem Leben zu scheiden, wenn sie es nicht mehr aushalten würden. Die Pistole im Schrank, den kürzesten Weg zu den Bahngleisen, Medikamente etc. 30 Männer waren Teil des Projektes. Alle bis auf einen starben am Ende eines natürlichen Todes. Einer zog die Karte und beendete sein Leben selbst.

Mit den Optionen sind Angebote verbunden, die er nutzen kann oder nicht. Dass er diese nicht nutzt,

bedeutet erst einmal nicht, dass es zu seinem Schaden ist. Die Option aber auch am Ende selbst entscheiden zu können, half ihnen durch die Zeit. Sie behielten die Kontrolle.
Bisher haben Sie viel über männliche Eigenheiten gelesen. Diese einzelnen Aspekte können Sie kombinieren.

Beispiel: Da wir festgestellt haben, dass für die meisten Männer ein klassisches Trauercafé mit Stuhlkreis oder Kaffeetafel kein nutzbares Angebot ist, fahren Sie mit dem Mann einmal Auto. Sie als Begleiter sind natürlich der/die Fahrer/in. Der trauernde Mann sitzt neben Ihnen auf dem Beifahrersitz oder hinter Ihnen. Was beinhaltet diese Situation:

- Wir sind in Bewegung.
- Der Mann befindet sich in einem Schutzraum, nennen Sie es ruhig Höhle.
- Er muss Sie nicht ansehen, er kann Ihrem Augenkontakt ausweichen.
- Er kann schreien, toben, egal was, und wird von außen nicht wahrgenommen.
- Laufen ihm die Tränen über die Wange, schaut er aus seinem Seitenfenster und selbst Sie bekommen das nicht zwingend mit.

Ein anderes Beispiel sind die Schwierigkeiten in einer direkten Kommunikation. Vielleicht will er nicht sprechen, dann versuchen Sie es mit Schreiben. Vor ein paar Jahren traf ich nach einer Veranstaltung eine Frau, deren Mann im Sterben lag, aber dafür noch relativ fit war. Die Frau wollte sich mit ihm austauschen. Erfahren von seinen Gedanken, aber auch besprechen, wie sie ohne ihn leben könnte. Er wich diesen Gesprächen aus. Wir verabredeten, dass sie ihm ihre Fragen aufschreiben könnte. Diese sollte sie auf den Küchentisch legen, ihn aber nicht darauf ansprechen, was Druck verursacht hätte.
Sie tat wie besprochen. Nach zwei Tagen war der kleine Fragenkatalog weg und nach weiteren zwei Tagen lag der Zettel mit den beantworteten Fragen wieder auf dem Küchentisch, kommentarlos. Das Paar konnte sich in den Wochen bis zu seinem Tod intensiv über diesen Kanal austauschen, ohne jemals die Briefe überhaupt anzusprechen. Sicherlich eine Krücke, aber denken Sie kreativ. Wie der sterbende Mann die Fragen beantwortet hat, in seinem Arbeitszimmer (seiner Höhle), wissen wir nicht, es spielt auch keine Rolle. Vielleicht ist er durch diese Arbeit erleichtert worden und auch sie hat genau das bekommen, was sie sich erwünscht hat.
Aus meiner Erfahrung heraus ist es wichtig, das Wissen aus der Herkunft des Menschen in die heutige Arbeit zu integrieren, wenn wir über die üblichen Wege nicht weiterkommen. Nicht jeder muss über diese Wege angesprochen werden, aber vielleicht greifen sie bei demjenigen, den wir sonst nicht greifen können und der sich vielleicht selbst im Wege steht.

Für Frauen ist es häufig eine Herausforderung, aber gehen Sie, wenn der Mann nicht sprechen möchte oder keine Worte hat, mit ihm ins Schweigen. Männer müssen nicht zwingend reden, aber die Gemeinschaft tut ihnen gut. Immer wieder höre ich von Begleiterinnen: „Ich spüre doch, dass da was ist. Ihm würde es doch viel besser gehen, wenn er mit mir darüber sprechen würde."

Wirklich? Sind Sie sich sicher?

Es können auch Gespräche außerhalb der eigentlichen Thematik sein. Sie als Frau haben vielleicht den Eindruck, dass er nur drum herumredet, aber nicht zum Kern kommt. Muss er das? Vielleicht ist ihm im Augenblick die Gemeinschaft mit Ihnen wichtiger, dann bieten Sie ihm das.

Ist er gereizt, wirkt er aggressiv? Dann liefern Sie ihm die Möglichkeit, Dampf abzulassen. Fußballstadion, schwere körperliche Arbeit, Ausdauersport, Fitnessstudio, Rockkonzert. Vielleicht ist er voller Hormone und weiß nicht, wohin damit, weil er wütend ist, dann muss er diese abbauen. Er muss sich körperlich spüren, schwitzen, um den Pegel zu reduzieren. Dann ist jetzt der Zeitpunkt gekommen, Dinge anzugehen, die körperlich herausfordernd sind. Sind es die Veränderungen an dem Haus, in dem er viele Jahre mit seiner nun verstorbenen Frau gelebt hat? Es kann genauso gut die Hüttenwanderung durch die Alpen sein. Einsamkeit, Stille, Bewegung, körperliche Herausforderung, räumliche Veränderung sind Aspekte, die ihm helfen können. Männer sind ganz viel Körper und viel weniger gesprochene Worte, dann sind Handlungen hilfreicher, als still auf einem Stuhl zu sitzen. Viele unterstützende Maßnahmen sind sehr praktisch orientiert.

Kennen Sie schamanische Rituale?[103] Die Kultur des Schamanismus ist nachweislich mindestens 60.000 Jahre alt. Es gibt weibliche, aber auch männliche Schamanen. Sie nutzen Rituale, die sie, oder in unserem Fall ihn, dazu führen, in andere Bereiche des Gehirns vorzustoßen. Wir nutzen normalerweise nur einen Bruchteil unseres Gehirns. Diese Rituale werden häufig belächelt, ich weiß, dabei enthalten sie ganz viele naturwissenschaftliche, in dem Fall physikalische, Gesetzmäßigkeiten. Nehmen wir mal das Beispiel der schamanischen Trommel. Im schnellen Rhythmus wird diese kleine Handtrommel geschlagen, meist mit 180 Schlägen pro Minute. Ich weiß, viele sehen es als lächerlich an, weil wir darin nicht geübt sind, aber was passiert denn bei diesem Takt? Diese Frequenz versetzt Ihr Gehirn in einen Zustand, den Sie normalerweise jede Nacht im Traum erreichen. Das Gehirn beginnt in dieser Frequenz zu schwingen. Sie werden Bilder sehen, die Sie mit Geübten analysieren können. Vielleicht entsteht dadurch ein anderer Zugang zu den Gefühlen und das alles ohne irgendwelche psychogenen Substanzen. Kennen Sie die Musikrichtung Trance? Auch hier wird dieser Mechanismus genutzt.

Auch von den Schamanen abgeschaut sind die Traumreisen, die gerne auch in der Psychologie eingesetzt werden. Sie bedürfen zwar einer intensiven Konzentration und man(n) muss sie üben, aber auch hier können Bilder aufsteigen, die wir im Alltag nicht sehen.

Die alten Kulturen geben uns immer wieder Hinweise darauf, was möglich ist, und häufig sind sie näher an den naturwissenschaftlichen Gesetzmäßigkeiten, als wir in der sogenannten westlichen Welt glauben. Sind sie deshalb falsch oder abzulehnen? Ich glaube nicht. Wir sind nur ungeübt.

Und gehen Sie als Frau nicht davon aus, dass das, was Ihnen helfen könnte, auch für den Mann zwangsläufig zutreffen muss! Probieren Sie es aus, denn es schadet nicht. Es kann aber eine neue, unbekannte Türe öffnen.

[103] Villoldo, A. (2001): Das geheime Wissen der Schamanen: Wie wir uns selbst und andere mit Energiemedizin heilen können. Goldmann Verlag: 320 S.

75

WARUM EIN NATURWISSENSCHAFTLICHER TRAUER-AUSBILDUNGSKURS SINNVOLL IST?

Wir stehen nicht mehr in Büffelfellen gekleidet um ein Lagerfeuer herum, über dem sich ein Spanferkel fetttriefend dreht. Wir brüllen nicht wie ein Löwe und rennen auch nicht mit der Keule durch den Wald. Es geht also nicht um einen Machokurs oder die Erfüllung von althergebrachten Klischees. Es geht in einem speziellen Kurs um die zielgerichtete Weitergabe von Informationen an Menschen, die Männer besser begleiten möchten. Und der Grund ist nicht, dass Männer so grundlegend anders sind, sondern, dass Angebote besser greifen sollten. Und ja, natürlich sollte es ein ähnliches Angebot auch speziell für Frauen geben.

Wir leben in einer Zeit, wo gerne alles über einen Kamm geschoren wird, dabei gibt es so viele Unterschiede, die wir in unserer Entwicklung mitbekommen haben, über die die Allgemeinheit heute kaum etwas weiß. Diese biologischen Aspekte in Summe über einen langen Zeitraum betrachtet, machen das Individuum aus. Da kann man völlig banal anfangen und auf den Geschmackssinn hinweisen, der bei den Geschlechtern unterschiedlich ist. Wir können auf die Anzahl der Schweißdrüsen hinweisen usw. Zu diesem Thema gibt es viele und gute Bücher und ich habe auf einige von ihnen auf den Seiten dieses Buches hingewiesen.

Eine unterschiedliche biologische Ausprägung hat aber auch was mit unterschiedlichen Aufgaben und einem sozialen Umfeld zu tun, das wir mal ausfüllten und in dem wir lebten. Richtig, diese sind heute meistens nicht mehr notwendig, aber sie sind immer noch in uns gespeichert. Die Natur streicht nur dann etwas, wenn es unmittelbar schädlich ist. Ist es das nicht, bleibt es erhalten und kann bei Bedarf wieder abgerufen werden. Und genauso ist es richtig, wenn wir Dinge ändern möchten, denn der Mensch ist kein Stein. Wir können aber Dinge nur ändern, wenn wir auch wissen, was wir ändern können. Dazu gehört ein Bewusstsein um Dinge, die wir heute vielleicht nicht mehr benötigen.

Ziele einer speziellen Ausbildung sind das Herausarbeiten der biologischen Unterschiede als ein ergänzender Aspekt zu den bereits am Markt vorhandenen Fort- und Ausbildungskursen. Im Allgemeinen werden diese Aspekte in den klassischen Veranstaltungen für Trauer- und Sterbebegleiter nicht oder allenfalls nur kurz angesprochen. Hierbei geht es nicht um den Aufbau von Konkurrenzveranstaltungen, sondern um ein Mehr, denn die Biologie ist genauso Teil von uns wie die Psychologie, die Soziologie oder unsere familiäre Geschichte. Letztendlich geht es um Wahrnehmung. Eine Bewertung der Unterschiede wird es nicht geben, denn es gibt kein Besser oder Schlechter, sondern nur ein gleichwertiges Anders.

DER PRAXISTEIL

MÄNNER-
GESCHICHTEN

78

MÄNNERGESCHICHTEN

Wir Menschen haben das große Glück, dass wir von Erfahrungen anderer Menschen lernen können. Das Problem ist aber, dass wir häufig keinen Zugang zu bestimmten Erfahrungen haben, weil diese nicht kommuniziert werden. Gerade das Thema „Männertrauer" ist dabei ein Feld, das uns Männern schwer auf der Seele liegt. Es war also meine Aufgabe, genau diese Männer zu finden, die Worte dafür haben. Und damit wird dieser Teil ein nicht repräsentativer Teil, weil die Geschichten der Männer fehlen, die keine Worte fanden.

Wenn dem dennoch so ist, haben wir Erfolg, denn es sind Beispiele und können diejenigen ermutigen, die schweigen.

Ich habe versucht, eine breite Streuung zu erreichen und mich nicht auf einen bestimmten Typ Mann festzulegen. Diese Angaben finden Sie durch das „Alter" und den „Berufsstand" angegeben. Darüber hinaus sind die Texte anonymisiert, sodass die Privatsphäre der Männer geschützt bleibt.

An alle Leser, die diese Texte aufnehmen, aber keine eigenen Erfahrungen in diesem Bereich gemacht haben: Die Autoren dieser Texte wurden durch das Schreiben an die Grenzen des Ertragbaren geführt und ich weiß von vielen, dass die Beantwortung der Fragen sich teilweise über Monate hinzog. Für viele war es ein Kampf. Hinter jedem Text lag ganz viel Verzweiflung und Einsamkeit. Wir sind zwar Männer mit den ganzen gängigen Attributen, wie wir zu sein haben, wir sind aber manchmal auch nur ein Stück Elend.

Der nachfolgende Fragenkatalog ist das Resultat des Austausches der Männer untereinander, die mitgewirkt haben. Sie haben sich diese Fragen gestellt.

In dem vorlaufenden Theorieteil habe ich Ihnen viele Fakten geliefert. Im Anschluss werden Sie eine umfangreiche Sammlung von Unterschieden finden. Sie beziehen sich nicht nur auf die Trauer, sollen aber zeigen, wie unterschiedlich wir sind. Prüfen Sie für sich, welche Sie davon in dem nun praktischen Teil wiederfinden.

FRAGENKATALOG

Berufsstand, Alter

1. Was ist passiert? Welches Ereignis löste die Trauer aus?

2. Wie war, wie fühlte sich ihr Leben vor dem Trauerereignis / -fall an?

3. Konnten sie sich vorbereiten oder war es ein plötzlicher Tod, Abschied, Unfall etc.?

4. Wie nahmen sie die Veränderung auf?

5. Was passierte mit ihnen in der ersten Zeit nach dem Ereignis?

6. Was war dann anders als vor dem Ereignis?

7. Was fühlten sie? War da Trauer und wie nahmen sie diese wahr?

8. Was sagte der Kopf und wie ging es ihrer Seele?

9. Was half ihnen gegen den Schmerz oder andere neuartige Gefühle (Kraftquellen)?

10. Hatten oder suchten sie Hilfe?

11. Was hat sich seitdem in ihrem Leben geändert?

12. Was war das Schlimmste für sie, was das Hilfreichste in der Krise?

13. Mit einigem Abstand, welche Bedeutung hatte die Trauer für ihr weiteres Leben?

14. Können sie Phasen erkennen, die sie nach dem Verlust durchlebt haben?

15. Haben sie, wenn sie Ihre Partnerin verloren haben, heute eine Lebensgefährtin?

16. Was war weiterhin von Bedeutung?

SCHÜLER, 16 JAHRE

1. Was ist passiert? Welches Ereignis löste die Trauer aus?

   Die Trauer wurde durch den Tod meiner Mutter im Jahre 2009 ausgelöst.

2. Wie war, wie fühlte sich ihr Leben vor dem Trauerereignis / -fall an?

   Das Leben vorher war leicht, erst in der Krankheitsphase bekam das Leben in seiner Leichtigkeit einen derben Knacks. Man fühlte sich vorher anders, sehr unbeschwert als wäre man gar nicht richtig wach.

3. Konnten sie sich vorbereiten oder war es ein plötzlicher Tod, Abschied, Unfall etc.?

   Bewusst hat mich mein Vater auf den Tod meiner Mutter vorbereitet. Ich war damals 11 und hatte durch die Krankheit meiner Mutter sehr viel Verantwortung bekommen, insbesondere in dem Fall, das ich ständig auf meine kleinen Geschwister aufpassen sollte, weil mein Vater oft mit meiner Mutter im Krankenhaus war. Ein halbes Jahr bevor meine Mutter verstarb, sagte mir mein Vater das sie Weihnachten nicht mehr überleben würde (meine Mutter starb am 17.11.2009) und das die verbleibende Zeit mit ihr genießen sollte.

4. Wie nahmen sie die Veränderung auf?

   Es war schwer, als ob einem erstmal ein riesen Stein auf der Brust liegen würde. Als ob alles nur noch aus Angst vor der Zukunft bestand.

5. Was passierte mit ihnen in der ersten Zeit nach dem Ereignis?

   Ich wurde wütend. Ich hatte ständig alles getan, um überall zu helfen und meine Mutter starb doch und das machte mich richtig sauer.

6. Was war dann anders als vor dem Ereignis?

   Es fühlte sich an, als ob der Gesprächspartner, der immer am anderen Ende eines Tisches saß, dem man immer alles fragen oder sagen konnte, einfach aufgestanden wäre ohne wiederzukommen.

7. Was fühlten sie? War da Trauer und wie nahmen sie diese wahr?

   Unendliche Leere, weite öde Gedankenlandschaften ohne auch nur einen Hauch von Glücklichkeit.

8. Was sagte der Kopf und wie ging es ihrer Seele?

   Mein Kopf reagierte beim leisesten Wort, das auf meine Mutter hinwies, mit tiefer Bosheit auf den Menschen, der ein Wort über meine Mutter verloren hatte. Meine Seele fühlte sich an, als wäre ein Messer in ihr und es würde immer und immer wieder umgedreht werden.

9. Was half ihnen gegen den Schmerz oder andere neuartige Gefühle (Kraftquellen)?

Kraft gab mir die Musik. Ich hörte und höre seitdem viel harte, dunkle Musik die laut ist. Auch der Sport und seine Härte gab mir viel Kraft.

10. Hatten oder suchten sie Hilfe?

Mein Vater hat mir versucht eine Psychologin an die Hand zu geben die aber nichts gebracht hat. Geredet hatte ich dann mit einer guten Freundin.

11. Was hat sich seitdem in ihrem Leben geändert?

Einiges, ich versuche hart zu sein um über meine Verletzlichkeit hinwegzukommen. Ich mache viele Sachen wo die Leute sagen es wäre nicht gut, es würde mich in einem falschen Licht dastehen lassen.

12. Was war das Schlimmste für sie, was das Hilfreichste in der Krise?

Das schlimmste waren die Leute, die immer wieder darauf herumritten, was passiert war. Das Hilfreichste waren Leute, auf die man sich verlassen konnte und die einen auch mal trösteten.

13. Mit einigem Abstand, welche Bedeutung hatte die Trauer für ihr weiteres Leben?

Sie gab mir einen anderen Blick aufs Leben. Sie hat mir gezeigt dass es nach dem plötzlichen Schock weitergehen kann.

14. Können Sie Phasen erkennen, die sie nach dem Verlust durchlebt haben?

Ja, erst meine anfängliche Wut dann meine Gleichgültigkeit und dann jetzt die Phase, wo man etwas Neues begonnen hat und es sich gut anfühlt.

15. Haben Sie, wenn Sie Ihre Partnerin verloren haben, heute eine Lebensgefährtin?

Nein, ich bin ja auch erst 16.

16. Was war weiterhin von Bedeutung?

Die Musik, sie half mir alles zu überstehen und sie ist seit dem Tag immer in meiner Nähe und immer griffbereit.

RENTNER, 80 JAHRE

Ich bin 80 Jahre alt. Meine Frau ist vor fünf Jahren gestorben. Wir waren 48 Jahre glücklich verheiratet. Meine Frau war etwa sieben Jahre herzkrank und hat zwei große Herzoperationen gehabt. Ich war zwar auf ihren Tod vorbereitet, aber der Schmerz sitzt auch heute nach fünf Jahren immer noch sehr tief, ja manchmal meine ich, er wird noch heftiger. Ich weine manche stille Träne, aber merke dann, dass Weinen guttut. Ich wohne alleine in meinem Haus, habe aber gute Kinder mit Familien, die teilweise in meiner unmittelbaren Nähe wohnen, und auch immer für mich da sind. Das ist oft hilfreich und gut. Außerdem habe ich einen guten Freundeskreis und ein schönes Hobby, den Brieftaubensport. Das alles hilft zeitweise über meine Einsamkeit hinweg. Im zweiten Trauerjahr war ich 4 Wochen in einer psychiatrischen Tagesklinik, da ich zweitweise sehr depressiv war. Außerdem habe ich eine Zeitlang den Trauerkreis in einer Hospizgruppe besucht. Das alles war gewiss hilfreich, aber auch nur teilweise. Meine wirkliche Hilfe und den besten Trost finde ich durch meinen christlichen Glauben. Ich besuche meine Frau oft auf dem Friedhof, unterhalte mich mit ihr und bete dafür, in dem festen Glauben, dass wir uns im Himmel wiedersehen. Deshalb bin ich auch keine neue Beziehung eingegangen. Ich möchte meiner lieben Frau treu bleiben bis in alle Ewigkeit. ich bin gewiss, sie hätte genauso gehandelt.

ANGESTELLTER BEI DER AGENTUR FÜR ARBEIT, 59 JAHRE

Im Herbst 1990 wurde bei meiner schwangeren Ehefrau ein Brustkrebs diagnostiziert. Leider wurde der Tumor während der Schwangerschaft als vergrößerte Milchdrüse angesehen – auch während weiterer Untersuchungen in der Schwangerschaft. Ihr wurde gesagt –„bekommen Sie das Kind und stillen, dann wird alles wieder gut". Auch als das Kind schon auf der Welt war, ließ meine Frau sich weiter untersuchen, wurde aber als hysterisch betrachtet. Lena war ein Jahr als dann der bösartige Tumor festgestellt wurde – vom gleichen Chefarzt – der dann auch noch die Frechheit besaß, fragen zu dürfen, weshalb sie jetzt erst kommen würde.

Nach der OP in Bremen wurde uns dann erklärt, dass meine Frau höchstens noch 3,5 Jahre Leben würde. Wir haben in der – uns gegebenen – Zeit viel über den Tod und das Sterben reden können. Sie hat sich den Stein für ihr Grab selber ausgesucht (ein Feldstein aus dem Garten meiner Schwester). Auch hatten wir die Zeit uns voneinander zu verabschieden. Ein großer Wunsch meiner Frau war, die Einschulung unserer Zwillinge (Frauke und Hannes) zu erleben. Was ja auch in Erfüllung ging. Heute möchte ich sagen, dass wir zumindest Hannes mit der frühen Einschulung keinen großen Gefallen getan haben – sie waren gerade 6 Jahre alt.

Veränderungen waren eigentlich an der Tagesordnung. Meine Frau war zur unzähligen Klinikaufenthalten in der Veramed-Klinik in Meschede, meine Kinder wurden in der Zeit bis zum Tod von 21 verschiedenen, mehr schlechten als rechten, Haushaltshilfen betreut und versorgt und ich musste wieder meiner Arbeit nachgehen. Am 02. Mai 1995 ist meine Frau dann in den frühen Morgenstunden in Meschede verstorben. In mir war eine tiefe Leere aber auch Wut. Wieso musste das uns (mir) passieren. Das Leben von den Kindern und mir musste neu organisiert werden. Von heute auf morgen wurden mir von der Krankenkasse die Haushaltshilfen gestrichen. Ich habe meine Arbeitszeit reduziert, um mehr Zeit für die Kinder zu haben, eine Haushaltshilfe hat auf meine Kosten den Haushalt versorgt. In dieser Zeit war ich oft sehr verzweifelt, wollte meinen Kinder aber auch nicht meine Trauer und meine Tränen zeigen, was sich leider nicht immer vermeiden ließ.

Nach vier Jahren allein mit den Kindern habe ich zur falschen Zeit die Tageszeitung aufgeschlagen und über die Kontaktanzeigen eine Frau kennengelernt. Den Teufel in Frauengestalt, mit dem ich 8 Jahre verheiratet war. Dies ist ein anderes Kapitel in meinem Leben. Nur mit diesem Teufel wurde den Kindern großes Leid zugefügt – heute haben sie aber alle drei ihren Weg gemacht und gefunden. Während und nach dieser Ehe hat sich die Trauer noch stärker bei mir bemerkbar gemacht. Ich habe mich total aus dem gesellschaftlichen Leben zurückgezogen bin nur noch meiner Arbeit nachgegangen und habe Stunden am Grab meiner Frau verbracht. Das Leben ist an mir vorbeigezogen, ich hatte nicht mehr das Bewusstsein, dass richtig wahrzunehmen. Im Frühjahr 2010 habe ich eine Freundin nach über 30 Jahren zufällig wieder getroffen, mit der ich heute (tagsüber) in einer wundervollen Partnerschaft lebe. Mit meiner Partnerin (die übrigens auch meine verstorbene Frau sehr gut gekannt hat) kann ich wunderbar lachen, mich an schönen Dingen erfreuen, sie ist die Muse für meine Kunst, sie lässt es aber auch zu, wenn ich traurig bin.

DIPLOM-PÄDAGOGE, 51 JAHRE

1. Was ist passiert? Welches Ereignis löste die Trauer aus?

   Ich war fast 30 Jahre mit meiner Frau zusammen, es ist meine erste Liebe und Beziehung, sie bekam vor ihrem 50. Lebensjahr eine Krebserkrankung, wir haben uns viel mit der Krankheit auseinandergesetzt, aber trotzdem versucht weiterzuleben und unseren beiden Kindern, soweit es ging, ein normales Familienleben zu ermöglichen. Leider kam der Brustkrebs ein zweites Mal mit Metastasen wieder und wir wussten, das wir nur noch wenige Jahre zusammen geschenkt bekommen würden.

2. Wie war, wie fühlte sich ihr Leben vor dem Trauerereignis / -fall an?

   Leicht und unbeschwert, geborgen und sicher, zunehmend durch die Krankheit nicht mehr, aber das Leben mit der kranken Frau war immer noch mehr zu ertragen als ohne sie nach ihrem Tod.

3. Konnten sie sich vorbereiten oder war es ein plötzlicher Tod, Abschied, Unfall etc.?

Wir konnten uns vorbereiten, da gegen Ende der Erkrankung eine Heilung nicht mehr möglich war. Die Familie hat mit guten Freunden und einem ambulanten Palliativdienst ein Sterben zu Hause ermöglicht. Aber eigentlich kann man sich nicht darauf vorbereiten, was der Tod wirklich bedeutet, ich verstehe es fast zwei Jahre nach ihrem Tod noch immer nicht so richtig.

4. Wie nahmen sie die Veränderung auf?

Schock, das Herz wurde mir aus dem lebendigen Leibe herausgerissen, es fühlte sich wie ein kalter Entzug an, ich war seit dreißig Jahren immer mit meiner Frau im Gespräch, das dies nach ihrem Tod nicht mehr auf Erden möglich ist, quält mich bis heute.

5. Was passierte mit ihnen in der ersten Zeit nach dem Ereignis?

Ich konnte nicht mehr arbeiten, meine eigenen privaten Dinge kaum regeln.

6. Was war dann anders als vor dem Ereignis?

Das Leben fühlte sich seit dem Tod meiner Frau ganz anders an, diesen Zustand erlebe ich bis heute als riesige Transformation in meinem Leben. Die Beziehung zwischen meinen Kindern und mir muss sich neu entwickeln. Es schmerzt, dass sie keine Mutter mehr haben und es schmerzt, dass ich mit meiner verstorbenen Frau nicht mehr gemeinsam auf Erden an der Entwicklung der gemeinsamen Kinder ins Erwachsenenleben freuen kann.

7. Was fühlten sie? War da Trauer und wie nahmen sie diese wahr?

Ich weine bis heute, als ich wusste, dass meine Frau nicht mehr lange leben würde, habe ich angefangen im Auto auf dem Weg von der Arbeit nach Hause zu schreien. Das Weinen wandelt sich. Ich habe viele Bücher über Trauer gelesen und wurde darin bestärkt meine Trauer bis heute zu Leben. Bis heute wache ich jeden Morgen auf und muss jedes Mal auf Neues mir klar machen, dass meine Frau tot ist. Ich erlebe die Trauer bis heute als ständiges Erwachen aus einem Traum(a). Schritt für Schritt versuche ich diese Erfahrung in mein Leben zu integrieren, weiter zu Leben und nicht in die Verzweiflung abzurutschen.

8. Was sagte der Kopf und wie ging es ihrer Seele?

Der Kopf sagte, das alles kann doch nicht wahr sein und meine Seele schrie nach Hilfe und Trost.

9. Was half ihnen gegen den Schmerz oder andere neuartige Gefühle (Kraftquellen)?

Es hat geholfen, dass ich am Anfang nach dem Tod nicht arbeiten musste, dann war hilfreich, dass ich schrittweise wieder einsteigen konnte. Es war und ist hilfreich, dass meine neue Partnerin aus meiner alten Heimat kommt. Aus dieser alten Heimat sind damals meine Frau und ich in die neue

Heimat aus beruflichen Gründen umgezogen. Als meine Frau gestorben war, die Kinder flügge geworden sind, Freunde und teilweise weitere Familie sich auch schon während der Erkrankung und nach dem Tod zurückgezogen haben, fragte ich mich, wo ich eigentlich hingehöre. Das Pendeln zwischen meiner alten und neuen Heimat hat meine Biografie wieder zusammengekittet.

10. Hatten oder suchten sie Hilfe?

Ich habe viel Hilfe durch gute Freundinnen, den Austausch über verwitwet.de, durch eine Psychotherapie erhalten. Eine neue Partnerschaft mit einer Frau, die auch ihren Mann verloren hat, hilft bis heute, man muss sich nichts erklären, was Trauer bedeutet.

11. Was hat sich seitdem in ihrem Leben geändert?

Ich habe gute Freunde verloren, sie können nicht verstehen, dass ich bald nach dem Tod meiner Frau eine neue Partnerin kennengelernt habe. Meine Kinder haben unterschiedlich reagiert. Sie sind ungefähr zu Zeit des Todes meiner Frau „flügge" geworden – eine Wohnung wo man vorher zu viert war, die ist am Abend nach der Arbeit leer und kalt. Ich habe aber auch neue Kontakte hinzugewonnen, meistens ebenfalls Betroffene, alte Freundschaften, auch wenn sie weit entfernt sind, leben wieder auf.

12. Was war das Schlimmste für sie, was das Hilfreichste in der Krise?

Das Schlimmste war zu lernen, dass meine Frau wirklich tot ist. Hilfreich ist bis heute der Austausch mit Betroffenen. Hilfreich ist der Glaube, dass wir nicht verloren gehen, wir gehen auf in ein großes Ganzes, mit dem wir alle durch die Liebe verbunden sind. Daran hat meine Frau auch geglaubt und konnte in Frieden gehen, auch wenn sie sehr gerne noch länger auf Erden mit mir und den Kindern und all ihren Freunden geblieben wäre. Es war auch sehr hilfreich und bewegend, dass meine Frau ihren eigenen Trauergottesdienst vorbereitet hat.

13. Mit einigem Abstand, welche Bedeutung hatte die Trauer für ihr weiteres Leben?

Die Trauer ist bisher die tiefste und existentiellste Erfahrung, neben der Liebe, in meinen Leben. Es ist ein Transformationsprozess, der bis heute anhält.

14. Können Sie Phasen erkennen, die sie nach dem Verlust durchlebt haben?

Tiefste Verzweiflung, langsames wieder zu sich kommen, sich wundern, wieder ins Leben tasten, wieder in Trauer zurückfallen, das Leben auch wieder von seinen schönen Seiten genießen, wieder Trauer, Transformation ohne Ende.......

15. Haben Sie, wenn Sie Ihre Partnerin verloren haben, heute eine Lebensgefährtin?

Ich habe drei Monate nach dem Tod meiner Frau durch eine gemeinsame Trauerbewältigung über verwitwet.de eine neue Partnerin gefunden. Dies hat mir auch das Überleben gerettet, auch wenn einige dies nicht verstehen, die Trauer hält bis heute an und wird nicht durch die neue Liebe aufgelöst, sondern hilft bei der Bewältigung, da meine Partnerin auch ihren Mann einen Monat vor meiner Frau verloren hat.

16. Was war weiterhin von Bedeutung?

Die Teilnahme am Bildband, an einem Buch über Träume in der Trauer und an diesem Textband hilft ebenfalls bei der Trauerbewältigung. Die Beschäftigung mit psychologischen, philosophischen, religiösen und spirituellen Themen half mir schon bei der Bewältigung während der Erkrankung meiner Frau und auch nach ihrem Tod.

SELBSTÄNDIG ALS FOTOGRAF UND SCHRIFTSTELLER, 45 JAHRE

1. Was ist passiert? Welches Ereignis löste die Trauer aus?

Meine Frau starb 2009 nach zweieinhalb Jahren Krebs.

2. Wie war, wie fühlte sich ihr Leben vor dem Trauerereignis / -fall an?

Es war ein Gleichklang. Es lief alles gut, wir hatten uns eingerichtet. Es plätscherte so dahin, alles war in Ordnung.

3. Konnten sie sich vorbereiten oder war es ein plötzlicher Tod, Abschied, Unfall etc.?

Meine Frau war 2,5 Jahre krank. Ob das aber eine Vorbereitung war? Wohl eher nicht. Es ist eine theoretische Gedankenarbeit, die aber durch das eintretende Ereignis getoppt wird.

4. Wie nahmen sie die Veränderung auf?

Schlecht. Ich hatte nur noch Schmerzen, war mit der Situation, der Erziehung unserer vier Kinder, überfordert.

5. Was passierte mit ihnen in der ersten Zeit nach dem Ereignis?

Ich versuchte einen Weg zu finden, weiter Leben zu können. Den Kindern Halt zu geben. Es war alles an der Grenze zum vollständigen Zusammenbruch.

6. Was war dann anders als vor dem Ereignis?

Es herrschte Chaos, Angst und Überforderung.

7. Was fühlten sie? War da Trauer und wie nahmen sie diese wahr?

Schmerzen, mein Körper bestand nur noch aus Schmerzen.

8. Was sagte der Kopf und wie ging es ihrer Seele?

Der Kopf sagte, geh weiter und meine Seele sagte, geh ihr nach.

9. Was half ihnen gegen den Schmerz oder andere neuartige Gefühle (Kraftquellen)?

Ich begann mein Leben neu, verließ meinen Beruf als Biologe und wurde Schriftsteller. Das Schreiben half mir.

10. Hatten oder suchten sie Hilfe?

Hilfe war wenig da. Ich stellte eine Haushälterin ein, um zumindest das Haus in Schuss zu halten. Meine Cousine half mir, weil sie die Erziehung des Jüngsten übernahm. Der Kontakt zur Familie brach ab.

11. Was hat sich seitdem in ihrem Leben geändert?

Vorher war ich Wissenschaftler oder meinte zumindest ich wäre einer. Ich versuchte die Dinge sachlich, logisch anzugehen. Nach dem Tod meiner Frau habe ich diese Sachlichkeit gegen Emotionen eingetauscht.

12. Was war das Schlimmste für sie, was das Hilfreichste in der Krise?

Das Schlimmste war die Einsamkeit, keine Gespräche mehr führen zu können, diese Stille. Keine Berührungen mehr. Das Hilfreichste war das Schreiben.

13. Mit einigem Abstand, welche Bedeutung hatte die Trauer für ihr weiteres Leben?

Es änderte sich alles. Ich bin heute ein anderer Mensch.

14. Können Sie Phasen erkennen, die sie nach dem Verlust durchlebt haben?

Erst habe ich mich für einige Monate sexuell ausgetobt. Vielleicht das kompensiert, was mir in den Jahren der Krankheit einfach fehlte. Dann setzte eine Art Besinnung ein, die mich dazu brachte, wieder nach vorne zu schauen. Diese dauerte ungefähr ein Jahr. In dieser Zeit wechselte ich den Beruf und konnte mich für eine neue Beziehung öffnen.

15. Haben Sie, wenn Sie Ihre Partnerin verloren haben, heute eine Lebensgefährtin?

Ja

16. Was war weiterhin von Bedeutung?

Die aktive Suche nach einem eigenen Weg, nicht nur verbunden mit der Trauer, sondern auch im Umgang mit einem selbst.

DIPLOM KAUFMANN, ANGESTELLT ALS CONTROLLER, 52 JAHRE

1. Was ist passiert? Welches Ereignis löste die Trauer aus?

Am 07.07.2013 verstarb meine Ehefrau Katja im Alter von 52 Jahren an den Folgen einer unheilbaren Amyloidose die sämtlichen lebenswichtigen Organe im Körper befallen hatte. Die Krankheit wurde im Juni 2012 diagnostiziert und es war von Anfang an klar, dass es bei dieser lebensbedrohenden Krankheit nur eine sehr geringe Überlebenschance gab. Auch Genanalysen zeichneten einen aggressiven Krankheitsverlauf voraus, der dann auch tatsächlich eintrat. Zuletzt starb sie bei uns zu Hause an einem akuten Nierenversagen in meinen Armen. Zuvor hatte sie eine anstehende Dialysebehandlung abgelehnt, da sie schon sehr schwach war. Sie wollte nur noch zu Hause in ihrem Bett sterben. Wir wurden die letzten Tage – es ging alles dann sehr schnell – von einem Palliativnetzwerk betreut, was mir sehr geholfen hat. Sie verstarb nach unruhiger Nacht am 07.07.2013 – meinem 51 Geburtstag – in meinen Armen. Schrecklich!!! Nach 25 gemeinsamen Jahren.

2. Wie fühlte sich ihr Leben vor dem Trauerfall an?

Wir lebten seit fast 25 Jahren in einer sehr glücklichen und harmonischen Beziehung. Wir lebten unseren Traum mit einem alten von uns renovierten Bauernhaus und unseren Pferden im wunderschönen Wendland. Wir pflegten unsere Hobbys und waren einfach nur glücklich und mit unserem sehr bewusst gelebten Leben sehr zufrieden. Wir waren absolut nicht auf ein Ende vorbereitet. Im April begab sich meine Frau mit starken unklaren Bauchschmerzen und anderen diversen Beschwerden in ärztliche Behandlung. Nach vielen Arztbesuchen wurde dann im Juni 2012 die Diagnose gestellt. Wir haben beide bis kurz vor Schluss gehofft, dass es eine Heilung geben wird. Wir haben NIE – bis zu den letzten Tagen – über einen möglichen TOD gesprochen.
Nach der Diagnose war ich sehr bedrückt und versuchte alles über die tückische Krankheit zu erfahren. Ich nahm genau wie meine Frau auch sehr stark ab. Ich hatte keinen Appetit und war über Monate mit einem vermeidlichen Bandscheibenvorfall von der Arbeit krankgeschrieben, um mich um meine Frau zu kümmern. Ich habe alles für sie getan und alles gegeben, was ich konnte. Ich konnte

sie nur nicht von ihrer Krankheit heilen. Ich habe sie über alles geliebt und es war eine unbeschreiblich furchtbare Zeit für mich. Ich habe unheimlich viel geweint.

3. Konnten Sie sich vorbereiten oder war es ein plötzlicher Tod, Abschied, Unfall etc.?

Ich konnte mich vorbereiten. Im Juni 2012 wurde die tödliche Diagnose Amyloidose definitiv festgestellt. Ich habe das alles zu diesem Thema gegoogelt und erfahren, dass es KEINE Rettung gibt. Ich konnte mich somit über ein Jahr bis zu Kattis Tod am 07.07.2013 „darauf vorbereiten“ – schrecklich – ich habe unendlich viel geweint!!!

4. Wie nahmen Sie die Veränderung auf?

Alles war unwirklich – schrecklich – nicht wahr – leer – ich konnte es nicht glauben – ich war unendlich verzweifelt – war auch wie gelähmt – habe unglaublich viel geweint – bin viel allein spazieren gegangen – habe mit ihr Kontakt aufgenommen – habe sie immer im Himmel besucht und mit ihr gesprochen. Ich habe gespürt und sie hat es mir auch gesagt: Sie ist gut aufgehoben an ihrem neuen Ort … ich war dann unendlich erleichtert. Ja das Leben ging einfach so ohne sie weiter – wie nicht wahr. Leer – allein – verlassen.

5. Was passierte mit Ihnen in der ersten Zeit nach dem Ereignis?

Ich bin teilweise wie betäubt durchs Leben gegangen. Ich musste immer wieder darüber sprechen – musste immer wieder von den letzten Tagen erzählen – suchte den Kontakt zu anderen Menschen, um mit ihnen über Kattis Tod zu sprechen. Ich habe unendlich viele Bilder von mir und meiner Trauer gemacht. Ich habe sehr viel im Garten gearbeitet – ich musste mich ablenken – abreagieren. Ich war dann aber immer wieder erschöpft und alles war so FREMD ich fühlte mich wie in einer Achterbahn – wie in einer Zentrifuge – ABER ich hatte immer den Willen nicht von ihr zerrieben zu werden.
Am Anfang wollte ich auch sterben – dann aber habe ich mit Katti im Himmel gesprochen und sie hat mir gedroht: „Wenn ich das mache, wird sie NIE wieder ein Wort mit mir sprechen…“ Ich verwarf dann den Gedanken wieder.

6. Was war dann anders als vor dem Ereignis?

Mein ganzes Leben hat sich verändert. Meine Frau und ich waren seit 25 Jahren total aufeinander eingespielt plötzlich fehlte der wichtigste Ratgeber, Leuchtturm in meinem Leben. Alles war leer. Alle Entscheidungen musste ich allein treffen – furchtbar schwierig. Unsicherheit machte sich breit, ABER ich bekam die Energie Alles zu schaffen… wie von Geisterhand.

7. Was fühlten Sie? War da Trauer und wie nahmen Sie diese auf?

Ich fühlte unendliche LEERE. Die Trauer war unbeschreiblich groß. Alles tat weh. Schmerzen im ganzen Körper. Ich musste ständig weinen – Tränen immer und überall. Kraftlos – ausgezehrt – schwach – allein.... Unendlich allein. Aber ich ließ die Trauer zu. Trauer ist ein natürlicher Prozess durch denn ich durch muss und keine Krankheit. Ich bin sicher, dass ich nach der Trauer gestärkt daraus hervorgehe.

8. Was sagte der Kopf und wie ging es Ihrer Seele?

Der Kopf fragte sich, ob das tatsächlich alles wahr ist. Hätte ich es verhindern können, fragte er? Habe ich wirklich alles für Sie getan?
Die Seele war recht beruhigt. Du hast alles, was du nur kannst getan und es ist gut für sie sagte sie. Meine Frau hat sich zwei Tage vor Ihrem Sterben bei uns zu Hause ganz offiziell von mir verabschiedet, obwohl sie kaum sprechen konnte, und mir gesagt das Sie alles gehabt hat in ihrem Leben und das sie gehen möchte... das alles gut ist......und das ich der liebste Mensch bin den sie je im Leben hatte. Vielleicht haben all diese Erfahrungen im Sterbeprozess der Seele geholfen. Ich glaube ja. Meine Seele nimmt auch ständig mit ihr Kontakt auf durch Traumreisen (kann zu diesem Thema nur Roland Kachler empfehlen!!!)

9. Was half Ihnen gegen den Schmerz und andere neuartige Gefühle (Kraftquellen)?

Kraftquellen waren endlose Spaziergänge und Traumreisen zu meiner Frau. Ich habe oft mit Ihr gesprochen und sie leitet mich durch den Rest meines Lebens. Ich habe unendlich viel geschrieben... auch an Sie. Habe alle Gefühle und Emotionen der Tage aufgeschrieben... das hilft unglaublich. Ich habe mir eine kleine private Bibliothek mit Trauerliteratur zugelegt...Habe unheimlich viel gelesen um zu hören, was man so tun kann, aber intuitiv habe ich immer das für mich richtige getan...Fügung. Die Bücher gaben letztlich auch nichts anderes her....

10. Hatten oder suchten Sie Hilfe?

Ja ich hatte anfangs zwei ganz liebe Trauerbegleiter, die auch unsere wunderbare Abschiedsfeier ausgerichtet haben. Ich habe aber im Verlauf meiner Trauer nicht regelmässig mit ihnen gesprochen. Im Großen und ganzen hatte ich zwar Unterstützung durch Familie und ein paar sehr enge Freunde, aber die entscheidenden Phasen und Schritte bin ich allein gegangen...habe alles mit mir und meiner verstorbenen Frau allein ausgemacht. Ich habe aber auch keine Hilfe aktiv gesucht. Es mit mir allein auszumachen hat mir auch sehr geholfen und mich weitergebracht.

11. Was hat sich seitdem in Ihrem Leben geändert?

Ich lebe allein in unserem Haus und habe angefangen die Räume so umzugestalten das es zu meinem Haus wird.... dass ich mich darin wohlfühle. Ich kleide mich anders und ich habe eine neue Partnerin kennengelernt... mit Sohn. Eine völlig neue Situation für mich, denn meine Frau und ich hatten keine

Kinder. Ich sehe die Welt aus einer neuen Perspektive. Beschäftige mich mit technischen Dingen die bisher in unserem Leben keine so grosse Rolle gespielt haben. Es fühlt sich gut an ist aber sehr neu. Ich lebe einen völlig neuen Lebensabschnitt aber meine verstorbene Frau leitet und begleitet mich. Ich trage Sie immer in meinem Herzen, aber mein Herz ist groß und da ist auch noch Platz für eine neue Liebe....meine Frau hat mir wieder einen Engel geschickt...so sehe ich es.

12. Was war das Schlimmste für Sie, was das hilfreichste?

Das schlimmste war für mich meine Hilflosigkeit in Verbindung mit der unendlichen Hoffnung die meine Frau bis zu Letzt auf Heilung hatte... und ich konnte NICHTS machen....furchtbar!!!!
Schlimm war auch, dass unsere Eltern wohl bis zum Schluss nicht den Ernst der Lage erkennen wollten und das ich nicht offen über alles sprechen konnte. Ich wollte und ich tat es auch immer, wurde aber nicht erhört... Das hilfreichste war der Kontakt zum Marianus Paliativnetzwerk das uns die letzten Wochen betreute...DANKE dafür!!! Meiner Frau wurde ein würdevolles Sterben in ihrem Zuhause mit mir zusammen ermöglicht. Ich war an Ihrer Seite als sie starb....der furchtbarste Supergau ABER auch unheimlich befreiend dabei zu sein...

13. Was war das Schlimmste für sie, was war das Hilfsreichste in der Krise?

Das hilfreichste waren meine Kraftquellen (siehe 9.). Das schlimmste war die Einsamkeit - die körperliche Abwesenheit, der Verlust.... nie wieder würde meine Frau bei mir sein.... Unverstellbare Schmerzen.

14. Mit einigem Abstand, welche Bedeutung hatte die Trauer für ihr eigenes Leben?

Durch meine Trauer ist mir bewusst geworden, dass wir hier auf der Erde alle nur für eine begrenzte Zeit zu Gast sind. Es liegt nicht an uns über die Zeit unseres Gast- Dasein zu bestimmen. Wir müssen jeden Tag in diesem Bewusstsein leben und versuchen im Einklang ... Gleichklang mit uns selbst zu sein. Wichtig ist alles bewusst mit Achtsamkeit und Dankbarkeit zu erleben. Ich bedanke mich jeden Tag dafür, dass ich die wunderbare einmalige Zeit mit meiner Frau hier verbringen durfte. Dankbarkeit für alles erlebte ist für mich die wichtigste Bedeutung der Trauer. Trauer ist auch ein Prozess und ein Zustand, dem man sich hingeben sollte, denn nach traurigen Momenten wird es wieder etwas besser und leichter... also raus mit Trauer, wann immer sie kommt!!!!!!
Dankbarkeit ... Achtsamkeit .... Bewusstheit, Annehmen und auch Loslassen lernen. Erinnerungen zu kultivieren und Frieden zu schließen. Wichtig ist einen guten ruhigen Ort für den verstorbenen Partner zu finden... einen Platz an dem man mit ihm sprechen kann, wo man Kontakt zu ihm herstellen kann. Innere Ruhe finden und neu leben lernen. Besinnen auf die Dinge, die man schon immer mal machen wollte und seinen eigenen Weg finden... sich selbst versuchen zu verwirklichen.

15. Können Sie Phasen erkennen, die sie nach dem Verlust?

Da sich durch die Prognose und Diagnose schon im letzten Lebensjahr abzeichnete, das meine Frau sterben wird, wurde bei mir die Phase des Nicht Wahrhaben Wollens wohl noch zu Lebzeiten durchlaufen. Ich wollte einfach nicht glauben das ES passiert. Nach ihrem Tod hatte ich dann schnell realisiert ES ist WAHR.
Darauf folgte erst einmal ein totales Durcheinander bis dann wieder ein geordneter Lebensablauf einsetzte. Zurzeit befinde ich mit in einer völligen Neuorientierungsphase. Ein neues Leben mit neuer Partnerin beginnt und will gemeistert werden... mit all seinen neuen Schwierigkeiten.

16. Haben Sie, wenn Sie ihre Partnerin verloren haben, heute eine neue Lebensgefährtin?

Ja habe ich.

17. Was war weiterhin von Bedeutung?

Ganz wichtig war, dass meine Frau und ich schon zu unseren Lebzeiten UNSEREN Traum gelebt haben. Wir haben die Dinge, die wir uns gewünscht haben immer, wenn möglich, verwirklicht und haben über all die Jahre eine sehr glückliche zufriedene Beziehung geführt. Geprägt von Offenheit und gegenseitiger Rücksichtnahme und einem extreme Willen gegenseitig für einander da zu sein... in welcher Phase auch immer!!!

PENSIONÄR, 66 JAHRE

Trauer nach Trennung und Scheidung „Eine falsche Lebensplanung? "

1. Was ist passiert? Welches Ereignis löste die Trauer aus?

Es war im Sommer 1986 als meine Frau mit unseren vier Kindern unser gemeinsames Haus verließ. Für mich brach eine Welt zusammen. Plötzlich war ich, der selbst in einer zehnköpfigen Familie groß geworden war, in einer großen Doppelhaushälfte völlig alleine.

2. Wie war, wie fühlte sich mein Leben vor dem Trauerereignis an?

Ich hatte meine Frau mit 21 Jahren, sie war 16 Jahre alt, kennengelernt. Ich hatte die Bundeswehr hinter mich gebracht und verbrachte die Zeit vor meinem Ingenieurstudium zur Überbrückung in meinem Lehrbetrieb. Wir waren beide in der Katholischen Jugendarbeit aktiv und leiteten beide eine Gruppe. Nach ihrem Abitur und meinem Ingenieurstudium heirateten wir. Ich hatte einen Beruf und sie begann eine Inspektorenlaufbahn. Mit einem Kredit und viel Unterstützung des Schwiegervaters richteten wir unsere erste Wohnung ein. Anfang der Siebziger Jahre lebte man in Katholischen

Familien nicht einfach zusammen. Man schloss den Bund der Ehe, für mich damit auch ein Gelöbnis: „Bis, dass der Tod euch scheidet"! Sie schloss erfolgreich ihre Ausbildung ab und mir gelang als Ingenieur im öffentlichen Dienst ebenfalls die Verbeamtung. Dann kamen unsere vier Kinder in nicht einmal 5 Jahren kurz hintereinander zur Welt. Zwischen dem dritten und vierten Kind gab es noch eine Fehlgeburt. Alle Kinder waren gesund und dank unserer gemeinsamen Fürsorge aus meiner Sicht recht pflegeleicht. Nun, ich war ja auch beruflich und später auch kommunalpolitisch viel unterwegs und für die technische Ausstattung des Haushalts war gesorgt. Meine damaligen Maßstäbe, was Haushalt und Kinder anging, setzte meine Mutter. Meine Eltern zogen acht Kinder groß und mehrere Pflegekinder. Mein Vater arbeitete als Lehrer und bewirtschaftete einen großen Hausgarten. Meine Mutter führte den Haushalt und erzog uns Kinder. Sie hatte hin und wieder Unterstützung aus der Nachbarschaft und wir Kinder kamen früh zu verantwortlichen Aufgaben für die Familie. Mutters Arbeitswoche ging von Montags bis Sonntags und von 6.00 Uhr bis 24.00 Uhr. Mittags gönnte sie sich eine kurze Mittagspause und schlief, wenn sie nicht durch irgendwen gestört wurde.
Eine vergleichbare Aufgabenteilung gab es auch bei uns. Ich unterstützte die Familie durch sämtliche Einkäufe, das waren keine kleinen Mengen, und die Kinderbetreuung in einem gepachteten Garten, wo wir bei guter Witterung viel Zeit verbrachten. Zwischenzeitlich hatten wir eine große Eigentumswohnung in der Nähe meiner Arbeit gekauft. Da war unsere zweite Tochter unterwegs. Dann kam die dritte Tochter. Als unser Sohn, das vierte Kind, zweieinhalb Jahre alt war, bezogen wir unsere Doppelhaushälfte. Wir wohnten sofort neben der Kirche, die wir jeden Sonntag mit allen Kindern besuchten. Die Kinder waren vorbildlich in ihrem Verhalten. Sie störten den Gottesdienst nicht. Ich glaube wir sechs zogen die Augen aller Kirchgänger auf uns. Ich war glücklich und stolz. Wir hatten aus meiner Sicht alles: Gesunde Kinder, ein Haus, ein Auto, wo alle Platz fanden, ich einen sicheren, soliden Beruf und ein gutes Auskommen. Ich erinnere mich noch genau daran, dass ich diese Dankbarkeit für unser Glück, kurz bevor alles anders wurde, meiner Frau sagte. Im Nachhinein empfand ich es so, als wenn der Liebe Gott, das gehört hat, eifersüchtig war und uns das nicht gönnte. Alles lief auseinander. Streit, Trennung und Scheidung.

3. Habe ich mich auf die Trennung und Scheidung vorbereiten können?

Ich wollte es nicht wahrhaben, als ich ausgeschnittene Wohnungsanzeigen fand. Dass sie immer so anders war, wenn ein befreundetes Ehepaar zu uns auf Besuch kam. Wahrscheinlich habe ich auch nicht ihre Trauer um das verlorene Kind zwischen der dritten und vierten Geburt gespürt. Bestimmt war ich nicht so betroffen wie sie.
Es fehlte mir an Verständnis und Einfühlung nach der Fehlgeburt. Es war passiert und es sollte ein weiteres Kind kommen. Alles im Leben läuft eben nicht immer so glatt. Und da waren doch die drei gesunden Kinder, die uns brauchten. Ich war mir nach jedem Kind der wachsenden Verantwortung bewusst.
Bei meinen Eltern, mein Vater war Lehrer, ging es uns in den fünfziger Jahren mit den vielen Kindern nicht so gut. Nur aufgrund des Lehrerberufes meines Vaters waren wir auf dem Dorf, wo ich groß wurde, nicht als asozial verschrien. Meiner Familie sollte es besser gehen. Das war mein größter Wunsch. Vielleicht sah ich mehr Liebe, Einvernehmlichkeit und Partnerschaft, wo sie nicht war. Aber

da, wo sich zwei Menschen verstehen und lieben, soll ja kein Platz für einen dritten Menschen sein. Der Platz war da, obwohl, dies bei den Streitigkeiten vor der Trennung immer geleugnet wurde. Ich habe die Luft angehalten und funktioniert, obwohl ich vor Schmerz und Verletztheit hätte schreien können. Niemanden, so glaube ich heute, habe ich mich in meiner Not anvertraut. Ich habe mich geschämt. Welche Frau mit vier Kindern verlässt schon ihr „warmes Nest". Was muss das für ein Mann sein? Ich erhielt sogar anonyme Briefe, in denen mir angedroht wurde, mein Verhalten gegenüber meiner Familie öffentlich zu machen. Ich war mir keiner Schuld bewusst, fühlte mich aber wie auf dem Präsentierteller, von allen Menschen beobachtet und verachtet.
So schrecklich das heute klingen mag, die vielen Jahre danach, ich hatte, wenn ich im Auto saß häufig Selbstmordgedanken. Sie waren nicht nur da, wenn ich alleine fuhr, sondern auch, wenn ich mit den Kindern und ihr unterwegs war. Wenn schon ich nicht mehr mit meiner Familie zusammen sein sollte, dann auch nicht die Mutter. Auf keinen Fall ein fremder, unverantwortungsvoller Liebhaber. Ich drohte auch mit Selbstmord und damit meinen Beruf als Beamter aufzugeben und unter die Brücke zu gehen. Es war alles pure Verzweiflung und Ohnmacht, das Leben nicht im Griff zu haben.
Heute frage ich mich oft, warum eigentlich nur so selten familiäre Katastrophen stattfinden. Die Umwelt registriert nicht die Verzweiflung hinter den bürgerlichen Fassaden. Man geht dem aus dem Weg. Trennung und Scheidung ist nicht so normal und schmerzfrei, wie es medial dargestellt wird. Es ist, und ich habe es selbst so wahrgenommen, eine Katastrophe so wie der Tod eines lieben Menschen. Nur der Tote entscheidet nicht über die Trennung und der Hinterbliebene nicht über seinen Verlust. So habe ich mir, was „normal Trauernde" kaum verstehen können, so glaube ich, den Tod der Mutter meiner Kinder gewünscht. Es hätte aus meiner Wahrnehmung alles viel leichter gemacht.
Um den Streitereien, die ständig zunahmen, und auch die Kinder belasteten, aus dem Weg zu gehen, war ich am Wochenende viel alleine auf Trödelmärkten unterwegs. Die alten Sachen, die es dort gab, faszinierten mich. Wir hatten als Kinder nie was besessen. Antiquitäten und seltene, alte und wertvolle Dinge kannte ich nur aus fremden, wohlhabenden Familien aus der Zeit als Schüler bei Klassenkameraden oder in meiner Lehre aus Fabrikantenvillen. So begann ein Hobby, was mir bis heute noch viel Spaß macht, und Ablenkung bringt.
Den Tag des Auszugs wollte ich nicht erleben. Ich buchte eine preiswerte Flugreise nach Ibiza, um fort zu sein, nicht mitzuerleben wie meine Familie sich von mir trennte. All die Möbel, die wir uns gemeinsam angeschafft hatten, aus meinem Lebensraum loszulassen. Es wäre für uns alle besser so, diesen Verlust und Schmerz nicht zeigen zu müssen. Es war nie eine Frage für mich, zu gehen. Das Haus zu verlassen, meinen Garten, den Sandkasten der Kinder, die Garage und den Keller. Ich hätte völlig meine Heimat, den Boden unter den Füßen verloren. Vielleicht dachte ich noch an ein Zurückkommen von ihr?
Es war ein schöner Urlaub für mich, vor dem ich anfangs so alleine recht viel Angst hatte. Ich teilte mein Zimmer mit einem fremden jungen Mann, der gerade sein Abitur gemacht hatte und von seinen Eltern diese Reise geschenkt bekam. Wir hatten gemeinsam Spaß auf der Insel. Viel Sonne, Strand und nette Menschen.
Bei meiner Rückreise bekam ich Angst. Ich musste mich der neuen Situation stellen. Nun gab es kein Ausblenden mehr. Die Familie war weg. Meine Mutter hatte mir schon am Telefon von dem

endgültigen Auszug und der lückenhaften Möblierung erzählt. Ich traute mich nicht alleine in mein Zuhause zurückzukehren. Ich nahm meine Mutter mit, um mir einen ersten Eindruck von der neuen Situation zu verschaffen. Sie, meine Ex, hatte sich Mühe gegeben nicht nur besenrein das Haus zu verlassen.

4. Wie nahm ich die Veränderung in meinem Leben auf?

Ich war alleine in einem großen Haus. Die plötzliche Stille. Keine Kinder. Kein Klingeln der Freunde der Kinder. Keine Nachbarn, kein Pfarrer, kein Kirchgänger, kein Kommunalpolitiker aus der eigenen Fraktion, niemand aus der Schule oder dem Kindergarten meiner vier Kleinen meldete sich bei mir oder rief an. Ich war bis auf meine beiden Eltern und Kollegen an der Dienststelle völlig isoliert und alleine gelassen. Ich lag in unseren großen Doppelbett und hatte nachts Angst. Angst ganz auf mich alleine gestellt zu sein. Sollte mir nachts etwas passieren, wer könnte mir helfen, wer würde mich finden? Damals rauchte ich viel und ich trank Bier und Wein, um meine Einsamkeit zu überstehen. Ich ging nach Feierabend und am Wochenende in eine Kneipe, um unter Menschen und nicht alleine zu sein. Das schlimmste war die Wut und der Zorn auf meine Frau. Jedes Mal, wenn wieder ein Brief ihres Anwaltes kam, explodierte ich. Ich rief sie an beschimpfte sie, wie sie solche haltlosen Vorwürfe ungerechtfertigten Forderungen stellen konnte. Neben dem Hass und der Wut kamen noch existentielle Sorgen dazu. Könnte ich neben dem Unterhalt noch die Belastung des Hauses tragen, um es mir und meinen Kindern zu erhalten. Ich war wütend auf den Staat, der mich mit vier Kindern nach der Trennung, wie einen Junggesellen nach Steuerklasse 1 veranlagte. Dies schlug mir alles so auf den Magen, dass ich von heute auf morgen das Rauchen aufgab. Da ich das bis heute durchhielt, war das lange Zeit das positivste Ergebnis unserer Trennung.

Ich hatte ein sehr dünnes Fell. Wenn sich meine Eltern stritten, reagierte ich sehr empfindlich, obwohl das nie anders war. Ich ging keinem Streit aus dem Weg. Ich legte mich lautstark in der Öffentlichkeit mit meinem Chef an. Es ging um eine seit langem überfällige Beförderung, die ich aufgrund der neuen Lage gut gebrauchen konnte. Auch in der Politik kämpfte ich für Gerechtigkeit und gegen Filz. Ich hatte keine Angst irgendetwas zu verlieren. Ich hatte ja das Wichtigste, meine Familie, verloren.

Ich saß in meinem Büro und war unfähig zu denken, geschweige etwas zu gestalten. Ich zog mich vom gemeinsamen Frühstück zurück. Ich schloss meine sonst für alle zugängliche Tür und wollte möglichst nicht gestört werden. Meine Kollegen verstanden meine Trauer. Sie ließen mich so wie ich war. Sie nahmen Rücksicht und es war ruhiger und ernster, wenn ich da war. Auch wenn ich sprechen wollte, waren sie da. Ich bin ihnen heute noch unendlich dankbar für ihr Verständnis und ihre Haltung mir gegenüber.

Meine Kinder lebten in einer benachbarten Großstadt. Sie waren zwischen vier und acht Jahren. Alle vierzehn Tage von Freitagnachmittag bis Sonntagabend konnte ich sie zu mir holen. Dazwischen vermisste ich sie sehr. Ich hatte keinerlei Einfluss auf ihr Leben. Ein gemeinsames Sorgerecht war zu diesem Zeitpunkt für mich undenkbar. Sie war immer eine sehr gute Mutter, deshalb wollte ich noch mehr Streitpunkte mit ihr einfach nicht haben. Zwischenzeitlich war auch ihr neuer Partner bei ihr und den Kindern eingezogen. Er ließ keine Gelegenheit aus mich weiter zu demütigen. Das machte

das Verhältnis zwischen der Mutter und mir keineswegs leichter. Ich wurde bestraft, in dem die Kinder nicht vereinbarungsgemäß mitkamen. Oft fuhr ich umsonst, was mich abgrundtief wütend machte.
Es war auch keine leichte Zeit für die Kinder. Ich empfand, dass sie durch die „junge Liebe“ vernachlässigt wurden. Ich war traurig, gereizt und immer noch wütend verlassen worden zu sein. Manchmal überforderten mich dann auch die vier. Wir gingen sehr viel Schwimmen und für danach hatte ich einen deftigen Eintopf gekocht, den die Kinder mit großem Appetit aßen. Anfangs weinten wir auch schon mal zusammen und die Trauer, um die Trennung verband uns. Später fuhren wir zu Freizeiten Alleinerziehender Frauen und Männer, die die Katholische Kirche im Bistum Köln anbot. Im Kreise der Frauen und der Kinder konnte ich Gemeinschaft mit Menschen gleichen Schicksals erleben. Wie so oft auch später war ich dort einer der wenigen Männer, die sich ihrer Situation stellten und auch einen Gegenpart zu den Gefühlen und Erlebnissen der Frauen versuchte ich zu vermitteln. Wir fuhren auch gemeinsam in Urlaub. Ich kämpfte um meine Kinder, auch wenn mir das nicht leicht gemacht wurde. Das schwerste für mich war, das Zurückgeben der Kinder nach einem Wochenende oder dem Urlaub. Auf der Heimfahrt überkam mich regelmäßig eine Depression, die sich wie ein Schatten über meine Seele legte. Auch heute denke ich noch, ich kann viele Väter verstehen, die sich nicht mit aller Macht für die gemeinsame Zeit mit ihren Kindern einsetzen.
Es wird ihnen durch die Mütter schwer gemacht und es ist ein Gefühlskarussel, dem sich viele Väter nicht dauerhaft aussetzen möchten. Dann sind da noch die neuen Partner, die mit einer Patchworksituation umgehen lernen müssen, was nicht einfach ist. Ich habe gekämpft und habe einen Weg für mich gefunden mein Leben, ohne die direkte Nähe zu meinen Kindern erträglich zu machen. Ich habe bewusst die Verantwortung für die Kinder in die Hände der Mutter gelegt, solange sie bei ihr sind. Außerdem habe ich an Gottes Schutz für sie geglaubt. Anders hätte ich nicht leben können. Eine ständige Sorge um meine Kinder hätte mich verrückt werden lassen.

5. Was passierte mit mir, als ich die Endgültigkeit der Trennung begriff?

So langsam begann ich die neue Situation zu begreifen. Sie würde nicht wiederkommen. Sie hatte ernst gemacht. Sie lebte mit einem Neuen und alles lief auf eine Scheidung hinaus. Ich musste lernen zu akzeptieren. Mein Leben neu zu ordnen. Ich war jung, um die vierzig. Was hatte ich so falsch gemacht, dass das Liebste, was ich hatte, mich verließ. Ich hatte gerackert und geschuftet, alles getan, um die große Familie auf unabhängige Beine zu stellen. Aus meiner Sicht ging es uns gut. Wir waren auf einem sehr guten Weg. Die Kinder konnten älter und anspruchsvoller werden. Wir hätten es uns leisten können. Und dann die Trennung. Vorher die endlosen unergiebigen Gespräche. Die Eheberatung, die ein einziges Vorführen waren, eine Begründung für eine längst gefällte Entscheidung. Ich musste meinen Weg gehen; eine neue Familie gründen oder finden. Ich wollte wieder eine Partnerin haben, mit der ich mich auseinandersetzen konnte. Die versuchte mir die Dinge, die falsch gelaufen waren zu erklären? Vielleicht auch um jemanden um mich zu haben, der eigene ähnliche Erfahrungen gemacht hatte. Auch Kinder hätten es sein können, die mit einer Partnerin zu mir kamen. Den Wunsch nach einer großen Familie hatte ich noch nicht aufgegeben. Ich suchte nach passenden Anzeigen in der Tageszeitung. Mein Focus lag auf alleinerziehenden Müttern mit Kind/Kindern. Ich schrieb an interessant klingende suchende Mütter. Die von mir verfassten Briefe an die Frauen, die ich immer wieder neu formulierte und sehr oft verriss, waren offene Botschaften über mein Schicksal, gleichzeitig aber auch eine Auseinandersetzung mit dem Verlust einer großen Familie. Es war eine Offenbarung über 13 Ehejahre, ein Scheitern, ein Klärungsversuch, dies mehr als eine Bewerbung und Kontaktsuche. Sie müssen wohl auch so angekommen sein, meine Briefe, denn neben den eigenen Problemen der Trennung, dem Expartner und den Kindern wollte niemand auch noch Therapeutin eines frisch Getrennten sein. Dennoch das Schreiben hat mir sicherlich gutgetan und das Hoffen und Warten auf eine Antwort, ein Telefonat oder ein Treffen weckte meine Neugierde und Lebensgeister. Ich spürte das Neue, die Befreiung und die Chancen, die in all der Trauer etwas Neues aufkeimen ließen. Es war doch gar nicht so hoffnungslos, das Leben, was vor mir lag. Auch andere Mütter hatten schöne Töchter und ich begann mich neugierig wie ein Teenager auf die Suche zu machen. Plötzlich hatte ich ein neues Gefühl, was dir als Verheirateter fremd war. Ich schaute Frauen an und merkte, ob da etwas sein könnte. Es war da ein verlorengegangenes Flirten möglich. Vielleich schwang auch noch ein Stück Traurigkeit mit, was ebenfalls einsame Frauen ansprach. Vielleicht sah man mir auch an, dass ich weibliche Hilfe brauchte. Hilfe in praktischen Lebensdingen, wie Kochen, Waschen, Putzen, Einkaufen und Bügeln waren es nicht, die ich suchte. Vielmehr wieder einen Menschen, der mir Gesellschaft leistete, der mit mir redete und mit dem ich mehr haben konnte. Ich war noch keine vierzig und zum enthaltsamen Leben hatte ich mich nie geeignet. Deshalb war ich dem Wunsch und den Gebeten meiner Mutter Priester zu werden, auch nie gefolgt. Eines Tages bedankte ich mich in unserem Supermarkt bei der mir hilfreichen Reisebüro Verkäuferin für die gute Beratung und die moralische Unterstützung meine erste Flugreise alleine zu wagen. Wir kamen ins Gespräch und ich erfuhr, dass auch sie getrennt lebte und ihre Kinder beim Vater lebten, sie aber einen guten Kontakt hatten. Sie hatte ihren Mann verlassen und das wie und warum interessierte mich schon. Es waren knapp sechs Monate nach dem Auszug meiner Frau und den Kindern, kurz vor Weihnachten, als wir uns zum ersten Mal zum Essen verabredeten. Wir hatten uns sehr viel zu sagen und vergaßen die Zeit. Als Letzte Gäste verließen wir das Lokal und als ich mein Auto aus dem Parkhaus abholen wollte, war dies verschlossen. Erst am nächsten Morgen gab es eine Möglichkeit den Wagen auszulösen. Wir hatten beide viel Spaß wegen des Missgeschickes und nahmen ein Taxi nach Hause. Das Weihnachtsfest verbrachten wir bereits zusammen und es fühlte sich trotz der vorangegangenen großen Enttäuschung sehr gut an wieder jemanden zu haben mit dem man all die schönen Dinge des Lebens teilen konnte. Vier Jahre dauerte diese Verbindung. Sie scheiterte letztlich an meiner Unfähigkeit eine feste Bindung mit Heirat eingehen zu können und an dem Zwischenzeitlich eingetretenem Unvermögen meiner neuen Partnerin meinen Kindern den anfänglich sehr liebevollen Umgang und Respekt zu zollen. Mir waren dann meine Kinder wichtiger und sie zog aus mit der Vorstellung, ich würde sie wieder zurückholen. Nach den vier Jahren hatte sich meine Einstellung zum Leben sehr gewandelt. Wir waren viel gereist. Meine finanzielle Situation hatte sich stabilisiert. Ich konnte mein Haus halten und meine Zukunftsängste waren verflogen. Auch politisch war ich toleranter und freier geworden. Mein traditionelles Frauenbild hatte sich gewandelt. Starke, emanzipierte Frauen, die auch finanziell auf eigenen Beinen standen, waren mir unterhaltzahlenden Vater von vier Kindern, adäquater als früher eine Frau wie meine Mutter. Auch stark und gebildet, aber mehr die Hausfrau und Mutter. Heute mit drei studierten Töchtern ist der Wunsch nach Vereinbarkeit von Beruf und Kindern bei mir nicht mehr weg zu denken. Dafür sind mir meine drei Schwiegersöhne leuchtende Vorbilder, die mich mit meiner Vergangenheit manchmal beschämen. Wie sie mit ihren Kindern umgehen und ihre Frauen entlasten ist schön zu sehen. Trotzdem: Schuldgefühle verspürte ich nicht. Wir haben alle unsere Erziehung, Lebenserfahrung und kaum einer kann aus seiner Haut. Nur Krisen bringen eine Chance zur Veränderung.

6. Was gab mir Hilfe und Kraft?

Noch heute ist mein Sinn- und Leitspruch. „Ich bin in Gottes Hand, er wird mich führen…". Dieses Gefühl bei allem Hadern mit Gott war in mir. Vorbild waren meine Eltern, die das vorlebten und lebten bis zu ihrem Tod. Ging es mir schlecht, so war meine Mutter vor Ort und ich konnte mit ihr sprechen. Heute, wo sie tot ist, weiß ich aus ihren Tagebüchern, wie sie unter unserer Trennung gelitten hat. Sie mochte meine Kinder und meine Ex-Frau sehr. Seit unserer Trennung bin ich nie mehr regelmäßig in die Kirche gegangen. Zum einen waren da die gemeinsamen Erlebnisse und zum anderen die fehlende Seelsorge der Pfarre in direkter Nachbarschaft. Man hatte mich vergessen, verstoßen und man ging mir aus dem Weg und ich ihnen. Dann war da meine Arbeit, mein kommunalpolitisches Mandat, am Wochenende viele Trödelmärkte und die vielen Reisen und meine Partnerin, was mich ablenkte und ausfüllte. Es waren viele Dinge, die ich frei und ohne schlechtes Gewissen machen konnte. Als Ehemann und Familienvater hätte ich mir die Freiheit und auch viele finanzielle Ausgaben niemals erlaubt. Ich hätte es als verantwortungslos angesehen. So war mein Leben reicher, freier und mit weniger Verantwortung verbunden. Dann waren da noch meine Kinder, die regelmäßig zu mir kamen und mit der Zeit auch bei mir einen Anspruch auf Normalität hatten und erhielten.

7. Was hat sich seitdem in meinem Leben geändert?

Ich denke, heute viel liberaler und offener zu sein. Toleranter, was die Lebenseinstellung und Lebensplanung angehen. Dann bin ich sensibler geworden für andere und ihre Schicksale. Ich sehe in allen Krisen Chancen und Potentiale. Ich hatte wunderbare Beziehungen und lebe heute mit meiner Partnerin schon länger zusammen, als meine Ehe dauerte. Durch meine sehr frühe Pensionierung, meine vier studierten Kinder und mittlerweile acht Enkelkinder von sehr fürsorglichen Schwiegerkindern bin ich heute unendlich dankbar, wie Gott oder das Schicksal alles zum Guten geführt hat. Sie ist die Mutter unserer Kinder und Oma unserer Enkelkinder. Wir sprechen wieder miteinander und feiern zum Teil unsere und alle Familiengeburtstage zusammen. Der alte Groll ist gewichen und ich frage mich heute immer öfter, was wäre aus unseren Kindern geworden, wenn wir zusammengeblieben wären? So ist es im Nachhinein gut, wie alles gekommen ist. Dennoch bleibt immer noch ein Stück Trauer und Melancholie, wenn ich an die viele fehlende gemeinsame Zeit mit meinen Kindern denke und den Wunsch nach einer „normalen Familie".

Aus dieser Trauer und Dankbarkeit begann ich drei Jahre nachdem ich in den Ruhestand versetzt wurde, mit einer Ausbildung zum Sterbebegleiter. Die Begleitung alter, kranker und sterbender Menschen gibt mir sehr viel. Ich spende sehr viel Zeit, bekomme aber auch reichlich zurück. Die beiden

Ausbildungen zum Trauerbegleiter, die sehr viel mit der eigenen Trauererfahrung zu tun haben, haben erst nach über 25 Jahren bei mir eine intensivere Auseinandersetzung mit dem Geschehen ermöglicht. Die Ausbildung hat mir Schutzräume geschaffen, unbefangen und offen über meine Geschichte sprechen zu können. Meist waren es Frauen, die mir im Leben und in der Ausbildung gegenüber saßen und verständnisvoll zu hörten. „Männer und Probleme" sind für mich ein seltener Gesprächsstoff. Das größte „Verständnis und Mitgefühl" erhielt ich kurz nach unserer Trennung von einem damaligen „Parteifreund". Er meinte: „Unsere Trennung sei eine falsche Lebensplanung!" Ich war entsetzt über diese anmaßende und verständnislose Be- und Verurteilung.
Vielleicht ist es die Angst, Scham und Verletzlichkeit des Mannes über seine Gefühle schweigen zu müssen. Es ist schade. Zu reden und seine Gefühle und Schmerzen zu benennen, würde Männer vor vielen Krankheiten schützen, vor allem aber, die Qualität des einzigen Lebens, was „Mann" hat verbessern. Vielleicht tuen sich die folgenden Generationen also unsere Söhne und Enkel leichter über Verluste und Trauer zu sprechen. Ich wünsche es ihnen.

PASTOR I.R., 74 JAHRE

1. Was ist passiert? Welches Ereignis löste die Trauer aus?

   Am 27. Juli 2011 starb meine Frau.

2. Wie war, wie fühlte sich ihr Leben vor dem Trauerereignis / -fall an?

   Nach einem Schlaganfall 1995 und etlichen Folgeerkrankungen bin ich zum 01.01.2000 vorzeitig in den Ruhestand gegangen, um sie pflegen zu können. Das habe ich bis zu ihrem Tod mit zunehmender Intensität getan.

3. Konnten sie sich vorbereiten oder war es ein plötzlicher Tod, Abschied, Unfall etc.?

   Ich wusste lange wohin die Krankheit (COPD) führt. Im September 2011 konnte sie nur durch künstliches Koma und künstlicher Beatmung vor dem Ersticken gerettet werden. Da habe ich mit meinen beiden Kindern und deren Partnern alle Möglichkeiten besprochen, bis hin zur Adressenliste für die Trauerbriefe.

4. Wie nahmen sie die Veränderung auf?

   Nachdem die Formalitäten erledigt waren, habe ich ganz bewusst gar nichts gemacht.

5. Was passierte mit ihnen in der ersten Zeit nach dem Ereignis?

   Ich hatte auch keinerlei Antrieb, irgendetwas zu unternehmen.

6. Was war dann anders als vor dem Ereignis?

    Den Haushalt hatte ich schon lange gemacht. Das war kein Problem. Ohne Gesprächspartner zu sein, ist bis heute das Schwerste.

7. Was fühlten sie? War da Trauer und wie nahmen sie diese wahr?

    Ich habe viel geweint. Bis heute kann ich keinen Gottesdienst besuchen, weil ich beim Singen weinen muss.

8. Was sagte der Kopf und wie ging es ihrer Seele?

    Der Kopf sagt: Reiss dich gefälligst zusammen. Die Seele braucht mehr Zeit.

9. Was half ihnen gegen den Schmerz oder andere neuartige Gefühle (Kraftquellen)?

    Nach 4 Monaten wurde ich gefragt, ob ich den Vorsitz im Ambulanten Hospizdienst übernehmen würde. Ich war erst skeptisch, aber im Nachherein hat sich dieser ‚Zwang', sich offensiv mit der Trauer auseinandersetzen zu müssen, als sehr heilsam erwiesen. Ich arbeite als Betroffener im Trauercafé und beim Kochkurs für Witwer mit.

10. Hatten oder suchten sie Hilfe?

    Abgesehen von Familie und Freunden war das meine Hilfe.

11. Was hat sich seitdem in ihrem Leben geändert?

    Ich lebe seitdem in zwei Welten: Manchmal tagelang allein, dann wieder in Gruppen (Begleitgruppen, Vorstand, Arbeitsgruppen usw.).

12. Was war das Schlimmste für sie, was das Hilfreichste in der Krise?

    Das Schlimmste ist nach wie vor das Fehlen des Gesprächspartners und das Alleine-Essen. Das Hilfreichste sind die vielen Gespräche, besonders mit Mit-Betroffenen im Trauercafé.

13. Mit einigem Abstand, welche Bedeutung hatte die Trauer für ihr weiteres Leben?

    Sie ist mein ständiger Begleiter. Und wird es bleiben.

14. Können Sie Phasen erkennen, die sie nach dem Verlust durchlebt haben?

    Die Phasen wechseln dauernd durch dauernd wechselnde Anlässe.

15. Haben Sie, wenn Sie Ihre Partnerin verloren haben, heute eine Lebensgefährtin?

    Nein

16. Was war weiterhin von Bedeutung?

Ich habe eine Polyneuropathie in den Fußsohlen, von der die Ergotherapeutin meint, sie sei psychosomatisch. Das empfinde ich (manchmal) als negatives Urteil über meine Trauerverarbeitung.

SOZIALPÄDAGOGE, 58 JAHRE

1. Was ist passiert? Welches Ereignis löste die Trauer aus?

Meine Frau und Lebensgefährtin Maria ist am 04.07.2014 im Alter von 51 Jahren gestorben. Auslöser: kleinzelliges Lungenkarzinom. gestorben: zu Hause

2. Wie war, wie fühlte sich ihr Leben vor dem Trauerereignis / -fall an?

Wir waren seit 14 Jahren ein Paar und lebten seit 5 Jahren in einem gemieteten Haus etwa 30 km von Köln in der Nähe von Siegburg. 2005 hatte sie Brustkrebs, der brusterhaltend, normal mit Chemo und Strahlentherapie behandelt wurde. Die Zeit der Chemo (und das Thema Krebs) hat uns sehr zusammengeschweißt, will sagen, diese Zeit hat uns als Paar näher zueinander gebracht und zwar sehr intensiv. Unser Leben war ein recht gemeinsam geführtes (gemeinsames Aufstehen und zur Arbeit fahren / gemeinsam wieder nach Hause fahren / gemeinsames Kochen-Essen...). Das Leben war in Bewegung und auf Dauer in die Zukunft gerichtet.

3. Konnten sie sich vorbereiten oder war es ein plötzlicher Tod, Abschied, Unfall etc.?

Im Februar 2014 wurden Metastasen festgestellt, Mitte April wurde durch eine Biopsie das kleinzellige Lungenkarzinom festgestellt und damit die begrenzte weitere Lebenserwartung. Von Mitte April stand damit der sehr nahe Tod fest. Maria hatte sich von Anfang an gegen eine schulmedizinische Behandlung und für eine homöopatische Begleitung entschieden. Somit war auch dieser letzte Weg ein gemeinsamer, ja somit gab es eine, wenn auch begrenzte, Vorbereitungszeit.

4. Wie nahmen sie die Veränderung auf?

Das Ergebnis der Metastasen (im Februar) war ein Schock, der als solcher auch die nächsten Wochen anhielt. Im Schock wurden Handlungen aktiviert, die schon länger anstanden (vor allem finanzielle Dinge zu regeln und alles auf einem Konto zu bündeln).

5. Was passierte mit ihnen in der ersten Zeit nach dem Ereignis?

Es führte zu klärenden Aktivitäten. Zarte und punktuelle Gespräche über den Tod (Verbrennen, verstreuen der Asche in der Natur an einem Baum). Ab Mitte April sagte der Onkologe sinngemäß: haben sie noch Lebenswünsche, dann sollten sie sich beeilen, viel Zeit bleibt nicht. Der Wunsch nach Nepal in den Himalaya zu reisen, ließ sich schon nicht mehr realisieren. Es wurde dann eine fast 3-wöchige Fahrt mit einem gemieteten Wohnmobil an den Bodensee und ins Allgäu. Dort, in der Allgäu-Chiemseeregion, hatten wir in Jahren zuvor schon schöne Urlaube verbracht.

6. Was war dann anders als vor dem Ereignis?

Wir lebten im Jetzt. Es wurde jeden Tag, eigentlich immer, so entschieden, wie es Marias Zustand erlaubte. Die Leber war das zentral befallene Organ und hatte somit Auswirkungen auf die Befindlichkeit. Die passende Ernährung zu finden und alles der im jeweiligen Moment vorgefundenen Befindlichkeit angepasst zu leben. Somit ein noch bewussteres Leben. !!Ich merke gerade, dass ich die Frage 5+6 unter dem Aspekt der Diagnose beantwortet habe und mit „Ereignis" nicht den Tod assoziiert habe.
Jetzt also zum Tod als Ereignis:
Die erste Zeit bedarf natürlich einer genaueren Definition (ersten Stunden, ersten Tagen, ersten Wochen...) Ersten Stunden: Freitag 15:40 Uhr, Todeszeitpunkt.

Aktivität in die Unwirklichkeit hinein:

- Arzt anrufen (Tod feststellen)

- Maria um-/ankleiden zum Verabschieden

- die engsten Freunde anrufen und Bescheid geben, dass sie am Abend vorbeikommen können

- entscheiden (mit 2 Schwestern von Maria) welches Beerdigungsinstitut wir nehmen

- Nachtwache

Vieles organisieren, was das Fühlen/Trauern/Begreifen überlagert hat. Dies war als Gefühl auch in den nächsten Tagen vorherrschend. Anders war es von Freitag (Todestag) bis Samstagabend mit einer toten Person im Haus/Wohnzimmer zu sein. Die Endgültigkeit des Todes wahrzunehmen, ohne ihn direkt zu begreifen. Mit der Abholung am Folgetag noch mal die Endgültigkeit vor Augen geführt zu bekommen.

7. Was fühlten sie? War da Trauer und wie nahmen sie diese wahr?

In der Folgezeit, dass Gefühl der Sinnentleerung im Alleinsein zu spüren. Trauer als Schmerz wahrzunehmen. Verzweiflung bei Handlungen zu empfinden, die vor Marias Tod gemeinsam getan wurden (einkaufen, kochen usw.), verzweifeltes Weinen.

8. Was sagte der Kopf und wie ging es ihrer Seele?

Der Kopf versuchte den Tod einzuordnen (wo ist Marias Seele, was kann für die Seele noch von mir getan werden). Für diese Fragen habe ich einen Hospizdienst aufgesucht und ein Gespräch über die

„Seelenfrage“ geführt. Dies hat mich mindestens 1 bis 2 Wochen sehr beschäftigt und unruhig schlafen lassen. Der Kopf sagte: Maria geht es gut, sie ist im Zustand, der jenseits unserer Vorstellung ist. Damit zur Seele, die mit der Einordnung des Kopfes nicht mitkommt. Die Seele will begreifen, aber der Tod ist nicht zu begreifen. Der Tod hat meine Liebe genommen und die fehlende körperliche Anwesenheit lässt mich verwirrt zurück. Das Wort/den Begriff „Seele“ zu begreifen/zu durchdringen ist seitdem (Juli-Oktober) nicht unbedingt vorherrschend, aber ein Teil meiner Fragen zum Thema.

9. Was half ihnen gegen den Schmerz oder andere neuartige Gefühle (Kraftquellen)?

Gegen den Schmerz hilft eigentlich nichts und ist auch nur bedingt für mich sinnvoll. Der Schmerz ist auszuhalten, es ist ein durchschreiten des Jammertals. Gleichzeitig gibt es hilfreiches:
- Anrufe und Nachfragen
Das Gefühl, jemand interessiert sich für meine Befindlichkeit. Nach 6 Wochen fand mit vielen Freunden ein schamanisches Ritual statt. Auch das war hilfreich, es hatte zur Folge, dass ich zwei kleine „Altartische“ mit der Urne, den Fotos, Blumen und kleinen Gegenständen, auf einem Tisch reduziert hatte. Das Rituale eine Wirkung haben war mir mehr vom Kopf bewusst + klar, nach der Durchführung habe ich es gespürt (die Asche wurde dabei wie bei einer „normalen“ Beerdigung nicht legal in einem Waldstück, fußläufig von unserem zu Hause an Bäumen in die Erde eingearbeitet (kein Friedwald). So war es Marias Wunsch (in die Natur/an einem Baum).

10. Hatten oder suchten sie Hilfe?

Hilfe habe ich mir gesucht:
- bei einem Hospizdienst, für ein Gespräch über die „Seele“ zu führen
- mich bei einer Trauerberatung eingebunden.
Das vertraute Krankenhaus hat eine feste Stelle für Trauerberatung, wo ich seitdem 14-tägig Einzelgespräche habe (Überleitung in eine Trauergruppe ist möglich)
- eine Psychotherapeutin, die mich zunächst mit 5 Stunden, eingearbeitet hat (eine Information des psychologischen Dienstes des Krankenhauses). Die Therapeutin hat sich auf onkologische Erkrankungen spezialisiert und ist somit anders mit dem Thema Tod vertraut.
- Bücher von Roland Kachler, Verena Karst und anderen zum Thema gelesen.

11. Was hat sich seitdem in ihrem Leben geändert?

Das ist jetzt nach genau 3 Monaten für mich noch nicht leicht zu beantworten. Geändert hat sich, dass ich mich nach 14 Jahren des Gefährtendaseins und 5 Jahren des Zusammenlebens, wieder als „alleine“ fühle. Abgeschnitten vom Gefühl des „zusammenseins“ der Zugehörigkeit. Mich wieder als „Einzelwesen“ zu erleben und in der Welt zu definieren. Diese Veränderung ist eher am Anfang.

12. Was war das Schlimmste für sie, was das Hilfreichste in der Krise?

Das Schlimmste war und ist (wie unter 11 angedeutet) das Gefühl des „alleine in der Welt seins" und, dass ich noch nicht weiß, wie und wo ich jetzt leben werde (wo, wie, allein, in Gemeinschaft, mit wem…). Das Hilfreichste die 2 Bücher von Roland Kachler. Dort fand ich niedergeschrieben, was ich empfand. Die Suche nach der „Verinnerlichung" der Liebe. Als Hilfreich war und ist die Trauerberatung alle 2 Wochen. Dies habe ich besonders wahrgenommen, als es eine 6-wöchige Pause durch den Urlaub gab. Die Termine geben mir die Gewißheit im Trauerprozess begleitet zu werden, ohne mich selber um meinen Prozess kümmern zu müssen (der läuft und erhält eine Supervision - der Prozess / ich als Person.) Diese Frage nach der Krise bzw. der Dauer der Krise bedarf eigentlich auch einer genaueren Definition. Da die/meine Krise jetzt 4 Monate dauert, könnte ich natürlich über vieles berichten (aus den ersten Wochen besonders). Die Frage was passiert mit der Seele, was kann ich für einen guten Übergang tun bzw. wenn ich bestimmtes nicht tue, behindere dann einen guten Übergang der Seele… Dies war in den ersten ca. 3 Wochen sehr vorherrschend, dauert verändert an. Jetzt nicht so dringend, sondern mehr als grundsätzliche Frage.

13. Mit einigem Abstand, welche Bedeutung hatte die Trauer für ihr weiteres Leben?

Da noch kein wirklicher Abstand, aber eine Veränderung stattgefunden hat, kann ich nur Auswirkung auf mein weiteres Leben zum jetzigen Zeitpunkt noch nichts sagen.

14. Können Sie Phasen erkennen, die sie nach dem Verlust durchlebt haben?

Die Trauerphasen, die als „normal" gelten, haben für mich wenig, bis keine Bedeutung, da sie mich nicht ansprechen, ich sie nicht erspüren kann. Sie sind mir zu einengend. Phasen die ich erlebt habe:
- in den ersten Wochen/ca. 2 Monaten wollte ich hier zu Hause sein, nicht an einem anderen Ort sein. Trauern + Abschied nehmen fand existenziell im „zu Hause" statt.
- nach 3 Monaten hatte ich das Gefühl „ich platze", ich muss raus aus diesem „zu Hause" und bin für 2 Wochen nach Kreta (meiner Lieblingsinsel + meinem Lieblingsort) gefahren. Es war jetzt passend und hat gutgetan.
- die Phase des „weggebens" von Marias Sachen (Kleidung etc.) hat begonnen. Auswählen was kann weg - wer soll was bekommen - wohin will ich es geben - was soll bei mir bleiben…
- nach 4 Monaten beginnt die Auseinandersetzung in mir, wie ich mein weiteres Leben gestalten will (wo + in welcher Form will ich zukünftig leben. Keine einfache Sache.

15. Haben Sie, wenn Sie Ihre Partnerin verloren haben, heute eine Lebensgefährtin?

Nein. Die Sehnsucht nach Nähe, nach Sex, ist da, dass, Ausschau halten auch, aber nicht die Bereitschaft oder das „Können" auf eine wirkliche Beziehung.

16. Was war weiterhin von Bedeutung?

Von Bedeutung ist momentan das Erleben, dass sich Beziehungen verändern. Meine alten Beziehungen erhalten neue Bedeutung, werden mit neuem Leben gefüllt. Marias alter Freundeskreis, hat trotz 14 Jahren der teilweisen Gemeinsamkeit, seine Tiefe eben bei Maria und nicht bei mir. Auch das ist teilweise schmerzhaft und wird von mir feinfühlig wahrgenommen. Es entwickelt sich.

MANAGER, 45 JAHRE

1. Was ist passiert? Welches Ereignis löste die Trauer aus?

Unsere Tochter Menuka wurde einige Wochen zu früh geboren, so wie auch unsere erste Tochter. Sie hatte schwere Startbedingungen, doch sie kämpfte tapfer und erfolgversprechend. Als ca. 6 Wochen später alle Hürden genommen waren und die „Erfolgskurve“ nach oben zeigte, hatte Menuka keine Kraft mehr und schloss für immer ihre kleinen Augen.

2. Wie war, wie fühlte sich ihr Leben vor dem Trauerereignis / -fall an?

Wir hatten seinerzeit unsere erste Tochter Luana im Alter von 2 Jahren, wir waren beide berufstätig und hatten den anspruchsvollen Alltag einer Familie mit Kleinkind. Luana entwickelte sich sehr gut, (sie hatte ein Geburtsgewicht von nur etwas mehr als einem Kilogramm), wir freuten uns auf unser zweites Kind, hatten jedoch beruflich viele Herausforderungen. Es war stressig.

3. Konnten sie sich vorbereiten oder war es ein plötzlicher Tod, Abschied, Unfall etc.?

Die Wochen als Menuka im Krankenhaus war, waren voller Hoffnung. Sie war klein und unreif. So wie damals unsere erste Tochter. Luana wurde 2007 einige Wochen zu früh geboren und hat die Zeit auf der Intensivstation sehr gut gemeistert. Sie war unglaublich zäh und kämpfte sich souverän durch die Anfangszeit. Aus diesen Erfahrungen heraus erhofften wir dies auch für Menuka. Die Situation war für Menuka ungleich schwerer, doch egal welche Schwierigkeiten es gab, sie schaffte es mit eisernem Willen und viel Ausdauer. Während Menuka in einem Krankenhaus lag, wurde Luana aufgrund einer plötzlich auftretenden Darmgeschichte in ein anderes Krankenhaus eingeliefert. Dort stand sie zunächst unter Beobachtung, als sie dann ohne Vorwarnung akut operiert werden musste. So hatten wir damals beide Kinder in 2 verschiedenen, aber nahe beieinander liegenden Krankenhäusern. Die Zeit war für uns anstrengend, doch es setzte große Kräfte in uns frei. Ich arbeitete vom Krankenbett des Kindes aus mit dem Blackberry und war abwechselnd bei beiden Kindern. Unterstützung hatten wir keine, da wir hier keine Verwandtschaft haben. Wir haben uns ebenfalls abwechselnd um unsere Hunde gekümmert.

Am Tag als Luana aus dem Krankenhaus als vollständig genesen entlassen wurde, war meine Frau morgens bei Menuka. Dort schien alles in Ordnung. Nur eine Stunde später erhielt ich den Anruf sofort ins Krankenhaus zu kommen, da es Menuka sehr schlecht geht. Ich fuhr direkt dorthin und konnte nur noch miterleben, wie die Ärzte vergeblich um ihr junges Leben kämpften. Sie starb vor meinen Augen.

4. Wie nahmen sie die Veränderung auf?

Alles war leer. Die ganze Kraft die wir in den Wochen zuvor investiert hatten, wurde mit einem Schlag aus einem herausgesogen. Mit einem Schlag war ich hoffnungslos, freudlos, angeschlagen, erschlagen, kraftlos – im Herzen war ich selbst irgendwie gestorben.

5. Was passierte mit ihnen in der ersten Zeit nach dem Ereignis?

Ich konnte ganze 6 Tage lang nichts essen. Ich hatte einen unaussprechlich starken Druck im Kopf, so als würde mir jemand das Gehirn mit Luft aufpumpen, das sich jedoch nicht ausdehnen kann. Zudem war ich völlig vergesslich. Oft wusste ich nicht, was ich tun wollte oder was ich nur eine Minute zuvor gesagt hatte. Erschreckend war auch, dass viele zurück liegende Erinnerungen wahllos auftauchten und aus dem Gedächtnis gelöscht wurden. In dem Moment, in dem ich mich kurz unfreiwillig an Dinge erinnerte, wusste ich dass diese nicht mehr als Erinnerung wiederkehren. Es ist schwer dies in Worte auszudrücken, was ich seinerzeit erlebt/empfunden hatte. Ich konnte außerdem kaum schlafen und hatte tatsächlich geglaubt, dass Außerirdische kommen und meine Menuka wieder beleben würden.

6. Was war dann anders als vor dem Ereignis?

Ich fühlte mich schuldig, weil ich mehr Zeit an ihrem Brutkasten hätte verbringen können, weil ich negative Gedanken gegenüber anderen Menschen hatte, weil ich nicht ausnahmslos und zu jeder Zeit für sie gebetet hatte, weil ich nicht ununterbrochen positive Gedanken hatte, die ausschließlich darauf gerichtet waren, dass Menuka ihre schwere Zeit überstehen würde, weil ich das Gefühl hatte nicht die richtigen Entscheidungen getroffen zu haben, weil ich während der Schwangerschaft Streit mit meiner Frau hatte und ich daher bei ihr negative Emotionen ausgelöst hatte, die wiederum negative Einflüsse auf die Entwicklung des ungeborenen Kindes hatten.

7. Was fühlten sie? War da Trauer und wie nahmen sie diese wahr?

Ja, ich fühlte eine unendlich schwere Trauer. Sie legte sich bleiern auf mein Gemüt. Ich verbrachte die Tage oft nur sitzend auf der Treppe, starrte ins nichts, dachte nichts und wartete darauf, dass der Tag vorüber geht.

8. Was sagte der Kopf und wie ging es ihrer Seele?

Der Kopf war leer oder voller Schuldgefühl, die Seele war schwer und einsam.

9. Was half ihnen gegen den Schmerz oder andere neuartige Gefühle (Kraftquellen)?

Gegen den Schmerz half nichts, die Tatsache für unsere 2 Jahre alte Tochter da sein zu müssen zwang uns eine gewisse Routine beizubehalten. Wir funktionierten nur. Irgendwie.

10. Hatten oder suchten sie Hilfe?

Ja, nach einige Zeit ging ich zu einem Psychologen. Der wollte mich sofort mit Medikamenten ruhigstellen. Ich besuchte ihn nie wieder. Nach einem Jahr war ich bei einem anderen Psychologen, dort stellte sich heraus, dass ich hauptsächlich unter dem Druck der Arbeit und der noch nicht verarbeiteten mangelnden Unterstützung meines alten Vorgesetzten und der Hinterhältigkeit meines neuen Vorgesetzten litt. 2 Jahre später bin ich dann freiwillig in eine selbst finanzierte Kur gegangen.

11. Was hat sich seitdem in ihrem Leben geändert?

Zu Anfang war eine ungeheure Angst, ja fast Panik, wenn Luana irgendetwas unternahm. Sie wurde von mir überbehütet. Ich war bei jeder ihrer Aktionen völlig verkrampft. Teilweise war ich geistig und körperlich völlig erschöpft, nachdem ich sie einige Zeit beim Spielen, Turnen etc. beaufsichtigt hatte. Mittlerweile hat sich das jedoch gelegt. Was hat sich sonst verändert? Ich gehe wieder in die Kirche. Ich bin vergesslicher geworden. Ich lernte Vipassana kennen, spreche viel mehr über den Tod, nehme Trauernde, Gräber, Friedhöfe, alte Menschen, Schicksale und traurige Nachrichten anders und teilweise schwermütiger bzw. empfindlicher wahr. Ich bin einerseits geduldiger geworden, andererseits sind jedoch dann Wutausbrüche umso heftiger. 2 Jahre nach Menukas Tod bekamen wir eine dritte Tochter. Alle drei Töchter liebe ich unendlich, auch die Verstorbene.

12. Was war das Schlimmste für sie, was das Hilfreichste in der Krise?

Das Schlimmste: teilweise Gleichgültigkeit von anderen bzw. das Herunterspielen, wie z. B. ihr seid noch jung und könnt es nochmal versuchen oder sie war doch noch ein Baby oder ist vielleicht besser so oder freut euch an Luana. Ebenso war schlimm, dass einige meiner Arbeitskollegen so taten, als sei nichts gewesen, andere wiederum die Situation für ihr Karrierestreben ausnutzten. Insgesamt hatte ich sowieso ein viel zu hohe Arbeitsbelastung, welche damit begründet wurde, dass ich ja eine schlimme Zeit durchmache. Keine Rede davon, dass zu viel auf mich abgeschoben wurde. Das Hilfreichste: wenn jemand ungezwungen mit mir über Menuka sprach und sie beim Namen nannte. Hilfreich war ebenfalls dass Luana uns immer wieder forderte. Durch sie begriffen wir, dass wir für sie da sein mussten und keine Alternative hatten.

13. Mit einigem Abstand, welche Bedeutung hatte die Trauer für ihr weiteres Leben?

Meine Arbeitsleistungen hatten nachgelassen, in der Folge unterliefen mir Fehler, ich wurde degradiert und von verantwortungsvollen Aufgaben entbunden. Seither bekomme ich stupide Aufgaben, die mich beruflich nicht erfüllen. Meine Arbeitszeiten sind weniger, ich habe mehr Zeit für die Familie: das ist wiederum positiv. Die Trauer selbst war eine Phase, die lange anhaltend war und jetzt nur noch temporär wiederkehrt. Mir fehlt mein Kind, immer und immer wieder. Wir sprechen jeden Tag von ihr, es gab noch nicht einen einzigen Tag in den 5 Jahren, an dem ich nicht an sie gedacht oder von ihr gesprochen habe. Sie ist Teil unseres Lebens. Insgesamt bin ich schwermütiger, vergesslicher und nachdenklicher geworden. Ich fliehe vor Menschen und fühle mich nach kurzer Zeit in der Umgebung anderer unwohl.

14. Können Sie Phasen erkennen, die sie nach dem Verlust durchlebt haben?

Phase 1: völlige Zerstörung. Phase 2: langsames Aufrichten und funktionieren. Phase 3: weiterleben, ganz besonders für die beiden lebenden Geschwister

15. Haben Sie, wenn Sie Ihre Partnerin verloren haben, heute eine Lebensgefährtin?

Bin nach wie vor mit meiner Ehefrau zusammen. Wir haben gemeinsam alle 3 Töchter. Weder meine Frau und ich hatten oder haben mit einem anderen Partner Kinder.

16. Was war weiterhin von Bedeutung?

Wir haben viele Menschen kennen gelernt, die wir so nicht kennen gelernt hätten. Meine Frau und ich haben den ärztlichen Rat bekommen, keine weiteren Kinder in die Welt zu setzen, da die ersten beiden Kinder viel zu früh geboren wurden. Wir hatten uns damit nicht zufriedengegeben und einen Alternativmediziner aufgesucht. Der erzählte uns von einer ayurvedischen Klinik in Indien. Dort verbrachten erst meine Frau und danach ich insgesamt 4 Wochen. Dort lernten wir eine andere Ernährungsweise kennen, die uns noch heute begleitet. Insgesamt haben meine Frau und ich heute eine andere Anschauung von Menuka. Für meine Frau ist Menuka eine ‚alte Seele' die auf die Welt kam, um uns etwas zu lehren. Für mich ist Menuka nach wie vor unser schutzbedürftiges Kind, das zu uns gehört und dem Kindheit und Familie vorenthalten wurde. Manchmal glaube ich, dass ich seither im Leben und in der geistigen und persönlichen Entwicklung stehen geblieben bin. Ganz sicher bin ich mir jedoch, dass ich seither an Selbstwertgefühl verloren habe.

ANGESTELLTER, 48 JAHRE

1. Was ist passiert? Welches Ereignis löste die Trauer aus?

Tod der Freundin September 2013 / Krebs; Tod der Ehefrau November 2002 / Krebs

2. Wie war, wie fühlte sich ihr Leben vor dem Trauerereignis / -fall an?

Ab der Diagnose war das Leben nicht mehr so wie vorher. Die Tage waren bestimmt von der Angst, Arztterminen, Krankenhausaufenthalten, Hoffen, Bangen, neuen Hiobsbotschaften, irgendwie surreal.

3. Konnten sie sich vorbereiten oder war es ein plötzlicher Tod, Abschied, Unfall etc.?

Ab der Diagnose bis zum Tod hatten wir in beiden Fällen 6 Monate Zeit zur Vorbereitung? Ab wann steht denn zu 100 % fest, dass der Tod unausweichlich ist? Gleich zu Anfang? 2 Wochen vorher? 1 Woche? Es gibt keine Vorbereitung, da man bis zur letzten Sekunde hofft, dass ein Wunder passiert.

4. Wie nahmen sie die Veränderung auf?

Ich habe funktioniert. Beim Tod meiner Frau war unser Sohn 6 Jahre alt, er musste versorgt werden, die Arbeit erledigt werden, das Haus unterhalten werden, Behördengänge organisiert werden. Es folgte eine Leere, das Gefühl den Boden unter den Füßen zu verlieren, zu „Schweben" ohne Halt und Sinn.

5. Was passierte mit ihnen in der ersten Zeit nach dem Ereignis?

Fragen, Zweifel, eine riesengroße Ohnmacht nicht helfen zu können, keine Heilung in Sicht.

6. Was war dann anders als vor dem Ereignis?

Leere, plötzlich musste ich alles alleine machen, eine riesengroße Last.

7. Was fühlten sie? War da Trauer und wie nahmen sie diese wahr?

Trauer, alleingelassen worden zu sein, Verzweiflung, Wut, dass sie mich alleine gelassen hat, dass sie gegangen ist, Wut auf die Ärzte, dass es keine Medikamente gibt, Wut auf die Krankenkassen, deren Funktionäre immer fetter werden und in die Kameras jammern, dass sie zu wenig Geld bekommen, Wut auf die Politiker, die ebenfalls nichts unternehmen, und in den Krankenhäusern krepieren unsere Angehörige.

8. Was sagte der Kopf und wie ging es ihrer Seele?

Es sterben Menschen jeden Tag und die Welt tut so, als wenn nichts geschehen ist, sie dreht sich einfach weiter. Der Kopf sagt, es ist vorbei, sie ist nicht mehr, die Seele sagt, gleich kommt sie durch die Tür.

9. Was half ihnen gegen den Schmerz oder andere neuartige Gefühle (Kraftquellen)?

Weiß ich nicht...materielle Dinge, viel Reisen, Erinnerun gen, Friedhöfe besuchen.

10. Hatten oder suchten sie Hilfe?

Trauergruppe

11. Was hat sich seitdem in ihrem Leben geändert?

Nichts als selbstverständlich ansehen, sich an den kleinen Dingen erfreuen, nachsichtiger werden, verständiger werden.

12. Was war das Schlimmste für sie, was das Hilfreichste in der Krise?

Das schlimmste war, nicht helfen zu können und Abschied, und zwar einen endgültigen Abschied, nehmen zu müssen. Dem Partner beim Sterben zusehen zu müssen, und das über Monate. Das hilfreichste? Vielleicht froh zu sein, dass die Qualen zu Ende sind, und dass es dem anderen jetzt, dort wo er ist, besser geht.

13. Können Sie Phasen erkennen, die sie nach dem Verlust durchlebt haben?

Trauer - Wut - Verzweiflung - Hoffnungslosigkeit - es muss weitergehen - Neuanfang - Erleichterung

14. Haben Sie, wenn Sie Ihre Partnerin verloren haben, heute eine Lebensgefährtin?

Zurzeit nicht

15. Was war weiterhin von Bedeutung?

Niemals aufgeben und wir werden uns alle eines Tages wiedersehen.

ANONYM, ALTER UNBEKANNT.

Einleitend möchte ich betonen, dass ich nach meinem Ruhestand mich habe zum Hospizhelfer ausbilden lassen. Ein aktueller Trauerfall war der Abschied von einem betreuten alten Mann, der mir im Verlauf von Jahren zum Freund wurde und dem ich jeden Montag aus Geo-Geschichtsheften vorgelesen habe - er war hör- und vor allem sehbehindert. Trotz dieser Behinderung war er in seinem Wissensdurst nicht zu bremsen, und ich habe in Unterhaltungen ausgelöst von der Lektüre viel gelernt, vor allem in Situationen, in denen wir meinungsmäßig weit auseinander lagen. Ich habe erlebt, dass weder die Tochter noch der Sohn die Nähe zum Tod begriffen haben, obwohl der Vater Wasser in der Lunge hatte, und Niere und Leber ihre Arbeit eingestellt hatten. Ich habe ihn sterben sehen, mit Sohn und Schwiegertochter die Trauernachricht an Freunde und Bekannte adressiert und eingetütet, an seinem Begräbnis teilgenommen, und beobachte mich dabei, dass ich mich noch immer montags morgens auf die gewohnte Vorlesezeit einstelle. Außerdem fühle ich mich für Sohn und Tochter verantwortlich: es ist mir fast, als sollte ich die Wunden, die ganz offenbar der Vater verursacht hat, heilen helfen. Vielleicht bin ich ein untypischer Fall für einen Mann: die Trauerbegleitung bei meiner Großtante führte dazu, dass sie mich auf dem

Sterbebett beauftragte, ihr Begräbnis zu leiten; ebenso habe ich die Trauer meines Freundes beim Sterbeprozess seiner Ehefrau mit tragen helfen, und sie hat mich gebeten, ihr Begräbnis zu leiten; vor einem Jahr bat mich zu meiner Überraschung eine mütterliche Freundin in Hamburg um den gleichen Liebesdienst für ihren Mann, einen väterlichen Freund und wissenschaftlichen Berater, der mich sein ganzes Leben lang vor Depressionen bewahrt hat.

Vielleicht hat mir ein kindlicher Glaube und eine konfessionverbindende Ehe, die schon 46 Jahre besteht, zu einer entsprechenden Aura verholfen. Ja ich habe sogar schon mit dem Gedanken gespielt, mich bei ortsansässigen Beerdigungsunternehmen als Trauerredner zu bewerben. Man könnte fast sagen, dass ich durch die vielen Trauerfälle in meinem Leben Routine erhalten habe im Trauern, aber ich merke, dass meine Erfahrung eher in mir ein aufklärerisches Sendungsbewusstsein bewirkt.

Ich beobachte so viel Hilflosigkeit dem Tod gegenüber und noch viel mehr dem Sterben, dass ich mich immer wieder Frage, warum die zauberhaften Texte Wilhelm Grimm: Die Boten des Todes - ein Märchen und der letzte Akt des Dramas von Thornton Wilder: Unsere kleine Stadt (Our Town) nicht als Hilfe der lebenden zur Bewältigung des Todes und des Sterbens genutzt werden. Immer mehr Menschen haben keine Hilfe mehr im Glauben, weil sie in einen solchen nicht hineingeführt wurden. Wenn sie selbst den Tod vor Augen sehen oder mit einem nahen Angehörigen über den Tod sprechen sollen, wiegeln sie ab oder weichen aus. Die Sterbenden haben so aber kaum Möglichkeiten, über ihre Ängste vor dem Tod sich auszutauschen.

Ich frage mich immer, warum trifft es diesen Menschen? Mir hilft ein wundervoller Spruch, den ich von einer anderen mütterlichen Freundin gehört habe: Gott, ich verstehe dich nicht, aber ich vertraue dir.

Zu diesem Spruch gesellte sich eine Einsicht, die ich immer wieder bestätigt fand: ich kann nie tiefer fallen als in die Hand Gottes; und wenn das ein wenig pauschal klingt, berufe ich mich auf meine Erfahrung: ich habe mich immer von Gott geführt gefühlt. Wahrscheinlich hat die Vielfalt von Trauer und Abschied in meinem Leben zu dem Entschluss geführt, einen Hospizhelfer-Kurs zu machen. Ich fühle mich auch dadurch bestätigt, dass ein schwerer Fahrradunfall nicht zum Tod, sondern durch eine meisterhafte neurochirurgische Operation der Halswirbelsäule zur vollständigen Wiederherstellung führte. Was mich in meinem Glauben bestärkt und mich zur Überzeugung veranlasst, dass Gott noch einiges mit mir vorhat.

FREIER UNTERNEHMER – NEUE MEDIEN, 54 JAHRE

1. Was ist passiert? Welches Ereignis löste die Trauer aus?

   Am 01. Januar 2001 starb meine Frau mit 44 Jahren an Hautkrebs (Malignes Melanom). Sie hinterließ zwei Töchter im Alter von 9 und 14 Jahren.

2. Wie war, wie fühlte sich ihr Leben vor dem Trauerereignis / -fall an?

   Wir hatten eine fantastische Zeit miteinander. Wir waren Seelenverwandte und beste Freunde. Unsere Erotik war ungebrochen und unsere Liebe wurde mit jedem Jahr intensiver, auch vor der Krankheit.

3. Konnten sie sich vorbereiten oder war es ein plötzlicher Tod, Abschied, Unfall etc.?

   Wir konnten uns auf den Tod etwas vorbereiten. Allerdings hoffte die ganze Familie auf ein Wunder, und das bis zuletzt.

4. Wie nahmen sie die Veränderung auf?

   Ich war froh, als meine Frau in meinem Armen gestorben war. Ich pflegte sie bis zuletzt neben meiner Arbeit Zuhause. Gerade die letzten beiden Wochen waren extrem schwer, da sie mehr und mehr das Bewusstsein verlor. Auch ihre Schmerzen wurden immer extremer und kaum mehr durch Medikamente zu betäuben. Als Sie endlich unter großen Schmerzen einschlief, war ich darüber sehr froh. Ich konnte Sie nicht mehr weiter leiden sehen. Seltsam war, dass ich, als sie den letzten Atemzug tat, ihr einen Kuss gab und ihren Atem einatmete. In diesem Moment fühlte ich mich stark, befreit und ohne Sorgen. Irgendwie gab mir dieser letzte Akt bedeutende Kraft, welche ich in den darauffolgenden Monaten und Jahren brauchte.

5. Was passierte mit ihnen in der ersten Zeit nach dem Ereignis?

   Meine Frau hatte seinerzeit eine Krebsselbsthilfe-Gruppe gegründet. Als es ihr sehr schlecht ging, nahm ich mit der Ehefrau eines Gruppenmitglieds Kontakt auf. Sie half mir bei dem, was zu tun war am Telefon. Ich war darüber sehr dankbar und versprach, dass ich sie, wenn alles zu Ende ist, zum Essen einladen würde. Einige Wochen nach dem Tod meiner Frau habe ich dieses Versprechen eingelöst und traf zu meiner Überraschung eine junge Anwältin, die ihren Mann ein Jahr vorher an Hautkrebs verloren hatte. Wir hatten viele Gemeinsamkeiten, redeten über unsere Erlebnisse, Sorgen, Ziele und vor allen Dingen über Sex. Klingt seltsam, aber wir Beide waren über die Jahre ausgehungert und erlebten gemeinsam wieder Lust. Meine Kinder waren zu diesem Zeitpunkt mehr als traumatisiert. Ich musste meine Arbeit (vorher viele Auslandsaufenthalte) komplett umstellen und wurde von heute auf morgen Mutter und Vater. Ich nahm diese Herausforderung an, denn ich hatte durch meine Freundin Auftrieb und Stärke erfahren. Ich konnte diese Stärke und die positive Energie an meine Kinder weitergeben. Ich trauerte natürlich um meine Frau, schrie aber meine unbändige Wut über ihren Verlust bei einsamen Spaziergängen in den Wald hinaus. Viele in meinem Bekanntenkreis konnten nicht verstehen, dass ich so schnell wieder in einer Beziehung war. Es war allerdings keine echte Beziehung sondern eher eine intime Freundschaft zu einer Frau, mit der ich alles Teilen konnte. Für mich war sie ein wichtiger Faktor, denn ich wusste, wenn ich mich in meine Trauer fallen lassen würde, dann hätte ich niemanden der mich aus diesem Loch wieder rausholen würde. Meine Eltern, wirklich jeder bedauerte meine Situation, aber letztendlich wirklich helfen konnte ich mir nur selbst. Ich wollte meinen Kindern ein Vorbild sein, sie stärken und ihnen einen guten Weg aus dem Dilemma weisen. Ich wusste, wenn ich mich in meine Trauerarbeit begeben würde, dann wäre ich nicht dieser starke Mann, an dem sie sich reiben und stützen könnten.

6. Was fühlten sie? War da Trauer und wie nahmen sie diese wahr?

Ich fühlte meine Frau in jedem Raum, ich war sehr oft in meinem Gedanken bei ihr und dem Erlebten. Es gab so viele Bilder. Aber ich träumte nicht wirklich von ihr. Ich konnte sehr gut schlafen und hatte keine Lust auf Alkohol oder andere Betäubungsmittel. Ihr Tod und ihre Krankheit haben mich umdenken lassen. Ich wusste, wie schnell man aus der Komfortzone geworfen werden kann. Ich wollte Leben, gut Leben und vor allen Dingen meinen Kindern ein gutes Leben mit all der damit verbundenen Zuversicht bieten können. Viele Freunde und Bekannte konnten mit meiner Situation nicht umgehen und zogen sich mehr und mehr zurück. Mir war das schleierhaft, schließlich war ich niemand der sie in meine Sorgen, Trauer und Probleme zog. Ganz im Gegenteil, ich wollte einen normalen Umgang mit ihnen pflegen und meine Frau und ihren Tod nicht zum permanenten Thema machen. Von daher versuchte ich bewusst, das Thema nicht zu strapazieren, aber auch nicht unter den Teppich zu kehren. Aber trotz alle dem zogen sich die Freunde zurück und boten auch nach wenigen Monaten kaum Gespräche oder gemeinsame Treffen an.

7. Was sagte der Kopf und wie ging es ihrer Seele?

Mein Kopf sagte, ich soll nach vorne schauen, meine Seele war wie versteinert und zeigte in der ersten Zeit kaum Reaktionen. Ein guter Freund half mir mit folgenden Worten sehr: „Du hast eine Zeit mit einer Frau gehabt, welche viele die ich kenne, mich eingeschlossen, gerne gehabt hätten. Denke an diese Zeit und welches Glück Du hattest, auch wenn es nur für 23 Jahre war.“ Das waren gute Worte und sie zeigten mir, dass ich wirklich froh sein sollte über die gute Zeit mit einer faszinierend starken Frau und tollen Mutter.

8. Was half ihnen gegen den Schmerz oder andere neuartige Gefühle (Kraftquellen)?

Ich unternahm viel Sport, ging ins Internet und traf neue Menschen, vor allen Dingen Frauen. Mein Ziel war, nicht allein zu bleiben und meine Energie mit Jemandem zu teilen. Mein Trauer-Schmerz war aufgrund meiner vielen Aktivitäten sehr unterdrückt und trat immer wieder auf, wenn ich an

einer Beziehung gescheitert war oder im Beruf Niederlagen wegstecken musste. Ich sprach mit meiner Frau, ging ans Grab, hielt einfach viele Zwiegespräche mit ihr. Auch wenn ich keine Antwort bekam, so wusste ich, dass ihre Energie immer um mich war und sie mich in meinem Tun stärkte. Ich hatte meine Frau in unserer Partnerschaft nie betrogen. Kurz bevor sie starb – an einem ihrer wachen Momente – fragte sie mich ernsthaft: „Hast Du mich irgendwann mal mit einer Anderen betrogen?“ Ich war überrascht, dass sie diese Frage stellte. Aber ich war auch froh, dass ich sie nicht anlügen musste und ihr zweifelsfrei sagen konnte, dass ich sie nie betrogen hatte. Von daher fühlte ich mich auch nach meinem Tod viel freier als vielleicht andere, welche Streit hatten, sich nicht mehr richtig verstanden, oder wo auch Betrug im Raum stand. Ich war diesbezüglich ohne Tadel und von daher hatte ich auch keine mentalen Probleme mich neuen Partnerschaften zu stellen. Ich wusste, dass sie das verstehen würde. Was sie nicht wollte, war vergessen zu werden. Von daher schrieb ich ein Buch über ihre Kindheit und ihre Jugend-Erlebnisse, welches ich meinen Kindern und auch den Enkelkindern zum Lesen gab.
Hier stand alles, was ich von ihr wusste. Und das Buch war in der Lage ihre Erlebnisse zu schildern und für immer an andere in der Familie weiterzugeben. Auch heute ist dieses Buch noch sehr hilfreich für meine Kinder und vielleicht bald auch für die Enkelkinder.

9. Hatten oder suchten sie Hilfe?

Ich hatte keine professionelle Hilfe. Meine Hilfe war die besagte erste Freundin die das gleiche erlebt hatte wie ich. Danach waren es meine Affären, Partnerschaften und natürlich meine Familie. Auch mein bester Freund hat mir in einigen Gesprächen geholfen. Da es mir in meiner Trauer nicht schlecht ging, suchte ich auch keine direkte Hilfe. Ganz im Gegenteil in meiner unmittelbaren Nachbarschaft starben die Jahre danach mehrere Ehepartner, vorwiegend Männer. Ich bat meine Hilfe in der Trauerarbeit diesen Frauen an. Einige nahmen diese Hilfe an, andere wiederrum stürzten sich in ihre eigene Trauerarbeit die zum Teil erschreckende Ausmaße annahmen.

10. Was hat sich seitdem in ihrem Leben geändert?

Leider habe ich keine neue Liebe gefunden. Ich lebe in oberflächlichen Partnerschaften, die meine Frau nicht ersetzen können. Dies liegt allerdings nicht daran, dass ich diese Frauen mit meiner Frau vergleiche. Nein, das habe ich nie getan. Ganz im Gegenteil, mir war es immer wichtig jeden Menschen individuell zu betrachten und zu bewerten. Gleiches hätte ich mir umgekehrt auch gewünscht. Allerdings waren diese Frauen zum Teil von Ihren Ex-Partnerschaften so traumatisiert, dass meine positive Art sie eher verunsicherte als stärkte. Ich bin mit meinem Leben heute zufrieden, nicht immer glücklich, aber ich weiß damit zu Leben. Ich denke 13 Jahre nach ihrem Tod, heute mehr an sie als früher. Sie wird immer die Liebe meines Lebens bleiben und es wäre schön, irgendwann eine zweite Liebe zu finden. Aber ich suche nicht zwanghaft nach Liebe. Eine schöne Freundschaft, oder verliebt sein, ist auch prickelnd und verleiht positive Energie. Ich habe ein super Verhältnis zu meinen Kindern. Sie haben ihr Trauma nicht wirklich verarbeitet und leiden noch heute am Verlust ihrer Mutter. Aber sie genießen die gemeinsamen Gespräche über sie, wenn wir allein sind. Wir sind ein

Team und wir wissen, dass wir aufeinander uns verlassen können. Aus einem schlechten Vater wurde durch den Tod ein guter Vater, ein Vater, auf den sie sich verlassen konnten und auf den sie sich stützen konnten, egal was passierte.

11. Was war das Schlimmste für sie, was das Hilfreichste in der Krise?

    Das Schlimmste war der Abstand der Freunde, die manchmal einsamen Nächte und Tage und vor allen Dingen dass ich alles plötzlich allein entscheiden musste. Das Hilfreichste war, der Sex und die Gespräche mit anderen Frauen, aber auch der Sport (Joggen) der mir immer wieder die nötigen Endorphine gab.

12. Mit einigem Abstand, welche Bedeutung hatte die Trauer für ihr weiteres Leben?

    Ich habe gelernt, dass das Leben sehr schnell einem vor riesige Herausforderungen stellt. Ich wusste man darf nicht einfach alles auf die lange Bank schieben, sondern man sollte jeden Tag so gut als möglich als Chance sehen. Ich wollte gut leben und ich wollte mich weiterentwickeln. Ich wollte nicht immer meine Gedanken in der Vergangenheit haben, sondern mich den jetzigen Gelegenheiten widmen. Ich habe den riesigen Verlust als Chance gesehen und mir war immer klar, wenn ich mich in das tiefe Loch der Trauer bewegen würde, dann könnte passieren, dass ich dort so schnell nicht mehr herauskommen würde.

13. Können Sie Phasen erkennen, die sie nach dem Verlust durchlebt haben?

    Nein, diese Trauerphasen hatte ich nicht. Ich habe darüber gelesen und konnte Ähnlichkeiten bei mir nicht finden. Ich war stark und schwach zu unterschiedlichsten Zeiten. Aber die meiste Zeit bin ich vor der eigentlichen Trauerarbeit davongelaufen. Habe ich das bereut? Nein, ich bin froh, dass ich mit diesem Verhalten, meinen Lebensgeist gestärkt habe und meine eigene Trauerarbeit gefunden habe.

14. Haben Sie, wenn Sie Ihre Partnerin verloren haben, heute eine Lebensgefährtin?

    Ich habe eine Lebensgefährtin. Bin ich mit ihr glücklich? Nein, nicht wirklich. Es fehlt einfach gemeinsame Zeit und gemeinsame Bilder. Sie besitzt ein Restaurant und von daher fällt es uns schwer, Gemeinsamkeiten zu bilden und mit ihnen zu leben. Auch davor hatte ich unterschiedlichste Liebesbeziehungen. Sie alle scheiterten am gemeinsamen Leben. Dinge und das Leben in Einklang zu bringen, ihnen eine neue Richtung zu geben. Wie ich bereits sagte. Frauen aus Scheidungen waren mehr traumatisiert als ich durch den Tod meiner Frau. Diese Menschen lebten in ihrer Vergangenheit und wollten oder konnten dieser nicht entfliehen. Sie waren gute Sex-Partner, gut für ein paar Urlaube, aber sie waren keine Menschen, mit denen man auf lange Sicht leben wollte oder konnte.

15. Was war weiterhin von Bedeutung?

Die Liebe meiner Kinder. Wir sind ein phantastisches Team. Wir sind durch dieses Ereignis uns sehr nah gekommen und wir wussten wir konnten uns immer aufeinander verlassen. Meine Kinder und Enkelkinder sind für mich die Liebe meines Lebens, in deren Gene meine Frau sich verankert hat und wo ich durch eine bestimmte Mimik, eine Äußerung oder ein Lächeln sehe, dass ich sie nie wirklich verloren habe und sie immer um mich sein wird. Sie lebt in ihren Kindern und Enkelkindern weiter. Das ist für mich der Beweis der Göttlichkeit, obwohl ich an Gott nicht glaube.

DIPL.-BETRIEBSWIRT, 37 JAHRE

1. Was ist passiert? Welches Ereignis löste die Trauer aus?

Meine Frau erkrankte im November 2011 mit 34 Jahren an Darmkrebs, bereits mit Metastasen in den Lymphknoten und im Bauchfell. Rezidiv nach einer Not-Op, und einer 6-monatigen Chemotherapie im November 2012. In der Folge entschied Sie sich gegen eine weitere Chemotherapie und wir verfolgten alternative Heilmethoden. Am 11.06.2013 verstarb Sie mit 36 Jahren.

2. Wie war, wie fühlte sich ihr Leben vor dem Trauerereignis / -fall an?

Die Erkrankung war natürlich ein großer Schock für uns Alle und wir wussten zuerst nicht, wie und ob wir unseren beiden Töchtern die Krankheit erklären sollten. Bewusst haben wir uns dann entschieden, vorläufig dies nicht zu tun, wollten keine Ängste schüren, hatten Hoffnung den Kampf zu gewinnen.
Wir nutzten unsere Zeit viel intensiver als vorher. Haben gemeinsam mit den Kindern etwas unternommen, sind verreist, auch an den Wochenenden während der Chemo-Pausen. So wie es die Nebenwirkungen zugelassen haben. Unsere Liebe zueinander wuchs noch mehr.

3. Konnten sie sich vorbereiten oder war es ein plötzlicher Tod, Abschied, Unfall etc.?

Wir hatten das „Glück" bzw. die Gelegenheit unsere Kinder vorzubereiten. Es war uns immer wichtig, ehrlich mit den Kindern umzugehen, alle Fragen soweit möglich zu beantworten (z. B. Wie sieht es da im Himmel aus?). Mit dem Glauben an Gott, konnten wir den Kindern und uns selbst halt geben, im Wissen, das wir irgendwann wieder vereint sein werden.
Der Glaube und die Hoffnung waren bis zuletzt unser Halt, auch wenn natürlich immer wieder Zweifel kamen. Ein Aufgeben gab es nicht.

4. Wie nahmen sie die Veränderung auf?

Der Krankheitsverlauf und die nicht gewollten Zweifel führten dazu, dass ich wohl innerlich sehr gefasst mit dem Tod meiner Frau umgegangen bin. Natürlich auch funktionierend, vieles musste erledigt werden.

5. Was passierte mit ihnen in der ersten Zeit nach dem Ereignis?
&
6. Was war dann anders als vor dem Ereignis?

Beantwortung als Ganzes: Aufgrund der Zeit, die wir hatten um die Kinder und vermutlich auch mich selbst vorzubereiten, hat sich eigentlich nichts in meinem täglichen Ablauf geändert. Die Bezugsperson der Kinder änderte sich mit dem Krankheitsverlauf von meiner Frau zu mir. Arbeiten die meine Frau erledigt hat habe ich während der Krankheit übernommen. Die Abläufe der Kinder sind gleich wie vor dem Tod meiner Frau. Vermutlich hat dies auch dazu geführt, dass bis heute alles relativ problemlos abläuft. Innerlich, jedoch hatte sich die aufgebürdete Last vor dem Ereignis in einen riesigen Klotz aus Trauer gewandelt. Von diesem Klotz konnte ich mich zwar nicht ganz befreien, jedoch ist er deutlich kleiner geworden, manchmal verschwunden. Und ab und zu schaut er auch mal wieder vorbei. Aber das ist eben mein/unser Schicksal.

7. Was fühlten sie? War da Trauer und wie nahmen sie diese wahr?

Siehe 5+6. Der Tod meiner Frau hat mich dem Glaube an Gott nähergebracht und ich bin der festen Überzeugung das es meiner Frau nun da „Oben“ besser geht, sie keine Leiden mehr ertragen muss und wir als Familie irgendwann wieder vereint sein werden. Selbst die Trauerfeier fühlte sich für mich eher nach Feier als Trauer an. Ich bin mir sicher dass meine Frau uns zugeschaut und sich über die Gestaltung und das Abschiednehmen gefreut hat.

8. Was sagte der Kopf und wie ging es ihrer Seele?

Während der Krankheit meiner Frau gingen mir etliche Gedanken durch den Kopf. Viele gar nicht gewollt. Aber ist wohl so etwas wie der Überlebensinstinkt eines Menschen oder vielleicht eher eines Mannes.
Klar muss es weiter gehen. Ich war mir immer und bin mir auch sicher, dass ich es mit den Kindern schaffen werde. Aber seinen Weg zu finden, bedeutet auch, dass diese auch mal in Sackgassen führt. Diese Sackgassen belasten zumindest meine Seele. Was mich wundert ist, dass ich bis vor kurzem nicht mal Wut empfand; nur letztens in einem Traum.

9. Was half ihnen gegen den Schmerz oder andere neuartige Gefühle (Kraftquellen)?

Gottes Glaube hilft mir nach wie vor gegen den Schmerz und das Wissen das es meiner Frau im Himmel bei Gott besser geht als hier unten mit Ihrer Krankheit. Mein Umfeld, Eltern/Schwiegereltern/

Schwager/Schwester unterstützen mich. Klar, es läuft nicht immer rund, aber man muss sich arrangieren. Oder vielmehr mein Umfeld muss/musste lernen mit mir und meinen Wünschen umzugehen. Meine Kinder geben mir so viel zurück, machen mich glücklich und Sie sind es mit Ausnahme ihrer Trauerpfützen auch. Mein Motto ist: „Kann ich einigermaßen gerade auslaufen, dann können es meine Kinder auch".

10. Hatten oder suchten sie Hilfe?

Ja, ich hatte nach dem Tod eine männliche Person, mit der ich mich wunderbar austauschen kann. Es war auch der Wunsch meiner Frau mit Ihm darüber zu reden. Mittlerweile gibt es auch aufgrund der Kindertrauergruppe zwei weitere Personen/andere Eltern, mit denen ich mich sehr gut austauschen kann.
Ich habe mich und die Kinder für eine Kur mit Trauerhintergrund angemeldet (Standortbestimmung). Kinesiologieanwendungen

11. Was hat sich seitdem in ihrem Leben geändert?

Ich lebe seither bewusster, nehme mir Auszeiten. Mach nur, was mir Spaß macht (habe auch den Motorradführerschein gemacht). Reagiere nicht mehr so gestresst, vor allem während der Arbeit nicht mehr. Probleme/Sorgen Anderer, mit denen Sie beschäftigt sind, sind für mich nicht mehr nachvollziehbar, da es eigentlich keine sind. Es relativiert sich einfach vieles.

12. Was war das Schlimmste für sie, was das Hilfreichste in der Krise?

Meine Kinder, Gottes Halt, meine Gesprächspartner (Pkt. 10) und meine Familie geben mir Halt. Das Schlimmste ist die Erkenntnis das Freunde oft nur flüchtige Bekannte sind. Ich hätte mir da vielleicht mehr erhofft.

13. Mit einigem Abstand, welche Bedeutung hatte die Trauer für ihr weiteres Leben?

Ich wusste am Anfang nicht, was überhaupt Trauerarbeit bedeutet. Mittlerweile habe ich es herausgefunden und die Trauer wird mich mit Sicherheit noch eine Weile begleiten. Die Trauer gehört zu mir und ich habe Sie akzeptiert. Sie hat mich in meiner Person charakterlich reifen lassen und ich bekomme von den mir Nahen auch relativ gutes Feedback, auch wenn ich einigen Leuten zu direkt mit meinen Worten bin.

14. Können Sie Phasen erkennen, die sie nach dem Verlust durchlebt haben?

Ich habe mich mit sog. Trauerphasen nicht beschäftigt und kann auch keine erkennen. Ich möchte auch keine Phasen irgendwie abarbeiten „müssen". Ich akzeptiere meine Trauer. Sie kommt, sie geht, sie ist mal stärker, mal weniger stark, mal sogar weg. Sie darf jederzeit kommen und wenn Sie da ist, muss ich mit ihr umgehen und verarbeiten. Danach ist es dann wird es auch wieder besser.

15. Haben Sie, wenn Sie Ihre Partnerin verloren haben, heute eine Lebensgefährtin?

Mit der Zeit habe/hatte ich immer mehr Sehnsucht nach, verstanden werden, in den Arm genommen werden, gelobt werden, keine Entscheidungen mehr alleine Fällen zu müssen und nach Zweisamkeit. Denke diese Bedürfnisse sind sehr menschlich und auch verständlich. Ich habe auch jemanden kennen gelernt. Jedoch bin ich momentan nicht soweit mich voll auf den Partner einzulassen.

16. Was war weiterhin von Bedeutung?

Mir ist bewusst, dass die Beantwortung der Fragen Wunden aufreißen. Deshalb danke ich schon jetzt Allen, die mitwirken. Anderen Männern werden die Antworten eine Hilfe sein.

SYSTEMADMINISTRATOR UND SERVICETECHNIKER, 38 JAHRE

1. Was ist passiert? Welches Ereignis löste die Trauer aus?

Der Tod meines Bruders bei einem Motorradunfall.

2. Wie war, wie fühlte sich ihr Leben vor dem Trauerereignis / -fall an?

Es war unbeschwert und ich fühlte mich behütet. Es gab für mich noch überhaupt keinen Gedanken an den Tod und ich fühlte mich „unsterblich".

3. Konnten sie sich vorbereiten oder war es ein plötzlicher Tod, Abschied, Unfall etc.?

Es war ein Unfall und ich konnte mich nicht vorbereiten.

4. Wie nahmen sie die Veränderung auf?

Wie in einem Traum. Ich kann mich an alles noch gut erinnern, aber es fühlte sich unwirklich wie in einem Traum an. Und natürlich war es ein schwerer Schlag, den ich zuerst nicht wahrhaben wollte.

5. Was passierte mit ihnen in der ersten Zeit nach dem Ereignis?

Ich bin vom Sohn zum Haupverantwortlichen in der Familie geworden, da sich meine Eltern sehr stark zu- rückgezogen hatten. Einer musste das Übernehmen und ich schien damit am besten umgehen zu können.

6. Was war dann anders als vor dem Ereignis?

Meine Eltern wurden zusehends unselbstständiger und ich wurde immer mehr in die Verantwortung genommen, und der Tod war auf einmal ein Thema in unserer Familie mit dem wir uns beschäftigt haben. Auch der Zusammenhalt in der Familie wurde viel stärker.

7. Was fühlten sie? War da Trauer und wie nahmen sie diese wahr?

Ich glaube ich fühlte eine Mischung aus Trauer, Ohnmacht, Hilflosigkeit und Wut, aber gleichzeitig hatte ich das Bedürfnis für meine Familie da zu sein.

8. Was sagte der Kopf und wie ging es ihrer Seele?

Mein Kopf sagte immer wieder, dass das nicht wahr sein kann, da muss bestimmt eine Verwechslung vorliegen und meine Seele war wie zerrissen und tat unheimlich weh.

9. Was half ihnen gegen den Schmerz oder andere neuartige Gefühle (Kraftquellen)?

Anfangs half nichts gegen den Schmerz, aber mit der Zeit haben wir uns in der Familie gegenseitig geholfen und als gläubiger Christ fand ich auch Trost in dem Wissen, dass es keine Trennung für Ewig sein wird. Es gab, und gibt immer noch, Zeiten in denen ich meinen Bruder beneide, dass er jetzt schon bei Gott ist, und dass er alles Leid hinter sich hat. Es war auch sehr hilfreich mit Freunden und teilweise sogar mit Fremden darüber zu reden.

10. Hatten oder suchten sie Hilfe?

Ich hatte Hilfe durch meine Familie und durch Freunde, aber suchen musste ich nicht danach, es waren alle sofort zur Stelle, als ich sie gebraucht habe.

11. Was hat sich seitdem in ihrem Leben geändert?

Ganz einfach, Alles! Nichts mehr ist wie es vorher war. Ich habe danach mein ganzes Leben auf den Kopf gestellt und bin einen komplett anderen Weg wie zuvor gegangen.

12. Was war das Schlimmste für sie, was das Hilfreichste in der Krise?

Das Schlimmste war für mich die unangebrachten Fragen von irgendwelchen Leuten die ihre Neugierde befriedigen wollten, und am Hilfreichsten waren meine Familie, mein Glaube und meine Freunde.

13. Mit einigem Abstand, welche Bedeutung hatte die Trauer für ihr weiteres Leben?

Ich denke, dass ich durch die Trauer gelernt habe gelassener und ruhiger zu sein. Seit dieser Zeit kann mich nichts mehr so schnell aus der Ruhe bringen. Ich habe auch eine sehr viel positivere

Grundeinstellung dadurch bekommen. Man könnte fast sagen, dass ich gestärkt aus der Trauer gekommen bin.

14. Können Sie Phasen erkennen, die sie nach dem Verlust durchlebt haben?

Ich glaube schon. Zuerst war die oben beschriebene Traumphase, dann kam die Phase in der man einfach mechanisch wie ein Roboter funktioniert und sich auf Aufgaben stürzt nur um sich abzulenken. Danach kam die Phase, in der man sich damit auseinandersetzt und auch viel spricht und weint. Die nächste Phase war dann die, in der immer wieder eine leise Hoffnung da war, dass alles doch nur ein schlechter Traum war (wovon ich auch heute noch manchmal träume) und zu guter Letzt hat man dann gelernt damit zu leben, auch wenn der Schmerz nie ganz weg geht.

15. Was war weiterhin von Bedeutung?

Ohne den Zusammenhalt in unserer Familie hätten wir es wohl nicht geschafft so einen Schicksalsschlag zu überstehen. Ich wünsche es keinem so etwas alleine durchmachen zu müssen.

KLEMPNER, 66 JAHRE

1. Was ist passiert? Welches Ereignis löste die Trauer aus?

Der Tod meiner Lebensgefährtin.

2. Wie war, wie fühlte sich ihr Leben vor dem Trauerereignis / -fall an?

Eine große Hilflosigkeit. Nicht helfen können den Krebs zu besiegen.

3. Konnten sie sich vorbereiten oder war es ein plötzlicher Tod, Abschied, Unfall etc.?

Ich konnte mich auf den Tod einstellen. Denn der Krebs war nicht mehr heilbar.

4. Wie nahmen sie die Veränderung auf?

Mit einer tiefen Trauer.

5. Was passierte mit ihnen in der ersten Zeit nach dem Ereignis?

Ich funktionierte nur noch. Hatte an nichts mehr Interesse. War teilnahmslos.

6. Was war dann anders als vor dem Ereignis?

Ich war einsam, allein, mir fehlte der geliebte Mensch.

7. Was fühlten sie? War da Trauer und wie nahmen sie diese wahr?

   Ich fühlte mich leer. Die Endgültigkeit machte mich sehr traurig.

8. Was sagte der Kopf und wie ging es ihrer Seele?

   Der Kopf sagte mir du musst aus dieser Trauer heraus, aber die Seele wollte noch nicht.

9. Was half ihnen gegen den Schmerz oder andere neuartige Gefühle (Kraftquellen)?

   Der Kontakt zu neuen Menschen, alte Hobbys wieder aufnehmen.

10. Hatten oder suchten sie Hilfe?

    Ich suchte Hilfe in einer Hospizgruppe.

11. Was hat sich seitdem in ihrem Leben geändert?

    Ich habe neue Freunde gefunden. Lebe den Tag. Bin in einer Hospizgruppe tätig.

12. Was war das Schlimmste für sie, was das Hilfreichste in der Krise?

    Die Endgültigkeit den geliebten Menschen verloren zu haben. Das Hilfreichste ist die Hospizarbeit.

13. Mit einigem Abstand, welche Bedeutung hatte die Trauer für ihr weiteres Leben?

    Ich lebe heute bewusster, lebe den Tag.

14. Können Sie Phasen erkennen, die sie nach dem Verlust durchlebt haben?

    1. Die tiefe Trauer

    2. Das Erkennen der Besserung.

    3. Mit der Trauer umzugehen.

    4. Sich auf ein neues Leben einzustellen.

15. Haben Sie, wenn Sie Ihre Partnerin verloren haben, heute eine Lebensgefährtin?

    Ich habe eine Lebensgefährtin.

16. Was war weiterhin von Bedeutung?

    Für mich ist die Hospizarbeit wichtig.

RENTNER, 70 JAHRE

1. Was ist passiert? Welches Ereignis löste die Trauer aus?

   Am 09. August 2013 gegen 22 Uhr betrat ich das gemeinsame Schlafzimmer, um meiner Frau die allabendlichen Schmerztropfen zu verabreichen. Meine Frau schlief bereits, so dachte ich, aber auf meinen Weckruf reagierte sie nicht. Auch mein Schütteln blieb erfolglos. Panik beschlich mich und ich rief sofort den Notarzt, immer noch in dem Glauben sie wäre ohnmächtig.
   Der Notarzt war sehr schnell vor Ort und nach kurzer Untersuchung stellte er fest: keine Herztöne, keine Atmung, er könne nichts mehr für meine Frau tun.
   Dieser Moment wird mich wohl mein ganzes Leben begleiten, denn ich konnte mich nicht mit dem Gedanken befassen, dass meine Frau nicht mehr lebt, schlicht ich weigerte mich dies zu akzeptieren.

2. Wie war, wie fühlte sich ihr Leben vor dem Trauerereignis / -fall an?

   Vor dem Trauerfall war mein (unser) Leben, trotz der Erkrankung meiner Frau (seit 2006 MS) eigentlich relativ zuversichtlich, sie war mittags noch beim Zahnarzt, eine langwierige Behandlung stand vor dem Abschluss.
   Der Hausarzt kam zu einem routinemäßigen Besuch und sie scherzte noch „wenn ich jetzt sterben würde, hätte ich keine Schmerzen mehr„ (Dekubitus).
   Den Rest des Tages verbrachte sie teils im Rollstuhl und ab späterem Nachmittag im Bett.
   Bei meinen unregelmäßigen Besuchen im Schlafzimmer war sie guter Dinge, bis zum letzten Besuch, siehe Punkt 1.

3. Konnten sie sich vorbereiten oder war es ein plötzlicher Tod, Abschied, Unfall etc.?

   Wie aus Punkt 2 ersichtlich, war es ein plötzliches Herzversagen und somit eine Verabschiedung nicht möglich.

4. Wie nahmen sie die Veränderung auf?

   Tränen ohne Ende, Unverständnis, Traurigkeit und der große Wunsch meiner Frau schnellstens zu folgen.

5. Was passierte mit ihnen in der ersten Zeit nach dem Ereignis?

   Ein Mantel der Unwirklichkeit, Verzweiflung, Ratlosigkeit und eine grenzenlose Wut über mein Schicksal.

6. Was war dann anders als vor dem Ereignis?

   Einsamkeit, Einsamkeit und immer wieder Einsamkeit, obwohl sich meine Tochter sehr intensiv um mich bemühte und kümmerte, so konnte sie mich doch nicht aus meinem seelischen Schmerz befreien.

7. Was fühlten sie? War da Trauer und wie nahmen sie diese wahr?

   Trauer ohne Ende totale Verzweiflung und immer wieder der Wunsch meiner geliebten Frau schnellstmöglich zu folgen.

8. Was sagte der Kopf und wie ging es ihrer Seele?

   Mein Kopf sagt immer noch es ist nicht wahr, irgendwann werde ich von diesem bösen Traum erwachen, und alles ist wie vorher.

9. Was half ihnen gegen den Schmerz oder andere neuartige Gefühle (Kraftquellen)?

   Habe das Gefühl es kann nichts helfen, in manchen Momenten denke ich es wird immer schlimmer.

10. Hatten oder suchten sie Hilfe?

    Im Dezember 2013 besuchte ich erstmals eine Trauergruppe des Hospizvereins. Nach dem ersten Besuch sagte ich mir nie wieder, denn die Schilderung der anderen Trauernden zogen mich schon tief runter, doch ich versuchte es weiterhin, schon beim zweiten und dritten Mal begann ich zu verstehen, dass ich nicht der Einzige war, der trauerte und dass es anderen wesentlich schlechter ging. Seitdem besuche ich die Gruppe regelmäßig und finde dort Verständnis, Hilfe und Trost.

11. Was hat sich seitdem in ihrem Leben geändert?

    Habe ich mich etwas an die Einsamkeit gewöhnt, ziehe in Kürze in eine andere Wohnung, und hoffe damit etwas Abstand zu gewinnen.

12. Was war das Schlimmste für sie, was das Hilfreichste in der Krise?

    Das Schlimmste, die Einsamkeit, die tiefe Trauer, das Hilfreiche, die häufigen Besuche meiner Tochter und die Trauergruppe.

13. Mit einigem Abstand, welche Bedeutung hatte die Trauer für ihr weiteres Leben?

    Eine gewisse Vereinsamung, habe das Gefühl, das gute Bekannte sich jetzt fern halten, weil sie mit meiner Trauer nicht umgehen können und nicht wollen und ich bin nicht bereit, meine Gefühle, die immer noch sehr stark sind, zu verbergen.

14. Können Sie Phasen erkennen, die sie nach dem Verlust durchlebt haben?

Ja, tiefste Trauer, tiefster Schmerz, dann sehr langsame Erkenntnis, dass ich mit meinem „neuen“ Leben umgehen muss.

15. Haben Sie, wenn Sie Ihre Partnerin verloren haben, heute eine Lebensgefährtin?

NEIN, auch kein Bedürfnis, bin 70 Jahre und meine Trauer ist noch viel zu tief.

16. Was war weiterhin von Bedeutung?

Zum Erkennen weniger Freunde, die geblieben sind, sowie meine Familie, die meiner Tochter, die sind wichtiger denn je.

HANDWERKER, 59 JAHRE

Meine Frau verstarb vor zwei Monaten für uns alle plötzlich und unerwartet, an Herzinfarkt.
Ich fand am frühen Morgen meine Frau leblos in unsere Stube, ich habe sie versucht wiederzubeleben, der Notarzt stellte den Tod fest und sagte sie sei schon ein paar Stunden tot.
Ich war wie benommen, es war für mich nicht zu glauben das sie jetzt nicht mehr bei mir ist.
Vor ein paar Stunden waren wir noch gemeinsam auf einer Silberhochzeit, dort gings ihr nicht gut die Luft dort war nicht gut. Ein Tag vorher hatte sie leichtes Fieber, Durchfall und hatte sich übergeben. Es deutet für uns nichts darauf hin, dass es lebensbedrohlich war.
Meine Frau hatte Blutzucker, Bluthochdruck, Asthma und rauchte.
Sie war in ärztlicher Behandlung und gab mir den Eindruck sie hätte alles in Griff.
Ich stehe neben mir, ich komme mir vor wie ein Roboter, fühle mich gehetzt, schlafe schlecht, suche im Unterbewusstsein meine Frau. Sie müsste jeden Moment durch die Tür kommen.
Ich versuche meinen Tagesablauf strukturiert abzuhandeln, wir haben noch einen Hund, um den ich mich kümmern muss, er ist auch ein kleiner Halt. Unterstützung bekomme ich aus der Familie Kinder, Schwester, Nachbarn, Arbeitskollegen.
Mich überkommt es immer wieder, so auch jetzt, dass ich weinen muss, was mir aber nichts ausmacht. Mit vielen Menschen, die ich vom Sport und der Arbeit kenne und den Nachbarn, spreche ich über dieses Ereignis, auch wenn mir dabei die Tränen in die Augen stehen. Desweitern habe ich mich einer Trauergruppe bei Hombre angeschlossen. Mein Schwager sagte ich soll mich nicht zurückziehen. Ich muss jetzt alles alleine machen, Hausarbeiten, zur Arbeit gehen, Garten, Einkaufen, Wäsche waschen. Da kommen Sachen auf mich zu, um die ich mich vorher nicht kümmern musste. Das Schlimmste für mich ist, dass meine Frau anderen (ihre Bekannte) Geld geliehen hat, obwohl sie wusste das ich das nicht wollte, und diese Person das Geld nicht zurückzahlen will. Schwer sind die Zeiten, wo man allein ist, zum Beispiel

am Wochenende. Ich kann mich nicht entspannen. Mehr kann ich nicht schreiben es fällt mir schwer, der Verlust ist so schmerzhaft.
Ich bin nun 52 Jahre alt. Als das „Ereignis“ eintrat, als meine Frau verstarb, am 29.04.2013, war ich 51 Jahre alt.

BEAMTER, 52 JAHRE

Mein Berufsstand ist Beamter. Bin als zugewiesener Bundesbahnbeamter bei der Deutschen Bahn AG im kaufmännischen Bereich (Controlling) beschäftigt.

Phase I war die Leidenszeit meiner Frau, bis sie starb, bis der Krebs sie besiegte. Das war die Zeit von Januar bis zum 29.04.2014. In dieser Zeit war das Gefühl der Hilflosigkeit am schlimmsten. Die Schmerzen meiner Frau übertrugen sich auf mich. Ich bekam aus heiterem Himmel einen Bandscheibenvorfall mit der Notwendigkeit der Operation. Es ging immer weiter unaufhaltsam bergab. Da erzähl ich ihnen nichts Neues. „Die Geschichte wiederholt sich“, wie sie sagen.

Phase II Nach dem Tod meiner Frau war die Stille das Schlimmste. Mit niemand richtig reden zu können, war schwierig. Ich war beim Psychologen, bei dem war meine Frau auch schon. Meine Frau hatte ihn mir empfohlen, ich sollte zu ihm gehen. Nach 3 Sitzungen habe ich abgebrochen. Mit den Angehörigen konnte ich meine Trauer auch nicht besprechen. Das wären die Schwiegereltern und die Tochter gewesen. Aber die waren in der Sache ja selbst befangen. Außerdem hatten sie ja jemand zum Reden. Die Tochter hat ihren Lebenspartner, die Schwiegereltern haben sich gegenseitig. Und ich? Mir war klar, dass ich nicht alleine bleiben will. Zudem hatte meine Frau auf dem Sterbebett mir zugeredet, bleib nicht allein such dir wieder eine Frau. Ich stelle fest, dass ich das Leben, das ich mit meiner Frau geführt habe, nicht mehr weiterführen kann. Sondern ich muss ein neues Leben anfangen.

So hatten meine Frau und ich sehr viel und sehr gut getanzt. Das konnte ich nun nicht mehr. Mit meiner Frau war ich im Fotoclub, haben sehr viel fotographiert.

Ich fass meinen Fotoapparat nicht mehr an. Aus dem gemeinsamen Haus (Reihenhaus) werde ich ausziehen. Das Haus bekommt zu 100 % die Tochter. Was will ich damit?

Eine neue Partnerin habe ich gefunden. Für mich ist die neue Partnerin das wichtigste Element zur Trauerbewältigung. Mit diesem unbefangenen außerhalb der Ereignisse stehenden Menschen kann ich das Sterben meiner Frau besprechen. Sie wünscht, dass ich davon immer wieder spreche. So kann ich meine Situation bewältigen.

Ich bin weiterhin in Kontakt mit den Schwiegereltern. Besuche sie ca. zwei oder dreimal im Monat. Sie wollen aber meine neue Lebensgefährtin nicht kennenlernen, was ich akzeptiere.

Mein eigenes Erinnerungsritual an meine Frau habe ich so eingeführt, dass ich jeden Samstagabend um 17.00h den Vorabendgottesdienst hier in Altenstadt besuche und anschließend natürlich zum Grab meiner Frau gehe.

Das tut mir immer richtig gut. Ich höre und verstehe die Lesungen und Evangelien (Geschichten von Jesus) in der Kirche nun viel intensiver und nehme dabei für mein Leben etwas mit.

PENSIONÄR, 65 JAHRE

1. Was ist passiert? Welches Ereignis löste die Trauer aus?

   Meine Ehefrau starb am 23.05.2011

2. Wie war, wie fühlte sich ihr Leben vor dem Trauerereignis / -fall an?

   Wenig Zeit zum Nachdenken, da ich meine Frau zu Hause gepflegt habe.

3. Konnten sie sich vorbereiten oder war es ein plötzlicher Tod, Abschied, Unfall etc.?

   Wir konnten uns beide auf ihren Tod vorbereiten (der Tod war eine Erlösung)

4. Wie nahmen sie die Veränderung auf?

   Die erste Zeit war durch „Funktionieren, Reagieren, Planen“ geprägt.

5. Was passierte mit ihnen in der ersten Zeit nach dem Ereignis?

   Totale Leere, möchte das nicht, Lebensinhalt fehlt.

6. Was war dann anders als vor dem Ereignis?

   Keine Hektik, kein straffer Tagesablauf, mehr Ruhe.

7. Was fühlten sie? War da Trauer und wie nahmen sie diese wahr?

   Leere, ich konnte nicht trauern, keine Tränen.

8. Was sagte der Kopf und wie ging es ihrer Seele?

   Es war besser so, sie hat es überstanden, totales Durcheinander, die Partnerin fehlte.

9. Was half ihnen gegen den Schmerz oder andere neuartige Gefühle (Kraftquellen)?

Zigmal am Tag zum Friedhof, ihre „Nähe“ gesucht, Enkelkinder mit Familie.

10. Hatten oder suchten sie Hilfe?

Nein

11. Was hat sich seitdem in ihrem Leben geändert?

Haushalt, Haus, Garten, meine Mutter pflegen, alles alleine organisieren

12. Was war das Schlimmste für sie, was das Hilfreichste in der Krise?

Alleine sein, unsere Kinder, Enkelkinder, Freunde und Bekannte

13. Mit einigem Abstand, welche Bedeutung hatte die Trauer für ihr weiteres Leben?

Nachdem ich „loslassen konnte“ konnte ich neu „anfangen“

14. Können Sie Phasen erkennen, die sie nach dem Verlust durchlebt haben?

Hoffnungslosigkeit, Wut, Ereignis begreifen, Akzeptanz, neuer Mut, neue Pläne

15. Haben Sie, wenn Sie Ihre Partnerin verloren haben, heute eine Lebensgefährtin?

Nein, kann Nähe schlecht ertragen

16. Was war weiterhin von Bedeutung?

Mein bester Freund starb auf den Tag genau 3 Monate später. Alles begann neu!

ANONYMER ERLEBNISBERICHT, ALTER UNBEKANNT

Nach 3 Jahren gemeinsamem, schweren Kampf gegen den bösartigen Tumor im Kopf (der Keilbeinhöhle) ist meine Lebensgefährtin, mit der ich 24 Jahre zusammenlebte, auf ihren Wunsch im Februar 2014 zu Hause und in meinen Armen verstorben. Bei den Formalitäten Totenschein, etc. habe ich real nur „funktioniert". Hinzu kam, dass 2 Tage nach ihrem Tod ihr Erbonkel beerdigt werden musste, der 2 1/2 Wochen vorher verstorben war. Bei dessen Beerdigung konnte ich innerlich und in der Wahrnehmung nicht dort sein, wo ich körperlich war. Zum anschließenden „Abschiedsessen" fehlte mir die Kraft.

Dann kam ihre Beerdigung.
Meine Tränen konnte ich fließen lassen und habe mich gar nicht bemüht, ein „starker Mann" zu sein...Schwer wurde der Gang in die bisher gemeinsame (nun menschlich leere Wohnung). Dort war niemand mehr, der mich fragte: „Wo gehst Du hin, was tust Du, wann kommst Du wieder"...Als mir das bei einer Autofahrt plötzlich sehr stark bewusstwurde, musst ich anhalten, ich konnte nicht mehr weiterfahren.
Obwohl ich in ihren letzten Monaten alles um sie herum gemacht und geregelt habe, fiel ich nach ihrem Tod immer wieder in ein Loch, weil ich sie nun nicht mehr befragen konnte, wenn ich mal etwas suchte oder machen wollte, wozu ich ihre Meinung hören wollte. Das waren schlimme Zustände in denen ich immer wieder tief „einsackte". In den 24 Jahren wurden wir ein eingespieltes Team, lebten und arbeiteten einen „24 Std.-Tag" zusammen; sie machte Haushalt, Telefondienste sowie Buchhaltung und ich das andere.
Heute habe ich das Gefühl, welches ein Bild mit der Schubkarre im obigen Buch (Seite 68-69) gut und am besten ausdrückt. Den Klotz vor dem Rad muss ich mit Hilfen von außen noch wegräumen, damit ich den Übergang vom Verlustempfinden zur Dankbarkeit an sie schaffe. Schwer fällt, mit einer wachsenden Wertschätzung (nicht Glorifizierung) für meine verstorben Lebensgefährtin zu leben.
Wertvolle Hilfen bieten mir:

- Trauerbegleitung des Hospizvereins.
- Gute Freunde, mit denen ich offen über Verlustempfinden und Dankbarkeit reden kann.
- Eintritt in einen Wanderverein, da es wichtig ist raus und unter Menschen zu gehen.

Die Betreuerin des Hospizvereins vermittelte mir, dass das gemeinsame erstellt Mosaik zerstört, endgültig weg ist, und dass ich aus Bewährtem und Neuem ein eigenes Mosaik wieder entwickeln muss. Dabei hilft sie seit mehreren Sitzungen. In der Hospiz-Bewegung erfahre ich Zuwendung, Wärme und Menschlichkeit, die von „Konfessionen" zwar gepredigt, aber nicht gelebt wird. Besonders getroffen hat mich mal eine Bemerkung eines Nachbarn: „Sie waren immer ein so schönes, sehr harmonisch wirkendes Paar".

Dass der im Buch von Dr. Kreuels [104] Männern zugeschriebene „Kontrollverlust" schwer zu kompensieren ist, kann ich voll bestätigen. Das zu erkennen, was dabei passiert, ist nützliche Hilfe, damit umzugehen. Meine Definition: Ungewollt und ungefragt ist mir eine Freiheit „verordnet" worden, mit der ich neu lernen muss, zu leben. Meine Empfehlung an Männer mit gleicher Situation:

- Nicht in der Wohnung und „einmauern", raus unter Menschen gehen. (von Frauen darüber reden lernen...)
- Verwandte und gute Freunde ansprechen und tatsächlich „in Anspruch nehmen" (Vorsicht vor den „flachen" Ratschlägen, Verallgemeinerungen, die ziehen zusätzlich runter)
- Qualifizierte, professionelle Hilfe suchen und annehmen.

Eine Erkenntnis/Beobachtung könnte wichtig sein: Bei einer Trennung z. B. durch Scheidung kann man ggfls. „Hass/Aggressionen" auf den anderen empfinden (was auch aktivierend wirkt...). Das entfällt bei Trennung durch Tod. Der andere ist nicht mehr da, wird nicht antworten, ist unwiderruflich weg, es gibt kein „Echo".

ROHRNETZBAUER, 50 JAHRE

Geboren bin ich im Juli 1964, also aktuell 50 Jahre alt. Mein erlernter Beruf ist Rohrnetzbauer, 1991 legte ich die Prüfung zum Rohrnetzmeister ab. Aktuell leite ich das Betriebsbüro beim hiesigen Energie- und Wasserversorger.

Wir (meine liebe Karin und ich) waren 23 Jahre verheiratet und haben 2 tolle Kinder. Die 1 ½ Jahre Ältere studiert Sozialpädagogik und zog bereits 2010 in eine kleine Wohnung, um ihr Leben in die Selbstständigkeit zu überführen, klar, mit unserer Hilfe in jeder nur erdenklichen Beziehung.

Unser Sohn wohnte noch zu Hause und bereitete sich auf sein Abitur vor. Er besuchte die 12. Klasse eines Gymnasiums und hatte seit seinem 4. Lebensjahr gesundheitliche Probleme mit einem Bein, welches bei einem Unfall gebrochen war und seitdem das Wadenbein nicht mehr mitgewachsen ist. Das heißt alle ca. 6 Monate für mehrere Wochen Krankenhausaufenthalt, um eine dem Wachstum angepasste künstliche Knochenverlängerung durchzuführen. Dadurch, dass wir diese Operationen und die anschließenden Rehas in die Ferienzeit legten, um den Schulbesuch weitgehendst zu ermöglichen, kamen wir nie dazu mal einen Urlaub zu machen. Dafür unternahmen wir sehr viel mit den Kids, so dass es nicht weiter

---

[104] Kreuels, M. (2014): Männer trauern anders - Bilder. BOD, Norderstedt: 104 S.

auffiel. Wir sahen uns eigentlich als ganz normale Familie, mit allen Höhen und Tiefen, die das Leben ebenso mit sich bringt. Wir hatten nicht viel Geld, aber wir brauchten es auch nicht. Wir hatten uns, liebten uns und waren immer füreinander, für die Kinder und viele andere Menschen da. Das hatte und hat immer höchste Priorität. Wir waren eine recht lustige kleine Familie, die nicht immer alles so ernst nahm, wie es so Manche von uns erwartet hatten und hatten viel Blödsinn im Kopf. Wir waren ansonsten gesund, munter und recht offen für (fast) alles. Das Leben fühlte sich einfach nach Leben an, immer hat sich etwas getan, immer gab es etwas zu tun, zu entdecken oder zu erleben und das war auch gut so. Leider blieb es nicht dabei.

Im Februar 2011 kam ich Freitags von der Arbeit nach Hause und finde die eingetretene Wohnungstür vor, daneben steht mein völlig aufgelöster Sohn (damals 19 Jahre alt). Er erzählte mir, dass er kurz etwas besorgen war, keinen Schlüssel dabei hatte, vor der verschlossenen Tür stand und niemand auf sein klingeln, klopfen und rufen reagierte. Er wusste, dass seine Mutter zu Hause war und hörte nur ein merkwürdiges Geräusch, welches vermuten ließ, dass ihr etwas zugestoßen sein musste.

Er verständigte beim Nachbarn den Rettungsdienst, welcher wiederum die Polizei hinzu zog, um die Wohnungstür gewaltsam zu öffnen. Schleunigst machte ich mich mit meinem schockierten Sohn auf den Weg zur Notaufnahme des hiesigen Krankenhauses und meiner Frau ging es eigentlich ganz gut. Sie erzählte mir, dass sie sich an nichts erinnern könnte.

Im Krankenhaus wurde dann eine CT gemacht an dem der zuständige Arzt (nach 4 Std. Wartezeit) erkennen konnte, dass sich „mehrere raumfordernde Fremdkörper größeren Ausmaßes“ im Kopf meiner Frau befinden und man sich durchaus Sorgen machen könnte. Das Gespräch war eine Sache von 2 Minuten.

Klatsch, das hat gesessen!

Ich stellte viele Fragen, welche niemand beantworten konnte oder wollte. Jedoch war mir sofort bewusst, dass unser Leben in seiner jetzigen Form vorbei ist und eine neue Zeitrechnung beginnt. Ich behielt diese Erkenntnis für mich.

Nach mehreren Tagen Untersuchung war klar, dass es ein bösartiger Lungenkrebs im Endstadium ist und er die vielen Metastasen im Gehirn zu verantworten hatte. Die Prognosen waren denkbar schlecht. Es folgte eine Tortour mit Kopfbestrahlungen und verschiedene Chemo-Therapien. Eine plötzlich auftauchende Lungenentzündung und eine Lungenembolie vereinfachte die Therapie nicht wirklich und quälte meine liebe Frau zusätzlich. Sie ertrug alle Maßnahmen mit einer bewundernswerten Ruhe und mit Stolz. Niemals vorher kannte ich einen derart mutigen Menschen.

Ich pflegte meine liebe Frau 12 Monate lang zu Hause und musste mit ansehen, wie sie immer mehr zerfiel. Ihre immer weiter fortschreitende Wesensänderung mit teilw. Wahnvorstellungen hat mir sehr zu schaffen gemacht, wusste aber, dass es die Krankheit ist, die aus ihr spricht und konnte einfach nichts dagegen unternehmen. Ein Gefühl der Ohnmacht überkam mich und wollte mich nicht mehr verlassen. Nach diesen 12 Monaten Pflege, in denen ich versuchte ihr möglichst viel Leben zu ermöglichen, war ein

Punkt erreicht, wo es zu Hause leider nicht mehr funktionierte und ich einfach mit der Pflege überfordert war.

Nach dem alle Therapien nichts mehr brachten erkannten wir, dass für die weitere Pflege echte Profis benötigt werden und so nahm ich nach viel Recherche Kontakt mit dem hiesigen Hospiz auf. Es war eine richtige Entscheidung. Sehr liebevolle und engagierte Menschen pflegten nun meine liebe Frau. Ich hatte aber ein ungemein schlechtes Gewissen dabei, da ich diese Aufgabe mir selbst zugedacht hatte. In jeder freien Minute war ich bei ihr. Nach 6 Wochen Aufenthalt, am 14.03.2012 um 11:18 Uhr ist sie in meinen Armen verstorben. An ihrem letzten Wochenende konnte ich ihr unter großem Aufwand ermöglichen noch einmal drei Tage zu Hause zu verbringen, wo sie Abschied nehmen konnte und auch genommen hat. Das war sehr sehr traurig aber auch ungemein wichtig. Ihre letzten drei Tage im Hospiz war sie sehr gelöst und entspannt. Es war ihr anzumerken, dass sie bereit war loszulassen...

Während diesen 13 Monaten ihrer Krankheit habe ich meine gesamte Kraft und Energie unbemerkt verbraucht. Unbemerkt deshalb, weil ich einfach viel zu viel zu tun hatte, um auf mich selbst zu achten. Die Nächte verbrachte ich entweder am Bett meiner lieben Karin oder vor dem PC und recherchierte über Behandlungsmöglichkeiten, neue noch nicht zugelassene Medikamente, Prognosen, rechnete aus wie viel Gray bei den Bestrahlungen in ihren Kopf einschossen, machte Termine mit Fachkliniken um eine Zweit- und Drittmeinung einzuholen, machte den Schreibkram, kümmerte mich um ihren Bruder, der gerade mit 52 Jahren einen sehr schweren Schlaganfall erlitt und zum Pflegefall wurde und ca. 200 km weit weg wohnte, machte den Haushalt, versuchte unsere Kinder zu unterstützen und zu motivieren damit sie den Start in das selbstständige Leben nicht verpassten. Die physischen Folgen waren scheinbar für alle anderen sichtbar, nur mir selbst blieben sie verborgen. Ich bin 1,82 m, wog noch ca. 64 kg und bekam nur noch sehr wenig Schlaf. Dieser Aktivismus hatte weiterhin zur Folge, dass ich mich nicht wirklich auf den Tod meiner lieben Frau vorbereitete. Überhaupt keine Gedanken machte ich mir um die Zeit nach ihrem Tod.

Ich stand regelrecht unter einem Schock und begriff nicht was denn eigentlich passiert ist, obwohl ich mich intensiv mit der Krankheit befasst hatte und das Resultat kannte. Ich konnte einfach nicht mit der Situation um- gehen, also verdrängte ich die Trauer und ackerte weiter, kümmerte mich um die Beerdigung, um ihre Eltern (ebenfalls ca. 200 km entfernt, die bereits vor 25 Jahren die jüngste Tochter durch Suizid verloren hatten), um die Kids und alle Verwandten und Bekannten. Überall war meine „starke Schulter" gefragt, an der sich alle festhalten und ausweinen konnten.

Trost spenden und andere Menschen aufrichten – ja, das konnte ich.

Mich um meine eigene Seele kümmern – damit war ich völlig überfordert.

Ich wusste auch nicht, wie und wo man damit anfängt. Ich kam mir hilflos, wie ein kleiner, alleine gelassener Junge in der Fremde vor, ein abscheuliches Gefühl, dass ich bis dahin nicht kannte.

Irgendwann war alles getan und ich fing an über die gesamte, wie auch meine individuelle Situation nachzudenken.

Mein Kopf sagte mir, dass ein neuer Lebensabschnitt beginnt und ich ihn annehmen musste. Meine Seele war da anderer Meinung.

Die Veränderungen in meinem Leben waren nicht

gewollt und ich tat mich sehr schwer damit sie zu akzeptieren. Es lag ein ständiger Druck auf mir und ich suchte fast schon verzweifelt nach einer Entlastung. Nur wie und wo findet man so etwas? Die Trauer überwältigte mich in dieser Zeit einfach und ich ließ mich von ihr an die Hand nehmen. Ich wusste nicht, dass ein Mensch so viele Tränen produzieren kann.

Bis heute ist noch keine einzige Stunde vergangen, an der ich nicht intensiv an mein liebes Fraule dachte. Das hat meinen Lebensfluss ungemein gehemmt und die Zeit bekam eine neue Bedeutung für mich. Ich legte z. B. meine immer getragene Armbanduhr ab, ich wusste nicht mehr, wozu ich sie brauchte, da für mich keine Zeit mehr verging und so ziemlich alles an Bedeutung verloren hat. Ich steckte im Leben fest und es gab für mich, so dachte ich, kein vorwärts, keine Zukunft. Ich nahm Kontakte auf div. Web-Seiten auf und musste feststellen, dass mir das nicht half. Ich war nicht der Einzige, der einen solchen Verlust hinnehmen musste und all die vielen lieben Menschen, die ich dort traf taten mir so entsetzlich leid. Wusste ich doch von ihrem Schmerz und ihrer Trauer. Hilflos las ich Kommentar um Kommentar. Ich war nicht in der Lage eine wirkliche Kommunikation zu betreiben.

So beschloss ich nur noch von Tag zu Tag zu leben. Die gesteckten Ziele waren so erreichbarer geworden und jeden Abend konnte ich mir sagen: „Wieder ein Tag geschafft!“.

Das war auch das Ziel, jeden einzelnen Tag zu überstehen.

Kraft gegeben haben mir alleinig meine beiden Kinder. Das Verhältnis zu ihnen wurde noch intensiver, wie es vor dem Tag Null gewesen ist. Das war eigentlich die einzige Stütze, die ich hatte. Seit dieser Zeit hat es sich z. B. eingebürgert, dass mich meine Tochter immer samstags zum Essen einlädt. Sie kochte etwas Leckeres und das war und ist für mich immer ein „Highlight der Woche“. Find ich total klasse von dem Mädel und bin ihr unheimlich Dankbar dafür. Viele Freunde und Bekannte dagegen zogen sich zurück, sie konnten mit der Situation offensichtlich genauso wenig umgehen wie ich selbst. Auf nichtssagende Sprüche mochte ich irgendwann einfach nicht mehr reagieren und erklärte allen, dass es manchmal sinnvoller ist, einfach mal zu schweigen als irgendein dummes Zeug aus lauter Verlegenheit von sich zu geben. Ich erntete viel Kopfschütteln dafür. Das störte mich aber nicht weiter. Ich konnte an nichts anderes mehr denken als an mein Fraule und die Tatsache, dass ich sie nie mehr sehen, nie mehr mit ihr sprechen, nie mehr berühren konnte. Die Trauer über den Verlust war einfach überwältigend und hat alle anderen Gefühle verdrängt. Das Leben erschien mir nicht mehr lebenswert zu sein.

Nachdem in diesem Zustand mehrere Monate vergangen waren merkte ich, dass ich auf diese Weise nicht weiterkomme und entschloss mich eine Kur zu beantragen, die erst nach einem eingelegten Widerspruch nach der Absage genehmigt wurde. Bis zum Antritt verging im Gesamten über ein Jahr. Heute kann ich mich kaum an dieses Jahr erinnern. Die Jahreszeiten kamen und gingen, die Welt drehte sich weiter, viel passierte und nichts davon ist mir in Erinnerung geblieben – außer der Trauer und dem

Schmerz, die waren immer präsent. Ich war in der Lage die Dinge des Alltags zu regeln, zu arbeiten, die Wohnung in Schuss zu halten usw., jedoch stand die Zeit für mich einfach still. Es war ein Gefühl wie vor einer Wand zu stehen die mich am Vorankommen hinderte, eine verdammt dicke und stabile Wand.

Diese 6-wöchige Kur im Allgäu war das Beste was mir zu diesem Zeitpunkt passieren konnte. Ich ließ mich einfach mal darauf ein, hatte nichts mehr zu verlieren. Während dieser Zeit lernte ich viel über mich selbst und konnte mich körperlich wie auch seelisch etwas erholen. Sie gab mir Kraft und Zuversicht mich mit meinem „neuen“ Leben zu arrangieren. Seit diesem Zeitpunkt fing ich auch an mich mehr auf mich selbst zu konzentrieren, mich selbst zu beobachten und meine Schlüsse daraus zu ziehen. Ich spürte was mir gut tat und was eben nicht, kurz: ich räumte auf, in jeder nur erdenklichen Beziehung. Kaum wieder zu Hause beschloss ich die Wohnung zu renovieren und Zimmer für Zimmer alleinig meinen Bedürfnissen anzupassen. Zu diesem Zeitpunkt beschloss ich auch wieder vermehrt Musik zu machen. Wir, der Micha (mein Lieblingsgitarrist) und ich, gründeten eine neue Blues-Band, in der wir nur noch Songs spielten, die uns gefallen. Ich spielte wieder Gigs und machte Straßenmusik. Dabei konnte ich einfach mal ein paar Stunden abschalten und merkte, dass ich wieder so etwas wie Spaß empfand. Auch wenn der empfundene Schmerz weiterhin präsent war und mich wahrscheinlich auch nicht mehr verlassen wird sind die Zeitabstände, in denen ich in ein tiefes Loch fiel, etwas seltener geworden. Ich fing wieder an so eine Art von Leben in mir zu spüren.

Ich zwang mich vermehrt am Leben teilzunehmen und mich daran zu gewöhnen, alleine auf Veranstaltungen zu gehen. Jedoch kam es immer wieder vor, dass ich auf der Straße umkehrte und mich zu Hause wieder verkroch. Schwere Rückschläge gab es vor allem bei den typischen Tagen, wie Weihnachten, Geburtstage, Hochzeitstage etc. Ich versuchte mir immer für diese problematische Tage ein Programm zu machen, um die Wirkung abzumildern und mich abzulenken, jedoch gelang es nicht besonders gut. In solchen Situationen merkte ich, dass ich doch noch ein wenig Zeit brauchte und Geduld mit mir haben musste. Zeit, die ich mir einfach ungefragt nahm. Ich ließ mich nicht mehr unter Druck setzen, warum auch. Für alle Dinge, die ich tat, nahm ich mir mehr Zeit und machte sie bewusster. Auch ist mein Ruhebedürfnis stark gestiegen – und meine gefühlte Einsamkeit.

Meine Prioritäten haben sich verändert. Zwänge des Alltags nehme ich noch weniger ernst. Verständnis für (fast) alles und jeden sowie die Liebe zu meinen Kindern ist noch weiter in den Vordergrund gerückt.

So langsam wurde mir klar, dass sich mein Leben und meine Einstellung zum Leben verändert hat. Das Leben an sich, gleich welcher Art, hat ganz wesentlich an Bedeutung gewonnen, jeglicher Schein nach außen hin wurde dagegen immer unwichtiger, glitt in die Belanglosigkeit ab. Nun sind 2 Jahre, 6 Monate, 1 Woche und 5 Tage vergangen, ich sitze hier und schreibe diesen kleinen Erfahrungsbericht über meine persönliche Trauer. Dabei muss ich feststellen, dass die Trauer zu meiner Begleiterin im Leben geworden ist. Ich lernte mit ihr umzugehen und sie zu akzeptieren. Sie ist bisher die einzige Begleiterin in meinem „neuen“ Leben geblieben.

ERZIEHER, 42 JAHRE

1. Was ist passiert? Welches Ereignis löste die Trauer aus?

Anfang Juni 2013 verstarb meine Frau plötzlich und unerwartet im Alter von 34 Jahren. Sie hatte eine Erbkrankheit, die das Bindegewebe der inneren Organe und Gefäße betraf. An einem Montagmorgen ist es bei ihr kurz nachdem aufstehen zu einer Ruptur mehrere Gefäße im Kopf gekommen. Der Notarzt und die Sanitäter hatten Mühe, sie am Leben zu erhalten, um sie ins Krankenhaus zu bringen. Leider ist sie dort kurze Zeit später verstorben.

2. Wie war, wie fühlte sich ihr Leben vor dem Trauerereignis / -fall an?

Unser Leben nahm Formen an, rund zu laufen, wir hatten unser langersehntes Kind. Die Adoption stand kurz bevor. Über 3 Jahre hatten wir uns auf diesen Moment gefreut, gemeinsam darum gekämpft und immer wieder Angst gehabt, dass irgendetwas schief geht, nicht klappt. In dem Moment sollte unser Traum von der kleinen glücklichen Familie endlich in Erfüllung gehen. Leider hat meine Frau diesen Moment nicht mehr miterleben dürfen. Wir waren so kurz vor unserem gemeinsamen Ziel.

3. Konnten sie sich vorbereiten oder war es ein plötzlicher Tod, Abschied, Unfall etc.?

Jein, wir haben ca. 8 Jahre zuvor erfahren, dass sie diese Erbkrankheit hat. Es ist über bei einer Familienuntersuchung herausgekommen, das meine Frau auch an dieser Erkrankung leidet. Wir haben uns, nachdem wir von dieser seltenen Erkrankung erfahren haben, viel mit diesem Thema beschäftigt. Die Angst, dass sie früh sterben muss wurde uns genommen. Wir durften Menschen kennenlernen, die trotz dieser Erkrankung alt wurden. Wir glaubten, es wäre vom Vorteil, von der Erkrankung zu wissen. So konnte sie sich in regelmäßigen Abständen untersuchen lassen. Wenn was entdeckt würde, könnten wir rechtzeitig reagieren. Wir waren letztendlich davon überzeugt gemeinsam alt zu werden, was uns dazu bewegte ein Kind zu adoptieren. Ein eigenes Kind war uns bedingt durch die Erkrankung zu risikoreich. Erstens stellte eine Schwangerschaft ein großes Risiko für meine Frau dar, die Schwangerschaft nicht zu überleben. Zweitens wäre ggf. auch unser Kind davon betroffen, da es ja vererbt werden konnte. Die Chancen oder besser gesagt, die Gefahr, dass etwas schief ging, lag jeweils bei 50 %.

4. Wie nahmen sie die Veränderung auf?

In den ersten Wochen war es, als wäre sie noch auf Dienstreise, sie war desöfteren schonmal für ein paar Tage nicht da. Abends stellte sich immer das Gefühl ein, das sie gleich Feierabend machen würde und gleich kommt. Es hat einige Zeit gedauert, bis dieses Gefühl nachließ. Aber auch heute noch kommt es vor, dass ich vergeblich warte. Im weiteren Verlauf des ersten halben Jahres war die Hauptaufgabe darin bestimmt, das Leben von meiner Tochter und mir so gut wie möglich zu regeln und zu organisieren. Eltern und/oder Schwiegereltern, auf die ich zurückgreifen kann, gibt es leider nicht mehr.

5. Was passierte mit ihnen in der ersten Zeit nach dem Ereignis?

In der ersten Zeit danach fühlte ich mich wie ferngesteuert, ich war in einem Film Statist, der keine Zugriffsmöglichkeiten auf dem Film hat, der da gerade läuft. Ein Albtraum der nicht enden will. Nach einiger Zeit bekam ich dann leichte Zugriffsmöglichkeiten, jedoch war es eher eine Art Funktionsmodus. Ich funktionierte einfach irgendwie, arbeitete meine Sachen ab, ohne großartig nachzudenken. Nachdenken war in dieser Zeit nur schwer möglich und kaum erträglich. Die Gedanken kreisten dann schnell um Dinge, die sich nicht mehr ändern ließen. Fragen, auf die ich keine Antworten bekommen würde und wenn würde eine beantwortete Frage sicherlich 100 neue Fragen aufwerfen. So versuchte ich mich irgendwie den Tag über zu beschäftigen, bis spät in die Nacht, um möglichst müde ins Bett gehen zu können und sofort einschlafen zu können.

6. Was war dann anders als vor dem Ereignis?

Ab dem Zeitpunkt war ich nun allein, jegliche Entscheidung, die zu treffen war, musste nun alleine entschieden werden. Es wartet zuhause niemand mehr. Es dauerte einige Zeit sich an dieses Gefühl zu gewöhnen. Ich denke auch, dass sich die Stellung in der Gesellschaft verändert hat. Viele wissen nicht, wie sie mit mir/uns umgehen sollen, normal wäre schön.

7. Was fühlten sie? War da Trauer und wie nahmen sie diese wahr?

Leere...eine leere, die sich nicht füllen lässt, die nie wieder gut wird. Bald aber kam die Hoffnung, dass das Leben wieder gut werden kann. Jedoch völlig anders als vorher. Auch heute kommt die Trauer immer wieder, insbesondere in schönen Momenten, die ich gerne mit ihr teilen würde.

8. Was sagte der Kopf und wie ging es ihrer Seele?

Der Kopf war eher pragmatisch und suchte den Weg nach vorne, alles regeln, was zu regeln ist. Die Seele stellte sich mit Händen und Füßen dagegen und fragte ständig, was ich da mache. Die Seele ist da sehr schwerfällig. Ich denke selbst heute hab ich es noch nicht begriffen. Der Wunsch, dass sie wieder kommt, ist nach wie vor da.

9. Was half ihnen gegen den Schmerz oder andere neuartige Gefühle (Kraftquellen)?

In erster Linie meine Tochter. Sie zu sehen und dass es für uns eine Zukunft, ein Leben nach dem Tod (meiner Frau) geben muss. Das bin ich ihr/ihnen schuldig oder besser dafür verantwortlich. Auch für uns hat das Leben noch schöne Sachen bereit, die ich nicht sehen werde, wenn ich mit gesenktem Kopf weiterhin durchs Leben gehe.

In zweiter Linie das Internet, das Forum, wo ich Menschen getroffen habe, denen es ähnlich ging und Verständnis und Zeit hatten, sich mit mir und ich mit ihnen auszutauschen. Zu sehen, dass es auch ihnen so geht wie mir.

10. Hatten oder suchten sie Hilfe?

Kurz nach dem Tod meiner Frau ging es mir den Umständen entsprechend, eigentlich gut. Dennoch habe ich eine Psychologin aufgesucht, da ich mir selber nicht getraut habe und Angst hatte unerwartet zusammen zu brechen. Nach ein paar Sitzungen hielt sich aber die Stimmung, so dass wir uns darauf geeinigt haben, die Sitzungen, wenn es erst notwendig wird, fortzuführen. Dies geschah dann ca. 1/2 Jahr später. Ich habe mit meiner Tochter eine Schwerpunktkur gemacht. In dieser Kur sind die Wunden dann freigelegt worden. Der Trauer wurde da Raum gegeben, die es vorher nicht hatte. Zudem kamen noch Weihnachten, Sylvester und Geburtstage.
Letztendlich sind es Gedanken und fragen, die ich alleine nicht klären kann.
Als weiteres ist das Internet, das Forum von verwitwet.de zu nennen, wo ich einige liebe Menschen kennenlernen durfte. Ich habe dort festgestellt, dass es trotz unterschiedlichen Situationen viele Parallelen in der Gefühlswelt gibt. Wie schon beschrieben, geht es vielen auch so, dass dieses Loch oder große Tal der Trauer nach einem halben Jahr kommt. Meinen Kollegen und Arbeitgeber bin ich ebenfalls sehr dankbar. Sie haben mir zu Beginn den Wiedereinstieg nach einem Monat sehr leicht gestaltet. Der Dienstplan wurde meinen neuen Lebensumständen von Arbeitgeberseite angepasst. Insgesamt habe ich hier sehr viel Verständnis für meine jetzige Situation erfahren, was bis heute gilt. Last but not least habe ich Unterstützung durch meine neue Lebensgefährtin, die zu jeder Tages- und Nachtzeit für mich da ist. Dazu aber später.

11. Was hat sich seitdem in ihrem Leben geändert?

Leider sind viele Freunde auf der Strecke geblieben. Mein Alltag dreht sich um meine Tochter und um die Arbeit. Für mich selber bleibt leider nur sehr wenig bis gar keine Zeit. Abends habe ich zwar Zeit, kann aber bei weitem nicht uneingeschränkt das tun, wozu ich Lust habe (z. B. Alles, was außer Haus erfolgen würde). Viele Probleme sind in den Hintergrund gerückt, sie haben deutlich an Gewicht verloren, andere hingegen an Gewicht zugenommen.

12. Was war das Schlimmste für sie, was das Hilfreichste in der Krise?

Zum einen natürlich, dass sie nicht mehr da ist. Es ging alles so rasend schnell, so dass kein Abschied möglich war und überhaupt, warum muss ein Mensch in diesem Alter sterben???
Zum anderen hat sie die Adoption unserer Tochter nicht mehr miterlebt.
Am hilfreichsten war und ist aber mit deutlichem Abstand unsere Tochter, sie gibt mir die Kraft weiter zu machen. Sie zeigt mir jeden Tag aufs Neue, dass unser Leben weiter geht.

13. Mit einigem Abstand, welche Bedeutung hatte die Trauer für ihr weiteres Leben?

Bisher wurden in meinem Leben Trauerfälle sehr schnell abgehandelt: „er/sie brauchte wenigstens nicht (lange) leiden“ oder „nun ist er/sie erlöst“ eine richtige Trauer hat bis hierhin nicht stattgefunden. Nun kommt all diese Trauer wieder. Ich will diese Trauer be- bzw. verarbeiten. Die Trauer zu meiner Frau werde ich den Rest meines Lebens in mir tragen.
Hierbei denke ich, dass die Form der Trauer sich im Laufe der Zeit wandeln wird. Trauer soll für mich nicht bedeuten, dass ich traurig sein werde, sondern eher ein Platz in meinem Leben für meine Frau beibehalten werde. Manchmal wird es sicherlich schmerzen, ich werde mich aber auch freuen können, über Dinge, die ich durch sie erleben und erfahren durfte.

14. Können Sie Phasen erkennen, die sie nach dem Verlust durchlebt haben?

Ja – zu Beginn das nicht realisieren, das nicht glauben können oder wollen, was da grade geschieht. Ich war in den ersten Tagen wie ein Statist in einem Film, quasi nur auf Anweisung reagiert, auf dem Film, der da lief, schien ich keinen Einfluss zu haben. Als wir meine Frau zu Grabe getragen haben, habe ich meine Tochter auf dem Arm gehabt, getragen hat aber sie mich. Ich bin froh und dankbar, dass es sie gibt. In der folgenden Zeit handelte ich die Dinge an, die ich erledigen musste. Die Handlungsfähigkeit nahm langsam wieder zu. Ebenso das Bewusstsein, was geschehen ist.
Die meines Erachtens nach vollständiger Selbstkontrolle kam, wie gesagt, nach ca. einem halben Jahr und damit auch das Tal, das ich durchlaufen musste.
Anfangs gab es viele kleine Steine, über die ich ins Tal gestolpert bin. Nun werden die Steine weniger, bzw. ich bin in der Lage diese zu erkennen…

15. Haben Sie, wenn Sie Ihre Partnerin verloren haben, heute eine Lebensgefährtin?

Ja, hätte man es mir vorhergesagt, hätt ich denjenigen wohl für bekloppt erklärt. Aber es kam einfach so. Im Bekannten- und Verwandtenkreis würde es von den meisten positiv aufgenommen. Ich vermute mal mit Hinblick darauf, dass es mir jetzt dann „wieder gut“ und das Leben wohl weiter gehen würde. Dem ist nicht so. Die Trauer bearbeiten wir im Grunde gemeinsam. Auch sie hat ihren Mann verloren. Wir verstehen unsere Gefühle, kennen die Täler, die wir grade durchwandern, aber wir durchwandern sie nicht ganz allein. Sie ist für mich und umgekehrt ich für sie jederzeit da, auch nach einem Jahr. Themen die Freunde schon lange nicht mehr hören wollen oder können. Viele fragen uns, geht das schon nach so kurzer Zeit? Ein klares ja! Zum einen wird die Liebe zu unserem vorherigen Partner uns den Rest unseres Lebens begleiten. Diese Liebe wird nicht weniger, von daher macht es keinen Unterschied, ob jetzt, in einem oder in 5 Jahren ein neuer Partner in unserem Leben steht. Ich vergleiche es im Gespräch gerne mit der Liebe einer Mutter zu ihren Kindern. Frage sie, wenn sie mehrere Kinder hat, welches sie lieber hat. Sicherlich ist die aktuelle Liebe eine andere, wie zu meiner Frau. Im Grunde führen wir eine Beziehung zu viert.

16. Was war weiterhin von Bedeutung?

Ich habe mir (und zum Teil heute noch) Mantras zurechtgelegt. Sie helfen nicht immer, aber meistens. Einer war: „es wird wieder gut, anders aber gut…“ In diesem Satz war und ist bewusst nicht „alles“ eingefügt, denn das kann es nicht werden. Aber der Rest kann gut werden, und dafür bin ich ganz allein verantwortlich. Um dieses umzusetzen, ist es eine Grundvoraussetzung, dass ich davon selbst überzeugt bin. Und davon bin ich (meistens) überzeugt, auch wenn ich weiß, dass es ein längerer Weg sein wird. Nur jeder Weg beginnt mit dem ersten Schritt…

GRAFIKER, ALTER UNBEKANNT

1. Was ist passiert? Welches Ereignis löste die Trauer aus?

Meine Frau Ruth erkrankte 2003 an Krebs. Sie starb drei Jahre später.

2. Wie war, wie fühlte sich ihr Leben vor dem Trauerereignis / -fall an?

Bis dahin war mein Leben im Lot. Ich war da, wo ich sein wollte – in der Geborgenheit unserer jungen Familie mit unseren beiden kleinen Töchtern. Das Leben lag vor uns. Gestaltung, Malerei, Kunst, aber auch unser Garten und gemeinsames Kochen gehörten dazu. Reisen nach Griechenland. In vieler Hinsicht war unsere gemeinsame Zeit still und ruhig.

3. Konnten sie sich vorbereiten oder war es ein plötzlicher Tod, Abschied, Unfall etc.?

Ich konnte mich vorbereiten, aber was ist Vorbereitung, es war ein abfinden müssen, ein Suchen nach dem Sinn.

4. Wie nahmen sie die Veränderung auf?

In den Jahren der Krankheit geriet unser Leben durcheinander. Ich selbst sah eine zunehmend düsterere Zukunft auf mich zukommen. Alleinerziehend! Sterben! Tod!
Im Alltag fanden wir oft unsere Gemeinsamkeiten nicht mehr. Alles drehte sich um Krebs. Ich befand mich in einer Nebelglocke – gedanklich war ich in verschiedenen Welten unterwegs. Ich verlor zunehmend die Zuversicht für eine gemeinsame Zukunft.

5. Was passierte mit ihnen in der ersten Zeit nach dem Ereignis?

Am 3. August 2006 starb meine Frau Ruth. Anfang fühlte sich das wie eine Erleichterung an, eine Klärung. Ich spürte die Last des Leidens von mir fallen.

6. Was war dann anders als vor dem Ereignis?

Ich hatte meinen liebsten Menschen verloren. Jener Mensch, mit welchem ich meine Leben verbringen wollte, vom ersten Tag an als ich ihn sah. Ich fühlte mich allein- gelassen.

7. Was fühlten sie? War da Trauer und wie nahmen sie diese wahr?

Mir fehlte die Nähe. In mir trug ich das Bild von Ruth weiter, bevor sie krank wurde. Dieses Bild wuchs in mir drin. Mir fehlte ihre „Schönheit" in meiner Nähe, unser gegenseitiges Vertrauen, unsere Berührungen.

8. Was sagte der Kopf und wie ging es ihrer Seele?

Ich litt und trank und malte gegen den Schmerz in meiner Seele. Ich arbeitete drei Wochen später wieder weiter und sorgte für meine beiden Töchter, ich redete viel übers Sterben und Tod und suchte nach Worten – zum Begreifen und Einordnen.

9. Was half ihnen gegen den Schmerz oder andere neuartige Gefühle (Kraftquellen)?

Kraft fand ich in Gesprächen mit vielen Menschen, in den Antworten meines Freunds und Verwandten. Kraft fand ich auch in der Stille der Natur und in leeren Kapellen und Kirchenräumen. Kraft gaben mir vor allem meine beiden kleinen Töchter.

10. Hatten oder suchten sie Hilfe?

Ja, immer wieder, Psychologen und Gespräche mit vielen Menschen.

11. Was hat sich seitdem in ihrem Leben geändert?

Seitdem ist in meinem Leben kein Stein mehr auf dem Anderen. Die Bande zur Familie meiner Frau ist zerbrochen. Unser altes Zuhause musste ich verlassen. Ich versuche Fuß zu fassen. Neues hat sich in den 8 Jahren dazugesellt.

12. Was war das Schlimmste für sie, was das Hilfreichste in der Krise?

Das schlimmste war das Aushalten des Schmerzes, das weiter funktionieren müssen in der Arbeit. Die Zeit der Menschen im mich lief schneller als meine. Meinen Freunden verdanke ich wertvolle Gespräche und viel Zeit für mich und meine Töchter.

13. Mit einigem Abstand, welche Bedeutung hatte die Trauer für ihr weiteres Leben?

Es hat in mir ein Gedanke ausgelöst etwas Wertvolles erlebt zu haben. Ich spreche gerne über das Sterben, dieser Moment ist mir nahe und vertraut.

14. Können Sie Phasen erkennen, die sie nach dem Verlust durchlebt haben?

Erleichterung – Zusammenbruch – Schmerz aus der Tiefe – Sehnsucht – Immer wieder Hochs und Tiefs. Die Trauer hat sich verändert, ist nicht mehr Trauer, aber etwas in mir drin, dieses tiefe Erlebnis von Sterben, Verlust und Trauer, dauert immer noch an, obwohl ich es angenommen habe.

15. Haben Sie, wenn Sie Ihre Partnerin verloren haben, heute eine Lebensgefährtin?

Ja, ich habe eine Partnerin an meiner Seite. Ich sage ihr an dieser Stelle danke für Ihr Verständnis.

16. Was war weiterhin von Bedeutung?

Manchmal gerate ich seit damals in Situationen, bei welchen ich mich selbst frage, ob das jetzt Zufall ist oder gewollt. Meine Beziehung zu Gott, etwas daran ist glaubhafter, stärker geworden. Ich reagiere stark auf Gesellschaftsreize, empfinde Ruhe und Natur als hohes Gut.

PARKBANK

Es hat aufgehört zu regnen. Schwere Tropfen fallen noch von den Bäumen. Sie haben abgewartet, sich gesammelt, reihen sich nicht ein in das Fallen der normalen Tropfen. Erst jetzt ist der richtige Zeitpunkt zu Boden zu fallen, den Regen zu verlängern. Die Sonne lugt um eine Wolke herum, lässt die nasse Szenerie erstrahlen.

Ich gehe auf einem rotem Schotterweg durch grüne Flächen des Parks. Hier und dort ein Blumenbeet, monotone Farbenpracht, dort hinten eine Baumgruppe. Aufgeräumte, unnatürliche Natur, geordnet, pflegeleicht.

Die Gartenbank aus weißem Kunststoff, lädt zum Pausieren ein, obwohl nass. Mit der flachen Hand wische ich die Sitzfläche wasserfrei. Alibihandlung zum Hosenschutz.

Die Sonne schiebt die Wolke gänzlich zur Seite. Ich lehne mich zurück, schließe die Augen. Die Sonne wärmt meine Haut. Durch den Hosenboden fühle ich Nässe.

Aus meiner Tasche ziehe ich eine Packung Zigaretten, zünde eine an, atme tief, verharre, spüre und blase den Rauch langsam in Richtung Sonne.

Minuten vergehen. Ein weiterer Mann kommt den Weg entlang. Bittet um den freien Platz neben mir. Ich nicke wortlos.

Er lehnt sich zurück, kopiert meine bereits abgeschlossenen Handlungen. Die Zigaretten werden kürzer, die gemeinsame Zeit nähert sich dem Ende. Ein Gespräch fand nicht statt, wir verabschieden uns freundschaftlich mit einem Lächeln.

142

RENTNER, 70 JAHRE

1. Was ist passiert? Welches Ereignis löste die Trauer aus?

   Nach Diagnose „Bauchspeicheldrüsenkrebs" Tod meiner Frau Friedel Anna Rauchert am 09.01.2014

2. Wie war, wie fühlte sich ihr Leben vor dem Trauerereignis / -fall an?

   Die Vorerkrankung „Gelbsucht" brachte zunächst noch keine Besorgnis. Nach setzen eines „Stents" an der Galle im Krankenhaus „Bethesda" Bergedorf konnte angestaute Gallenflüssigkeit wieder abfließen und die Gelbfärbung ging allmählich komplett zurück. Erst die Bemerkung „da ist noch mehr" und damit verbundene Überweisung in ein spezielles Krankenhaus (UKE, Hamburg-Eppendorf) gab Anlass zu ernsthafter Besorgnis.
   Das Herausoperieren eines kleinen Tumors, und die Information über Chemotherapie erweckte bei uns beiden den Eindruck einer Vorsorgemaßnahme. (Der Tumor ist jetzt draußen und mit Chemo wird alles schon wieder werden!)

3. Konnten sie sich vorbereiten oder war es ein plötzlicher Tod, Abschied, Unfall etc.?

   Die Information des leitenden Arztes im Krankenhaus „Adolph-Stift" in Reinbek 2 Tage vor Ihrem Tod: „Herr Rauchert, wir müssen uns kurzfristig darüber unterhalten, wie es mit Ihrer Frau weitergehen soll! Wir sind ein Krankenhaus und können nur noch wenig tun!" (Schock) Meine Eingebung: Bedeutet das „Heimplatz" oder etwa Hospiz? Auf meine Frage: "Wie lange denn noch?" die Antwort: „Wir sind nicht der liebe Gott!" Erst jetzt bin ich nur noch von wenigen Monaten bzw. wenigen Wochen, nicht aber von wenigen Tagen bzw. wenigen Stunden bis zu Ihrem Tod ausgegangen.

4. Wie nahmen sie die Veränderung auf?

   Nach der telefonischen Todesnachricht vom Krankenhaus: Schock – nun doch schon so schnell? Dabei hatte ich mich doch erst gestern im Krankenhaus von ihr verabschiedet mit dem Satz: Na, dann bis morgen........

5. Was passierte mit ihnen in der ersten Zeit nach dem Ereignis?

   Das Bewusstsein, von nun an einer Doppelbelastung standhalten zu müssen, d.h. alles, was sie bisher in der Lebensgemeinschaft übernommen hat: Einkaufen, Kochen, Wäsche waschen, Geschirrspüler, Kühl- und Gefrierschrank, Wohnung auf Vordermann bringen, etc....

6. Was war dann anders als vor dem Ereignis?

   In den ersten Tagen nach meiner Rückkehr in die Wohnung: Der laute, mehrfache Ruf nach ihr bei ihrem Vornamen, – es nicht wahr haben wollen, dass die vertraute Stimme plötzlich für immer fehlt. Ab jetzt muss ich alles alleine entscheiden. Gemeinsame Entscheidungen gibt es nicht mehr.

7. Was fühlten sie? War da Trauer und wie nahmen sie diese wahr?

Nach dem ersten Schock vorübergehend ein Stück weit Wut, dass sie mich einfach plötzlich allein gelassen hat. Dann im nächsten Moment die Erkenntnis: Sie kann ja gar nichts dafür. Mit dem Aufwachen am Morgen: Das Bett neben mir ist leer,- heute, morgen und für alle Zeit. Mache ich mir heute Frühstück wie wir es sonst zusammen gemacht haben? Nein,- ich bleib lieber im Bett liegen, - Bockigkeit!

8. Was sagte der Kopf und wie ging es ihrer Seele?

Stark sein, - bloß kein Mitleid von Mitmenschen! Halte ich das ganze aus? Die Abende allein, - kein Lachen, kein Scherzen, keine Meinung.
Wie war noch der Spruch vor dem Traualtar? „Sich zu lieben und zu achten, bis der Tod euch scheidet". Ist jetzt alles vorbei.
Beginnt jetzt ein neuer Lebensabschnitt? Werden die Karten jetzt neu gemischt?
Suche ich mir eine neue Partnerin? - jetzt? - mittelfristig? - langfristig?
Was denken meine Verwandten/Bekannten darüber? Sind das ehrliche Meinungen? Ist mir eigentlich egal! Es ist mein Leben und ich habe mit 70 Jahre nicht mehr viel Zeit. Oder, ist das eine egoistische Lebenseinstellung?

9. Was half ihnen gegen den Schmerz oder andere neuartige Gefühle (Kraftquellen)?

Sich öffnen gegenüber Mitmenschen, - Galgenhumor, - Witze, - lustige Filme, Entscheidung und Vorbereitung für kurzfristigen Urlaub nach Thailand, dort wo meine Frau und ich uns lange Zeit Jahre für Jahr wohlfühlen durften, - im selben Ort, im selben Appartement. Urlaubsantritt unmittelbar nach der Beisetzung.

10. Hatten oder suchten sie Hilfe?

Ja, ich hatte Hilfe:
a) durch meine beiden erwachsenen Söhne Oliver und Dennis und deren Familien. Sie haben sich in den nächsten Tagen, Wochen und Monaten nach dem Trauerfall mit fast täglichem Telefonkontakt u.a. nach meinem Befinden erkundigt.
b) durch meine Schwägerin Renate, die um 10 Jahre ältere und einzige Schwester meiner Frau. Haushalts-Tipps.
c) durch meine Nichte Evelyne aus Reinbek. Wichtiger und entscheidender Hinweis auf monatlich stattfindende Veranstaltung im „Trauer-Café" Reinbek. An dieser Veranstaltung nehme ich teil, - so oft ich kann!

11. Was hat sich seitdem in ihrem Leben geändert?

Ich habe mich entschieden, eine neue Beziehung aufzubauen ohne Rücksicht auf Einhaltung des berühmten Trauerjahres bzw. Dauer der Trauerzeit. Seit einigen Wochen wächst das zarte Pflänzchen einer neuen Beziehung. Im Zusammenhang damit widerspreche ich einer vermeintlichen Doppelzüngigkeit, wenn ich bei einem Goldschmied aus dem goldenen Ehering meiner Frau eine „Goldene Rose" als Halsketten-Anhänger habe machen lassen. Diese Halskette mit dem entsprechenden Anhänger trage ich täglich bei mir.

12. Was war das Schlimmste für sie, was das Hilfreichste in der Krise?

Das Schlimmste für mich war, dass ich zu spät oder überhaupt nicht erkannt habe, dass meine Frau nur noch wenige Stunden zu leben hat. Ich hätte mich ihr in den letzten Stunden deutlich mehr gewidmet. Leider hatte ich auch von den Ärzten im Krankenhaus keinen entscheidenden Hinweis. Das Hilfreichste: siehe 10.

13. Mit einigem Abstand, welche Bedeutung hatte die Trauer für ihr weiteres Leben?

Was wäre, wenn ich z. B. im Alter von 80 Jahren meine Frau verloren hätte und nicht wie jetzt, - mit 70 Jahren? Würde ich beim Trauerfall im Alter von 80 Jahren dann auch noch die Kraft haben, einen neuen und letzten Lebensabschnitt zu wagen?

14. Können Sie Phasen erkennen, die sie nach dem Verlust durchlebt haben?

Schockphase, Enttäuschungsphase, Wutphase, Phase der Leere und Verzweiflung. Muss noch oft weinen besonders abends, wenn ich alleine bin. Manchmal gebe ich mir einen Ruck: The Show must go on, - come on, - let's go!!! Stark sein, - nur nicht klagen!

15. Haben Sie, wenn Sie Ihre Partnerin verloren haben, heute eine Lebensgefährtin?

siehe Punkt 11

UNTERSCHIEDE – WARUM?

Viele Unterschiede zwischen Mann und Frau sind Konsequenzen aus unserer Entwicklung, die lange Zeit dahin zielte, die Rollen und Funktionen im Familiengefüge optimal an die gegebenen Bedingungen anzupassen. Abgespeicherte Verhaltensweisen und Abläufe, die automatisch aktiviert werden, wenn sie gebraucht werden.
Denken Sie einfach an Ihren Herzschlag, wenn Sie erschreckt werden. Der Körper ist sofort im Fluchtmodus und könnte rennen. Der Körper wird durch einen erhöhten Herzschlag intensiver mit Sauerstoff versorgt, die Muskeln bekommen das, was sie jetzt schnell benötigen, Sauerstoff, das Blut transportiert durch seinen schnelleren Fluss Nährstoffe, Sauerstoff etc. Mussten Sie im Augenblick des Erschreckens darüber nachdenken? Nein!
Wir müssen nicht aktiv über diese Vorgänge nachdenken, damit sie ablaufen. Es ist ein Automatismus, der es uns erleichtert zu handeln, wenn wir in bestimmte Situationen gelangen. Antrainiert und abgespeichert wurden sie über viele Jahrtausende in der Vergangenheit.
Daneben gibt es viele weitere Entwicklungen, die entweder typisch für Männer oder für Frauen sind, eben auf die Rolle zugeschnitten. Wir müssen uns immer wieder vor Augen halten, dass die Natur das Individuum möglichst gut an die bestehenden Umweltbedingungen anpassen will, damit die Überlebenswahrscheinlichkeit maximal groß ist. Nur dann wird sich das Individuum erfolgreich reproduzieren und Nachkommen in die Welt setzen.

Nachfolgend werden Sie nun einen Teil des Buches vorfinden, in dem ich viele Beispiele vorstelle und sie mit einem Zitat versehe. So können Sie weiterlesen, wenn Sie Inhalte für sich erforschen möchten. Es wurde zwar schon genannt, aber ich wiederhole es gerne noch einmal:

Es geht um Wahrnehmung, nicht um Bewertung dieser Unterschiede.

Bei vielen dieser genannten Eigenschaften werden Sie überlegen, wofür das heute noch gut ist. Richtig! Vieles von dem ist heute nicht mehr notwendig und eigentlich Datenmüll. Entstanden ist es allerdings in einer Zeit, in der es einen Vorteil hatte.
Und wie das in der Biologie eben auch normal ist: Nicht jedes Individuum verfügt über die identischen Informationen seiner oder seines Nebenmannes oder -frau. Hier verweise ich noch mal auf die Einleitung.

DER UNVOLLSTÄNDIGE
UNTERSCHIEDS-
KATALOG

Ich habe versucht diese Inhalte den Bereichen zuzuordnen, in die sie hineinpassen. Das können dann auch mal mehrere Kategorien sein. Auch diese Kategorisierung ist nicht vollständig und vielleicht in Teilen willkürlich. Die überwiegenden Hinweise entstammen einer Literaturstudie. Sie werden zuweilen ergänzt durch Erklärungen. Sie werden auch immer wieder denken, dass es sich um Klischees handelt. Versuchen sie mal, die Position zu wechseln und zu hinterfragen, was Wahres an der Aussage sein kann. Also los geht's.

Tabelle 3: Verteilung der Geschlechter auf Berufstypen

Beruf	Männer in %	Frauen in %
Sprechstundenhelfer	0,9	99,1
Kindergärtner	4,7	95,3
Stenograf	5,5	94,5
Körperpfleger	7	93
Hauswirtschaftliche Berufe	7,3	92,7
Raumreiniger	12,9	87,1
Textilverarbeiter	13,4	86,6
Krankenschwester	14,4	85,6
Sozialarbeiter	20	80
Einkäufer	20	80
Spanischlehrer in England (1998)	22	78
Verkäufer	24,7	75,3
Französischlehrer in England (1998)	25	75
Deutschlehrer in England (1998)	25	75
Krankenpfleger	26,9	73,1
Sozialpädagoge	27,5	72,5
Reinigungsberufe	27,6	72,4
Bürofachkraft	29,2	70,8
Kellner	32	68
Gästebetreuer	32,2	67,8
Theaterlehrer in England (1998)	33	67
Chemielehrer in England (1998)	62	38
Lehrer für Naturwissenschaften in England (1998)	65	35
Gartenbauer	67,4	32,6

Ernährungsberufe	67,5	32,5
Backwarenhersteller	68,3	31,7
Lehrer für Informationstechnologien in England (1998)	69	31
Landwirtschaftliche Arbeitskräfte	71,5	28,5
Metallberufe	71,8	28,2
Keramiker	72,7	27,3
Hilfsarbeiter	72,7	27,3
Drucker	74,8	25,2
Chemiker, Physiker, Mathematiker	75,4	24,6
Kunststoffverarbeiter	75,6	24,4
Papierhersteller	75,7	24,3
Geschäftsführer	76,1	23,9
Glasmacher	76,4	23,6
Verwalter in der Landwirtschaft	76,9	23,1
Sicherheitsverwahrer	77,3	22,7
Raumausstatter	77,4	22,6
Fleischverarbeiter	79,4	20,6
Lagerarbeiter	79,4	20,6
Wachberufe	79,4	20,6
Textilveredler	79,6	20,4
Chemiearbeiter	80,2	19,8
Metallverformer	81,3	18,7
Datenverarbeitungsfachleute	81,9	18,1
Physiklehrer in England (1998)	82	18
Getränkemittelhersteller	82,5	17,5
Buchhalter (Inst. Accountants)	83	17
Lagerverwalter	83	17
Steinbearbeiter	84,1	15,9
Wasser- und Luftverkehr	84,2	15,8
Billard- & Snookerspieler (Billard Assoc.)	87	13
Ingenieur	87,1	12,9
Holzbearbeiter	87,1	12,9
Techniker	88	12
Metalloberflächenbearbeiter	89,2	10,8
Aktuar (Inst. Actuaries)	90	10

Flugdeckoffizier (Govt. Statistics)	90,5	9,5
Architekt (Inst. Architcts)	91	9
Metallverbinder	93,3	6,7
Forst-, Jagdberufe	93,5	6,5
Dragster-Rennfahrer (Drag-Racers)	93,6	6,4
Maler	93,7	6,3
Fluglotse (Dept. Civil Aviation)	94	6
Elektriker	94,2	5,8
Mineralaufbereiter	94,8	5,2
Baustoffhersteller	94,9	5,1
Kraftfahrzeugführer	95,5	4,5
Formgießer	95,8	4,2
Tischler	96	4
Maschinist	96	4
Mineral-, Erdöl-, Erdgasgewinner	96,2	3,8
Mechaniker	96,2	3,8
Zerspaner	96,8	3,2
Schmied	97,3	2,7
Elektroinstallateur	97,3	2,7
Metallerzeuger	97,7	2,3
Werkzeugmacher	97,7	2,3
Bauausstatter	97,7	2,3
Bauhilfsarbeiter	97,8	2,2
Schlosser	98	2
Pilot (British Airways)	98	2
Kraftfahrzeuginstandsetzer	98,3	1,7
Kerntechniker (Inst. Nuclear Eng.)	98,3	1,7
Maschinenschlosser	98,4	1,6
Bergleute	98,9	1,1
Piloten kommerzieller Gesellschaften	99	1
Zimmermann	99	1
Feinblechner	99,1	0,9
Straßenbauer	99,3	0,7
Maurer	99,5	0,5
Pilot (Qantas)	99,6	0,4

Rennfahrer (Auto Racing Club)	99,8	0,2
Pilot (Ansett Airlines)	99,9	0,1
Flugzeugingenieur	100	0
Ingenieur (Inst. Engineers)	100	0

Tabelle 4: In einer Studie von Dannhauer[105] in Kasten[106] [107] wurde untersucht, wie die Vorstellungen von Kindergartenkindern zu geschlechtsspezifischen Tätigkeiten sind.

Tätigkeit	Dreijährige			Vierjährige			Fünfjährige		
M = Mutter V = Vater	M	V	beide	M	V	beide	M	V	beide
Wäsche waschen	95	0,6	4,4	92	1,3	6,7	94,7	0,6	4,7
Knopf annähen	91,5	3,3	5,2	94,5	2	3,5	94,7	2	3,3
Stube wischen	86,5	4	9,5	88	2	10	88,7	3,3	8
Einkaufen	80	6	14	83,3	4	12,7	79,4	1,3	19,3
Essen kochen	70,7	10	19,3	86,1	7,3	6,6	86	6	8
Buch lesen	17,8	65	17,2	13,3	82,1	4,6	11,8	66,2	22
TV sehen	14,1	66,7	19,2	6	73,4	20,6	6,6	80	13,4
Bier trinken	7,4	73,5	19,1	4	80	16	2,7	78,6	18,7
Rauchen	6,5	83,5	11	4,7	73,2	22,1	4,2	80	15,8
Zeitung lesen	2	84,6	13,4	4	82,1	13,9	7,3	81,8	10,9

[105] Dannhauer, H. (1973): Geschlecht und Persönlichkeit. VEB Deutscher Verlag der Wissenschaften, Berlin.
[106] Kasten, H. (2003): Weiblich – Männlich. Geschlechterrollen durchschauen. Reinhardt, München.
[107] Pease, A. & B. Pease (2002): Warum Männer nicht zuhören und Frauen schlecht einparken. Ullstein, München.

Tabelle 5: Welche Bücher werden von wem gelesen?[108]

Buchart	Mann in %	Frau in %
Märchen und Sagen	31,6	68,4
Kochen, Backen, Diät	20	80
Liebe, Schicksal, Heimat	21,1	78,9
Kindererziehung	30	70
Computer, Software	68,3	31,7

Tabelle 6: Wie viele Männer und Frauen sind derzeit in Haft, je nach Vergehen?[109]

Art des Vergehens	Männer	Frauen
Diebstahl	11761	874
Betäubungsmittelgesetz	8330	511
Gewalt	7368	258
Raub und Erpressung	7259	178
Betrug	6076	827
Straftat gegen sexuelle Selbstbestimmung	4281	25
Mord	4065	280
Straftaten im Straßenverkehr	2280	57
Straftat gegen den Staat	1004	66
Straftat gegen persönliche Freiheit	718	28
Straftat gegen Vermögen	330	11
Beleidigung	306	13
Hehlerei	282	10

[108] Stolz, M. & O. Häntzschel (2013): Männer und Frauen. Knaur, München.
[109] Stolz, M. & O. Häntzschel (2013): Männer und Frauen. Knaur, München.

Tabelle 7: Unterschiede zwischen Mann und Frau

Fortpflanzung, Verhalten	10 % der Männer sind homosexuelle, während nur 1 % der Frauen lesbisch ist.[110]
Verhalten, Gewalt, Gefahr, Aggression	1993 verabschiedeten die Vereinten Nationen folgende Erklärung: „Jede geschlechtsbezogene gewalttätige Handlung, die einer Frau Schaden oder Leid körperlicher, sexueller oder seelischer Art zufügt oder wahrscheinlich zufügen wird, einschließlich der Androhung solcher Handlungen, der Nötigung oder der willkürlichen Freiheitsberaubung im öffentlichen oder privaten Leben, wird als Menschenrechtsverletzung definiert. Von Männern ist nicht die Rede."[111]
Beruf, Verhalten	24 der 25 gefährlichsten Jobs in den USA sind Männerjobs. Männer erleiden 95 % aller tödlichen Berufsunfälle. Männer üben im Vergleich zu Frauen, die erheblich gefährlicheren Berufe, wie Polizei, Feuerwehrmann, Bau etc. aus.[112] [113]
Verhalten	4x so viele Männer wie Frauen sterben an den Folgen von Alkohol- und Tabakkonsum.[114]
Verhalten	72 % der Neuerkrankungen mit AIDS zwischen 2003-2004 sind Männer, die sich homo- oder bisexuell verhalten (Robert-Koch-Institut).[115]
Gewalt, Gefahr, Aggression	78 % der Prügelopfer sind Männer.[116]
Gewalt, Gefahr, Aggression	80 % (von 11.000 Suiziden in Deutschland jährlich, von 815.000 im Jahr 2000 und 873.000 im Jahr 2002 weltweit)[117] der Selbstmörder sind Männer. 30 % davon betrifft Männer über 60 Jahren, da sie mit dem Verlust ihrer Rolle (z. B. Austritt aus dem Berufsleben) nicht einordnen können. In Kreisen der Trauerbegleiter und Seelsorger wird von einer 6-7x höheren Suizidrate in der Coronakrise gesprochen.[118] [119]
Verhalten	80 % der Überlebenden des Titanicunterganges waren Frauen. Nach wie vor gilt: Kinder und Frauen zuerst in die Rettungsboote. Evolutionsbiologisch durchaus sinnvoll, da Frauen die Grundlage einer Population sind und wesentlich mehr Energie in den Nachwuchs investieren müssen, als Männer es tun.[120]
Verhalten	84 % der Drogenabhängigen sind Männer und daraus folgend mehr als 5x so viele Männer wie Frauen sterben an den Folgen von Drogen.[121]
Gewalt, Gefahr, Aggression	90 % aller Gewalt weltweit geht gegen andere Männer.[122]

[110] Moir, A. & D. Jessel (1990): Brainsex – Der wahre Unterschied zwischen Mann und Frau. Econ, Düsseldorf.
[111] Leimbach, B. T. (2008): Männlichkeit leben. Ellert & Richter Verlag, Hamburg.
[112] Leimbach, B. T. (2008): Männlichkeit leben. Ellert & Richter Verlag, Hamburg.
[113] Birkenbihl, V. F. (2008): Mehr als der sogenannte kleine Unterschied – Männer Frauen. DVD.
[114] Leimbach, B. T. (2008): Männlichkeit leben. Ellert & Richter Verlag, Hamburg.
[115] Kuby, G. (2006): Die Gender Revolution. fe-medien, Kisslegg.
[116] Leimbach, B. T. (2008): Männlichkeit leben. Ellert & Richter Verlag, Hamburg.
[117] Harari, Y. N. (2018): Eine kurze Geschichte der Menschheit. Pantheon, München: 525 S.
[118] Birkenbihl, V. F. (2008): Mehr als der sogenannte kleine Unterschied – Männer Frauen. DVD.
[119] Süfke, B. (2010): Männerseelen. Ein psychologischer Reiseführer. Goldmann, München.
[120] Leimbach, B. T. (2008): Männlichkeit leben. Ellert & Richter Verlag, Hamburg.
[121] Leimbach, B. T. (2008): Männlichkeit leben. Ellert & Richter Verlag, Hamburg.
[122] Birkenbihl, V. F. (2008): Mehr als der sogenannte kleine Unterschied – Männer Frauen. DVD.

Gewalt, Gefahr, Aggression	90 % aller Hooligans sind Männer.[123]
Verhalten	95 % alle hyperaktiv eingestuften Kinder sind Jungen.[124]
Statistik	95 % aller Professoren sind Männer.[125]
Gewalt, Gefahr, Aggression	98,2 % aller Verkehrsdelikte gehen zu Lasten der Männer.[126]
Beruf, Verhalten	99 % aller eingereichten Patente werden von Männern eingereicht.[127]
Gewalt, Gefahr, Aggression	Alle 44 Sekunden schlägt weltweit ein Mann seine Frau, aber alle 41 Sekunden wird eine Frau gegenüber ihrem Mann gewalttätig. Dies beinhaltet auch psychische Gewalt, ist aber äußerlich nicht sichtbar.[128]
Sprache, Verhalten	Männer sprechen Kleinkinder lauter an, boxen sie zuweilen freundschaftlich, schenken ihnen jungentypische Spielsachen, wie Bälle oder Autos. Frauen sprechen Kleinkinder leiser an, berühren diese vorsichtig und schenken eher Puppen.[129]
Verhalten	Im Bett bevorzugen Männer die Seite, welche näher zur Tür steht. Dies ist dem Sicherheitsaspekt des Mannes geschuldet, der für sich einen Fluchtweg sucht (siehe Restaurant) aber auch seine Partnerin beschützen will.[130]
Sehen, Verhalten	Augenkontakt zwischen Mann und Frau bedeutet für den Mann eine Zustimmung, während dies für die Frau auch nein bedeuten kann.[131]
Verhalten	Aus vaterlosen Familien stammen 63 % der jugendlichen Selbstmörder, 71 % der schwangeren Teenager, 90 % der Ausreißer und obdachlosen Kinder, 70 % der Jugendlichen in staatlichen Einrichtungen, 80 % aller Heimkinder, 85 % aller jugendlichen Häftlinge, 71 % aller Schulabbrecher und 75 % aller Heranwachsenden in Drogenentzugszentren. Mit vaterlosen Familien sind nicht nur Familien gemeint, in denen der Vater verstorben ist, sondern besonders die Familien, die vom Vater verlassen wurden oder in denen sich das Ehepaar mittels Scheidung voneinander getrennt hat.[132]
Beruf, Verhalten	Bei den Arbeitsunfällen werden zu 76 % Männer geschädigt und zu 24 % Frauen. Tödlich enden Unfälle bei Frauen nur zu 9 % aber bei den Männern zu 91 %. Zu beachten ist, dass auch die gefährlicheren Jobs von den Männern ausgeübt werden.[133]
Verhalten	Bei der Rettungsaktion in Tschernobyl und am 11.9. in New York waren unter den verstorbenen Rettungskräfte ausschließlich Männer.[134]

[123] Bründel, H. (1999): Konkurrenz, Karriere, Kollaps: Männerforschung und der Abschied vom Mythos Mann. Kohlhammer, Stuttgart.

[124] Moir, A. & D. Jessel (1990): Brainsex – Der wahre Unterschied zwischen Mann und Frau. Econ, Düsseldorf.

[125] Stolz, M. & O. Häntzschel (2013): Männer und Frauen. Knaur, München.

[126] Birkenbihl, V. F. (2008): Mehr als der sogenannte kleine Unterschied – Männer Frauen. DVD.

[127] Moir, A. & D. Jessel (1990): Brainsex – Der wahre Unterschied zwischen Mann und Frau. Econ, Düsseldorf.

[128] Leimbach, B. T. (2008): Männlichkeit leben. Ellert & Richter Verlag, Hamburg.

[129] Pease, A. & B. Pease (2002): Warum Männer nicht zuhören und Frauen schlecht einparken. Ullstein, München.

[130] Pease, A. & B. Pease (2002): Warum Männer nicht zuhören und Frauen schlecht einparken. Ullstein, München.

[131] Birkenbihl, V. F. (2008): Mehr als der sogenannte kleine Unterschied – Männer Frauen. DVD.

[132] Kelle, B. (2013): Dann mach doch die Bluse zu. adeo, Asslar.

[133] Hollstein, W. (2012): Was vom Manne übrigblieb. opus magnum, Stuttgart.

[134] Franz, M. & A. Karger (Hg.) (2011): Neue Männer – muss das sein? Vandenhoeck & Ruprecht, Göttingen.

Statistik	Bei Eheschließungen entscheiden sich immer noch 73 % aller Paare für den Nachnamen des Mannes.[135]
Verhalten	Bei einer Umfrage was welches Geschlecht „anmacht“ antworteten die Männer: Pornographie, weibliche Nacktheit, Abwechslung beim Sex, Reizwäsche, Verfügbarkeit der Frau. Die Frau antworteten: Romantik, Bereitschaft eine Verpflichtung einzugehen, miteinander kommunizieren, Intimität, Zärtlichkeit ohne sexuellen Hintergrund. Männer sind an der Zahl der Sexualkontakte und damit verbunden an ein Streuen ihrer Gene interessiert, während die Frau an einer Bindung interessiert ist, die die erfolgreiche Aufzucht der Nachkommen garantiert. Siehe auch hier wieder der Energieaufwand, den die beiden Geschlechter jeweils betreiben müssen, um ein Kind zu zeugen.[136]
Verhalten	Bei einer Umfrage wurden Männer und Frauen dahingehend befragt, was ihnen im Leben wichtig ist. Für Männer war es die Arbeit, für Frauen die Beziehungen. Männer sichern durch ihre Arbeit die Familie ab, während evolutionär betrachtet, die Frau, die meiste Energie in die Kinder investieren muss. Eine stabile Beziehung erhöht die erfolgreiche Erziehung der Kinder.[137]
Sprache, Verhalten	Bei Grußkarten nutzen Männer lieber vorgedruckte Exemplare, als Frauen dies tun.[138]
Fortpflanzung, Hormone	Bei Jungen werden die Hormone zwei Jahre später aktiv, als bei den Mädchen und leiten die Pubertät ein.[139]
Morphologie	Geschlechtszellen, Größe und Anzahl: Die Samenzellen des Mannes sind die kleinsten Zellen des Menschen. Pro Tag werden eine Millionen Zellen produziert und streben nach außen. Sie sind ständig in Bewegung und verfügen über einen eigenen Fortbewegungsapparat. Sie leben zwischen 3 bis 6 Tage. Die Eizellen der Frau sind die größten Zellen des Menschen. Nur eine Eizelle pro Monat wird reif und soll im befruchteten Zustand im Körper heranwachsen. Sie sind unbeweglich und müssen über Haare im Eileiter weitertransportiert werden. Sie sind kurzlebig und können nur 6 bis 12 Stunden überleben.[140]
Verhalten	Bei Männern wird häufiger eine Depression diagnostiziert. Das bedeutet, dass es ein Funktionieren in der Gesellschaft, der Familie und der Arbeitswelt gibt, bei gleichzeitig innerer Leere.[141]
Verhalten	Bei Scheidungen werden die Kinder üblicherweise der Frau zugesprochen.[142]
Verhalten	Bei Verstößen von Auflagen bei HartzIV-Empfängern werden durchschnittlich Männer stärker bestraft als Frauen.[143]
Beruf, Verhalten	Bei Wissenschaftlern publizieren Männer mehr als Frauen, sie sind egoistischer auf Erfolg ausgerichtet. Frauen hingegen legen einen höheren Wert darauf ihre Studenten zu fördern.[144]

[135] Stolz, M. & O. Häntzschel (2013): Männer und Frauen. Knaur, München.
[136] Pease, A. & B. Pease (2002): Warum Männer nicht zuhören und Frauen schlecht einparken. Ullstein, München.
[137] Pease, A. & B. Pease (2002): Warum Männer nicht zuhören und Frauen schlecht einparken. Ullstein, München.
[138] Pease, A. & B. Pease (2002): Warum Männer nicht zuhören und Frauen schlecht einparken. Ullstein, München.
[139] Moir, A. & D. Jessel (1990): Brainsex – Der wahre Unterschied zwischen Mann und Frau. Econ, Düsseldorf.
[140] Wais, M. & C. Grah-Wittich, U. Meier (2011): Wie werden aus Jungs richtige Männer … und wer ist dafür zuständig? Gesundheitspflege initiativ, Deiningen.
[141] Süfke, B. (2010): Männerseelen. Ein psychologischer Reiseführer. Goldmann, München.
[142] Leimbach, B. T. (2008): Männlichkeit leben. Ellert & Richter Verlag, Hamburg.
[143] Hollstein, W. (2012): Was vom Manne übrigblieb. opus magnum, Stuttgart.
[144] Moir, A. & D. Jessel (1990): Brainsex – Der wahre Unterschied zwischen Mann und Frau. Econ, Düsseldorf.

Gehirn	Beim Mann liegen die Zentren für emotionale Reaktionen auf der rechten Seite des Gehirns, bei der Frau in beiden Gehirnhälften.
Fortpflanzung, Hormone	Beim Menschen wird die Fortpflanzung genau wie bei vielen Tierarten über hormonelle und genetische Mechanismen gesteuert. In guten Zeiten kommen die Mädchen früher in die Pubertät und werden eher schwanger, in schlechten Zeiten werden sie später geschlechtsreif und bekommen im Laufe ihres Lebens weniger Nachwuchs.[145] Die Anpassung an den Lebensraum ist hier der ausschlaggebende Aspekt. Gute Bedingungen führen zu mehr Nachkommen und damit zum Anstieg der Individuenzahlen, während bei schlechten Bedingungen die Größe begrenzt wird, da die vorhandenen Ressourcen nicht ausreichen würden. Wären zu viele Individuen bei schlechten Bedingungen da, würden diese um die vorhandenen Nahrungsmittel (z. B.) konkurrieren. Die Gefahr wäre dann gegeben, dass alle zu wenig bekommen.
Sehen, Gewalt, Gefahr, Aggression	Beim Schießen haben Männer eine deutlich höhere Trefferquote als Frauen.[146] Der Anteil Frauen in Schützenvereinen ist wesentlich geringer als der der Männer.
Verhalten	Beim Vergleich von Fotoinhalten, fallen den Mädchen mehr Menschen auf, während die Jungen mehr Gegenstände registrieren.[147]
Physiologie	Blut: Mann: größere Menge Eisen, notwendig für den Sauerstofftransport; Frau: größere Menge Kupfer, welches eine regulierende Wirkung bei Befall von Krankheitskeimen hat. Männer sind eher körperlich aktiv gewesen (Jagd, Landwirtschaft) während Frauen in sozialen Systemen (Kinder, alte Menschen) eingebunden waren.[148]
Fortpflanzung, Verhalten	Da Mädchen sich schneller entwickeln als Jungen, schauen diese sich in einem Jahrgang nach den älteren Jungen, des nächsthöheren Jahrgangs um. Daraus folgt, dass die Jungen im Klima der Ablehnung und des Zurückgesetztfühlens ihre eigene Sexualität entwickeln müssen. Dies führt zu Spannungen und Kompensationen durch Sprüche und Taten.[149]
Gehirn, Verhalten	Das Gehirn des Mannes ist stärker spezialisiert als das der Frau.[150]
Hören	Das männliche Geschlecht hört in fast allen Bereichen schlechter als das weibliche Geschlecht mit einer Ausnahme: Tierstimmen! Männer haben eine zusätzliche Zellansammlung im Hörbereich, der es ihnen ermöglicht die Geräuschquelle sofort zu lokalisieren. Frauen fehlt diese Zellansammlung.[151] Dies ist ein Relikt aus der Urzeit, welches bis dato von der Natur nicht abgeschafft wurde, weil es keine negativen Aspekte für das Individuum hat.[152] [153]

---

[145] Harari, Y. N. (2018): Eine kurze Geschichte der Menschheit. Pantheon, München: 525 S.

[146] Pease, A. & B. Pease (2002): Warum Männer nicht zuhören und Frauen schlecht einparken. Ullstein, München.

[147] Moir, A. & D. Jessel (1990): Brainsex – Der wahre Unterschied zwischen Mann und Frau. Econ, Düsseldorf.

[148] Wais, M. & C. Grah-Wittich, U. Meier (2011): Wie werden aus Jungs richtige Männer ... und wer ist dafür zuständig? Gesundheitspflege initiativ, Deiningen.

[149] Süfke, B. (2010): Männerseelen. Ein psychologischer Reiseführer. Goldmann, München.

[150] Moir, A. & D. Jessel (1990): Brainsex – Der wahre Unterschied zwischen Mann und Frau. Econ, Düsseldorf.

[151] Pease, A. & B. Pease (2002): Warum Männer nicht zuhören und Frauen schlecht einparken. Ullstein, München.

[152] Moir, A. & D. Jessel (1990): Brainsex – Der wahre Unterschied zwischen Mann und Frau. Econ, Düsseldorf.

[153] Pease, A. & B. Pease (2002): Warum Männer nicht zuhören und Frauen schlecht einparken. Ullstein, München.

Sehen	Das männliche Geschlecht sieht besser im Licht als das weibliche Geschlecht, dafür kann sie im Dunkeln besser sehen.[154] [155] Der Hintergrund liegt darin, dass unsere Aktivitäten als Mann (Jagd, Landwirtschaft) nach Einbruch der Dunkelheit, nicht mehr ausgeübt werden konnte. Die Frauen, meist gebunden in Familien und tätig in der Versorgung der Kinder, mussten aber auch in der Dunkelheit tätig werden, wenn die Kinder sich meldeten. Nachweisen kann man die sensiblere Fähigkeit zu sehen in der Ausstattung der Netzhaut im Auge. Frauen haben eine bis zu doppelt so hoher Anzahl an Zäpfen und Stäbchen im Vergleich zum Mann.
Gewalt, Gefahr, Aggression	Das Mogeln bei einem Kartenspiel lehnen Männer kategorisch ab, während es von Frau geduldet wird. Männer sind eher regelorientiert als Frauen. Dagegen neigen Männer eher zu Lügen, Betrügen und Morden, als dies Frauen tun.[156]
Gehirn, Sprache	Das Sprachzentrum des Mannes befindet sich in der linken Gehirnhälfte. Dagegen haben Frauen mehrere Sprachzentren, die über das gesamte Gehirn verteilt sind. Herausgefunden wurde dies im 2. Weltkrieg durch Schussverletzungen. Männer verloren das Sprachvermögen bei Kopftreffern auf der linken Seite, während die Frau weiterhin kommunizieren konnte.[157]
Geruchssinn	Der Geruchssinn ist bei der Frau wesentlich besser ausgebildet als beim Mann. Sie kann intuitiv Gerüche (z. B. Moschus) erkennen, was für die Paarung von Vorteil ist. In der Zeit des Eisprungs ist ihr Geruchsempfinden noch einmal stärker ausgeprägt.[158] Der Einsatz der „Pille" zur Verhinderung einer Schwangerschaft, führt dazu, dass die Frau ihr intuitives Geruchsvermögen verliert. Es kann also sein, dass nach Absetzen der „Pille" der Partner nicht mehr so riecht, wie unter Einsatz der „Pille". Er wird damit unattraktiver.
Geschmack	Der Geschmacks- und Geruchssinn ist bei der Frau besser ausgebildet als beim Mann.[159]
Gehirn, Sehen, Verhalten	Der Grundriss eines Hauses wird vom Mann dreidimensional, von der Frau zweidimensional gesehen.[160]
Morphologie	Der Mann ist im Durchschnitt 7 cm größer und um 8 % stärker als die Frau, was aber nicht zwangsläufig heißen muss, dass nicht eine Frau der größte Mensch der Erde ist![161] [162] Bei Männern ist der zweite Finger signifikant kürzer als der vierte. Dies ist eine Auswirkung des Testosteronspiegels. Frau mit einem erhöhten diesbezüglichen Hormonspiegel zeigen die gleiche Ausprägung.[163]
Verhalten	Der Mann ist in der Lage seine Gefühle (Schuld, Angst, Panik) stark zu unterdrücken, um eine Rolle anzunehmen. Beispielsweise dienen deshalb überwiegend Männer in Armeen und nicht Frauen. Männer sehen sich immer noch in Hierarchiegefügen. Damit will er seine Position halten, bestenfalls aufsteigen, aber niemals absteigen.[164]
Verhalten	Der Mann nimmt seine Position, seine Wertschätzung durch die Aussagen anderer Männer war, während der gleiche Umstand bei der Frau geschlechtsunabhängig ist.[165]

---

[154] Moir, A. & D. Jessel (1990): Brainsex – Der wahre Unterschied zwischen Mann und Frau. Econ, Düsseldorf.
[155] Pease, A. & B. Pease (2002): Warum Männer nicht zuhören und Frauen schlecht einparken. Ullstein, München.
[156] Birkenbihl, V. F. (2008): Mehr als der sogenannte kleine Unterschied – Männer Frauen. DVD.
[157] Pease, A. & B. Pease (2002): Warum Männer nicht zuhören und Frauen schlecht einparken. Ullstein, München.
[158] Pease, A. & B. Pease (2002): Warum Männer nicht zuhören und Frauen schlecht einparken. Ullstein, München.
[159] Pease, A. & B. Pease (2002): Warum Männer nicht zuhören und Frauen schlecht einparken. Ullstein, München.
[160] Pease, A. & B. Pease (2002): Warum Männer nicht zuhören und Frauen schlecht einparken. Ullstein, München.
[161] Moir, A. & D. Jessel (1990): Brainsex – Der wahre Unterschied zwischen Mann und Frau. Econ, Düsseldorf.
[162] Pease, A. & B. Pease (2002): Warum Männer nicht zuhören und Frauen schlecht einparken. Ullstein, München.
[163] Franz, M. & A. Karger (Hg.) (2011): Neue Männer – muss das sein? Vandenhoeck & Ruprecht, Göttingen.
[164] Birkenbihl, V. F. (2008): Mehr als der sogenannte kleine Unterschied – Männer Frauen. DVD.
[165] Birkenbihl, V. F. (2008): Mehr als der sogenannte kleine Unterschied – Männer Frauen. DVD.

Sehen, Hormone	Der männliche Testosteronspiegel ist 20x höher als bei Mädchen. Ein niedriger Testosteronspiegel führt zu verminderter räumlicher Wahrnehmung, ein hoher Östrogenspiegel führt zur guten Ausdrucksfähigkeit und besseren feinmotorischen Fähigkeiten.[166]
Verhalten	Der Stammtisch wird überwiegend durch den Mann gebildet. Es ist eine Horde, aber ohne Hierarchie. Die Auszeichnung für den Mann innerhalb eines Stammtisches erfolgt über Rhetorik.[167]
Sehen	Der weiße Anteil im Auge ist bei den Frauen höher als bei den Männern.[168]
Verhalten	Der Witz führt zur Integration in eine Gruppe, beispielsweise Stammtisch und ist ein gutes Rhetoriktraining. Frauen, die weniger die Gruppe, als eher das Netzwerk bevorzugen, sind in aller Regel schlechte Witzeerzählerinnen.[169]
Statistik	Die Anzahl der Haarfärbemittel beträgt für Männer 14 und für Frau 140 Produkte.[170]
Statistik	Die Anzahl der Verhütungsmethoden beträgt für den Mann 3 und für die Frau 15 Variationen.[171]
Sehen	Die Anzahl der Zäpfchen im Auge wird durch das X-Chromosom bestimmt. Da Frauen 2 X-Chromosomen haben, haben sie mehr Zäpfchen, wodurch sie mehr Farbunterschiede wahrnehmen und damit auch mehr Details.[172]
Verhalten	Die Benutzung einer Toilette reduziert sich beim Mann auf das Urinieren, während Frau häufig zu zweit oder zu dritt diesen aufsuchen, um sich zu schminken und ihn als Gesellschafts- und Therapiebereich zu nutzen.[173] Reflektieren sie mal die Situation, wenn Männer zusammen auf die Toilette gehen würden!
Gewalt, Gefahr, Aggression	Die Einschätzung einer Gewalttat wird von den Geschlechtern unterschiedlich bewertet. Männer unterschätzen die Schwere einer Gewalttat, während die Frau ihre Schwere höhe einschätzt.[174]
Geruchssinn	Die Frau kann die Stärke des Immunsystems des Mannes riechen und damit seine Anziehungskraft einordnen. Natürlich riecht sie dies nicht aktiv, sondern eher intuitiv. Mit Anziehungskraft ist der Gesundheitsstatus gemeint. Für die Frau ist es entscheidend zu wissen, ob er als potenzieller Vater ihrer Kinder in Frage kommt.[175]
Gehirn	Die Gefühlswahrnehmung ist auf zwei Zentren im Gehirn des Mannes beschränkt, während diese gleichmäßig bei der Frau über beide Gehirnhälften verteilt ist.[176] [177]
Haut	Die Haut auf dem Rücken des Mannes ist 4x dicker als die Haut am Bauch. Dies ist ein Schutz gegen Angriffe von hinten. Generell verfügt der Mann über eine dickere Haut als die Frau.[178]

---

[166] Moir, A. & D. Jessel (1990): Brainsex – Der wahre Unterschied zwischen Mann und Frau. Econ, Düsseldorf.
[167] Birkenbihl, V. F. (2008): Mehr als der sogenannte kleine Unterschied – Männer Frauen. DVD.
[168] Pease, A. & B. Pease (2002): Warum Männer nicht zuhören und Frauen schlecht einparken. Ullstein, München.
[169] Birkenbihl, V. F. (2008): Mehr als der sogenannte kleine Unterschied – Männer Frauen. DVD.
[170] Stolz, M. & O. Häntzschel (2013): Männer und Frauen. Knaur, München.
[171] Stolz, M. & O. Häntzschel (2013): Männer und Frauen. Knaur, München.
[172] Pease, A. & B. Pease (2002): Warum Männer nicht zuhören und Frauen schlecht einparken. Ullstein, München.
[173] Pease, A. & B. Pease (2002): Warum Männer nicht zuhören und Frauen schlecht einparken. Ullstein, München.
[174] Birkenbihl, V. F. (2008): Mehr als der sogenannte kleine Unterschied – Männer Frauen. DVD.
[175] Pease, A. & B. Pease (2002): Warum Männer nicht zuhören und Frauen schlecht einparken. Ullstein, München.
[176] Pease, A. & B. Pease (2002): Warum Männer nicht zuhören und Frauen schlecht einparken. Ullstein, München.
[177] Moir, A. & D. Jessel (1990): Brainsex – Der wahre Unterschied zwischen Mann und Frau. Econ, Düsseldorf.
[178] Pease, A. & B. Pease (2002): Warum Männer nicht zuhören und Frauen schlecht einparken. Ullstein, München.

Haut	Die Haut der Frau ist 10x empfindlicher gegen Berührungen als die des Mannes.[179]
Gewalt, Gefahr, Aggression	Die juristischen Strafen für Männer und Frauen bei gleichen Delikten, fallen bei Männern härter aus als bei Frauen.[180]
Verhalten, Sprache	Die Kommunikation dient dem Mann zur Weitergabe von Informationen und ist ein Machtinstrument, während die Kommunikation bei der Frau vor allem einen verbindenden Charakter aufweist.[181]
Sprache	Die männliche und weibliche Sprache benutzt zwar dieselben Wörter aber diese Wörter haben unterschiedliche Bedeutungen. Wenn sie sagt: Nie gehen wir aus, versteht er, dass sie tatsächlich niemals Essen gehen, sie sagt aber lediglich, dass sie mal wieder mit ihm Essen gehen möchte! Oder, ein Paar steht im Sonnenuntergang und im Hintergrund singen die Grillen, dann wird sie ihn auf die wohltuende, warme Atmosphäre ansprechen, während er Grillen mit der Zubereitung von Nahrung in Verbindung bringt.[182] [183]
Gewalt, Gefahr, Aggression	Die Medien und die Politik ordnen den Mann grundsätzlich als Täter und die Frau als Opfer ein.[184]
Gewalt, Gefahr, Aggression	Die meisten männlichen Mörder sterben in den USA auf dem elektrischen Stuhl, bisher wurde aber noch keine Frau so hingerichtet.[185]
Gewalt, Gefahr, Aggression	Die menschliche Aggressivität spiegelt sich vor allem im Verhalten der Männer wider, so führen diese Kriege.[186]
Verhalten	Die Suizidrate von Männern ist 4x höher als von Frauen, bei Jungen sogar 10x höher.[187]
Gewalt, Gefahr, Aggression	Die Todesursache Nr. 1 beim Mann ist der Unfalltod, gefolgt von Selbstmord und Mord.[188]
Verhalten	Die Universität Wien hat für die Aufnahme zum Medizinstudium einen Fragebogen erstellt, in dem Frauen mit weniger Punkten weiterkommen als Männer.[189]
Statistik	Die Unterhosenproduktion für Männer in Deutschland beträgt 5,8 Millionen Stück pro Jahr, für Frauen 14,8 Millionen.[190]

[179] Pease, A. & B. Pease (2002): Warum Männer nicht zuhören und Frauen schlecht einparken. Ullstein, München.
[180] Hollstein, W. (2012): Was vom Manne übrigblieb. opus magnum, Stuttgart.
[181] Birkenbihl, V. F. (2008): Mehr als der sogenannte kleine Unterschied – Männer Frauen. DVD.
[182] Gray, J. (1998): Männer sind anders. Frauen auch. Mosaik, München.
[183] Pease, A. & B. Pease (2002): Warum Männer nicht zuhören und Frauen schlecht einparken. Ullstein, München.
[184] Leimbach, B. T. (2008): Männlichkeit leben. Ellert & Richter Verlag, Hamburg.
[185] Hollstein, W. (2012): Was vom Manne übrigblieb. opus magnum, Stuttgart.
[186] Moir, A. & D. Jessel (1990): Brainsex – Der wahre Unterschied zwischen Mann und Frau. Econ, Düsseldorf.
[187] Hollstein, W. (2012): Was vom Manne übrigblieb. opus magnum, Stuttgart.
[188] Birkenbihl, V. F. (2008): Mehr als der sogenannte kleine Unterschied – Männer Frauen. DVD.
[189] Hollstein, W. (2012): Was vom Manne übrigblieb. opus magnum, Stuttgart.
[190] Stolz, M. & O. Häntzschel (2013): Männer und Frauen. Knaur, München.

Gehirn	Die Verbindung der beiden Gehirnhälften (*Corpus callosum*) ist bei dem Mann dünner ausgebildet als bei der Frau, die dort 30 % mehr Verbindungen vorweisen kann. Der Mann hat demnach weniger Verknüpfungen zwischen den beiden Gehirnhälften. Grund für die höhere Verknüpfungsrate bei der Frau ist das Hormon Östrogen.[191] [192] Durchtrennt man die Verbindung stellt sich folgendes Problem dar: Nimmt die Person den Korkenzieher in die linke Hand, hat sie keinen Namen für das Werkzeug, weiß aber wie es zu benutzen ist. Nimmt sie den Korkenzieher in die rechte Hand, ist der Name bekannt, aber nicht die Verwendung.
Sehen, Verhalten	Die Wahrnehmungsleistung von Frauen für kleinste Details ist stärker ausgebildet als beim Mann.[193]
Haut	Die weibliche Haut ist dünner, als die des Mannes und verfügt über eine zusätzliche Fettschicht unter der Oberfläche. Dadurch schützt sie besser gegen Kälte und sie kann besser durchhalten als der Mann.[194]
Fortpflanzung	Die Zahl an impotenten Männern steigt in Deutschland stetig an und beträgt mittlerweile 6 Mio.[195]
Statistik	Die Zahl der reinen Männerchöre beträgt in Deutschland 6.556. Dagegen stehen 1.850 reine Frauenchöre.[196]
Gewalt, Gefahr, Aggression	Die Zeitschrift Focus ermittelte bei einer Umfrage in den alten und neuen Bundesländern (2003), dass die Zahl der Opfer im häuslichen Umfeld mittelschwerer bis schwerer Gewalt bei den Männern höher war als bei den Frauen. Die Männer gaben an sich nicht gewehrt zu haben und keiner von ihnen erstattet Anzeige bei der Polizei. Im Selbstverständnis des Mannes ist erlittene Gewalt durch eine Frau ein Zeichen von Schwäche, deshalb wird er diese nicht nach außen tragen.[197]
Verhalten	Ein „weicher“ Mann wird von Frauen, nicht aber von anderen Männern akzeptiert. Dagegen wird eine „harte“ Frau von beiden Geschlechtern angenommen.[198]
Verhalten	Ein Mann arbeitet an der Beziehung, wenn er weiß, was er tun muss. Er benötigt klare Aufgaben, die er dann erfüllen kann.[199] Übertragen wir dieses Verhalten auf die Armee, ist auch erklärbar, warum Männer diese Strukturen aufsuchen. Dort gibt es klare eindeutige Regeln.
Sprache, Verhalten	Eine Frau fast in einer Unterhaltung eine andere Frau 4-6x häufiger an als ein Mann einen anderen Mann.[200]

[191] Moir, A. & D. Jessel (1990): Brainsex – Der wahre Unterschied zwischen Mann und Frau. Econ, Düsseldorf.
[192] Pease, A. & B. Pease (2002): Warum Männer nicht zuhören und Frauen schlecht einparken. Ullstein, München.
[193] Pease, A. & B. Pease (2002): Warum Männer nicht zuhören und Frauen schlecht einparken. Ullstein, München.
[194] Pease, A. & B. Pease (2002): Warum Männer nicht zuhören und Frauen schlecht einparken. Ullstein, München.
[195] Hollstein, W. (2012): Was vom Manne übrigblieb. opus magnum, Stuttgart
[196] Stolz, M. & O. Häntzschel (2013): Männer und Frauen. Knaur, München.
[197] Leimbach, B. T. (2008): Männlichkeit leben. Ellert & Richter Verlag, Hamburg.
[198] Birkenbihl, V. F. (2008): Mehr als der sogenannte kleine Unterschied – Männer Frauen. DVD.
[199] Gray, J. (1998): Männer sind anders. Frauen auch. Mosaik, München.
[200] Pease, A. & B. Pease (2002): Warum Männer nicht zuhören und Frauen schlecht einparken. Ullstein, München.

Verhalten	Eine übergroße Intimität am Anfang einer Beziehung bedeutet für den Mann, dass sein Freiraum verloren geht. Hat er keinen Freiraum, verliert er die Kraft, um weiter an der Beziehung zu arbeiten. Er wird sich also zwangsläufig zurückziehen. Dies ist ein ähnlicher Zyklus, wie die Frau ihn monatlich mit ihrer Menstruation ausleben muss. Der Mann nähert sich der Frau und geht wieder weg, wie ein Gummiband. Dieses Verhalten ist also ebenso natürlich. Der Zyklus des Mannes beträgt ebenfalls ca. 28 Tage.[201]
Sehen, Verhalten	Eineiige Zwillinge können von Männern fast nicht voneinander unterschieden werden, während dies Frauen problemlos können.[202]
Sprache, Verhalten	Einem Mann einen Ratschlag zu geben ist wie seine Inkompetenz darzustellen. Männer fragen von allein, wenn sie einen Rat benötigen. Bekommen sie ungefragt einen Ratschlag, hat der Mann das Gefühl er sei kaputt und müsse repariert werden. Männer verändern aber nur Systeme (beispielsweise Maschinen) dann, wenn sie kaputt sind. Einer der wichtigsten Sprüche der Männer ist: Verändere niemals ein funktionierendes System![203] Damit ist er aber häufig auch nicht offen für Neuerungen.
Statistik	Es gibt in Deutschland 9x mehr alleinerziehende Frauen als Männer.[204]
Verhalten	Es gibt mehr Musikerinnen als Komponisten. Musiker müssen feinmotorisch und gefühlsmäßig arbeiten, wogegen der Komponist Strukturen, einen Plan und mathematische Zusammenhänge erkennen muss.[205]
Hormone	Es ist eine Abnahme des Testosteronspiegels in den letzten 30 Jahren zu beobachten und damit verbunden die Durchsetzung weicherer Gesichtszüge.[206]
Gewalt, Gefahr, Aggression	Etwa 25 % aller Männer weltweit waren schon einmal Opfer sexueller Gewalt.[207]
Haut	Fetteinlagerungen finden beim Mann am Bauch und am Rücken statt, weil es dort am wenigsten stört. Bei ihm wird Fett niemals am Gehirn, am Herzen oder an den Genitalien gelagert. Bei Frauen wird das Fett am Po und an den Oberschenkeln eingelagert, weil sie evolutionär bedingt, nie so rennen mussten, wie die Männer.[208]
Fortpflanzung	Fortpflanzungsorgane: Mann: sichtbar, außen liegende Hoden, aus dem Körper herausgesetzt; tiefer liegend, näher an der Erde, schwerer Penis (Glied) = Gliedmaßen, spitz, ejakulierend, kalt, braucht für Funktion keine Wärme, Frau: unsichtbar, innen liegend; höher liegende, erdferner, Hohlorgan, runde Form, empfangendes Organ, Wärme notwendig.[209]
Hören	Frauen können am Klang des Babyweinens feststellen was dem Kind fehlt. Diese Fähigkeit hat der Mann nicht.[210]

[201] Gray, J. (1998): Männer sind anders. Frauen auch. Mosaik, München.
[202] Pease, A. & B. Pease (2002): Warum Männer nicht zuhören und Frauen schlecht einparken. Ullstein, München.
[203] Gray, J. (1998): Männer sind anders. Frauen auch. Mosaik, München.
[204] Stolz, M. & O. Häntzschel (2013): Männer und Frauen. Knaur, München.
[205] Moir, A. & D. Jessel (1990): Brainsex – Der wahre Unterschied zwischen Mann und Frau. Econ, Düsseldorf.
[206] Travison, G. et al. (2007): A population-level decline in serum Testosterone levels in american men. The Journal of Clinical Endocrinology & Metabolism 1 (92): 196-202.
[207] Leimbach, B. T. (2008): Männlichkeit leben. Ellert & Richter Verlag, Hamburg.
[208] Pease, A. & B. Pease (2002): Warum Männer nicht zuhören und Frauen schlecht einparken. Ullstein, München.
[209] Wais, M. & C. Grah-Wittich, U. Meier (2011): Wie werden aus Jungs richtige Männer ... und wer ist dafür zuständig? Gesundheitspflege initiativ, Deiningen.
[210] Pease, A. & B. Pease (2002): Warum Männer nicht zuhören und Frauen schlecht einparken. Ullstein, München.

Verhalten	Frauen können besser Dinge parallel durchführen, als Männer es können.[211]
Hören	Frauen können besser Lautstärkenunterschiede erkennen als Männer.[212]
Fortpflanzung	Frauen können ihre neugeborenen Kinder innerhalb von sechs Stunden nach der Geburt am Geruch erkennen, während Väter diese Fähigkeit nicht haben.[213]
Verhalten	Frauen sind sensibler dafür zwischenmenschliche Veränderungen wahrzunehmen. Die Grundlage dafür ist ihre Möglichkeit kleinste Veränderungen in den Details zielsicher zu erkennen, wie beispielsweise Mimik oder Körpersprache und -haltung.[214]
Verhalten	Für den Mann ist es wichtig eine Art Initiationsritus zu durchlaufen, um ein vollständiger Mann zu werden. Von Natur aus ist er nämlich eine halbe Frau. Dagegen ist die Frau automatisch mit dem Einsetzen ihrer Menstruation eine Frau. Sie muss ihre Fraulichkeit nicht aktiv erwerben.[215] [216] [217] In diesem Fall setzt die Natur das eindeutige Zeichen.
Verhalten	Gefühle nach außen hin zu zeigen ist für Männer eher ein Zeichen der Schwäche, während es für Frauen ein Zeichen der Stärke ist.[218]
Verhalten	Geht eine Mutter zum Spielplatz benötigt der Junge im Durchschnitt 36 Sekunden, bis er zum Mittelpunkt des Geschehens gelangt, die Mädchen benötigen 92,5 Sekunden. Die Jungen spielen dann auch wilder und benötigen mehr Raum.[219]
Gehirn, Verhalten	Geräusche in der Nacht werden von Mann und Frau unterschiedlich eingeordnet. So erwacht der Mann bei Geräuschen, die durch Bewegung erzeugt werden, beispielsweise das Knacken eines Astes, während die Frau eher durch das Weinen eines Babys erwacht.[220]
Gehirn, Verhalten	Handlungen für rechts und links werden von Männern besser durchgeführt, da sie nacheinander arbeiten, als dies Frauen können, da sie häufig mit beiden Gehirnhälften gleichzeitig arbeiten.[221]
Gewalt, Gefahr, Aggression	Häusliche Gewalt ist weiblich: „Insgesamt 95 wissenschaftliche Forschungsberichte, 79 empirische Studien und 16 vergleichende Analysen in kriminologischen, soziologischen, psychologischen und medizinischen Fachzeitschriften aus den USA, Kanada, England, Dänemark, Neuseeland und Südafrika zeigen auf, dass in Beziehungen die Gewalt entweder überwiegend zu gleichen Teilen von beiden Partnern oder aber hauptsächlich von der Frau ausging." Die Frage ist, wie Gewalt definiert wird. Offensichtlich sind körperliche Gewaltanwendungen, die immer wieder Krankenhausaufenthalte nach sich ziehen. Daneben gibt es die psychische Gewalt, die von außen nicht sichtbar ist.[222]

[211] Pease, A. & B. Pease (2002): Warum Männer nicht zuhören und Frauen schlecht einparken. Ullstein, München.
[212] Pease, A. & B. Pease (2002): Warum Männer nicht zuhören und Frauen schlecht einparken. Ullstein, München.
[213] Buss, D. M. (2019): Evolutionäre Psychologie. Pearson Studium; 2. Edition: 608 S.
[214] Pease, A. & B. Pease (2002): Warum Männer nicht zuhören und Frauen schlecht einparken. Ullstein, München.
[215] Gilmore, D. D. (1991): Mythos Mann. Artemis und Winkler, München.
[216] Birkenbihl, V. F. (2008): Mehr als der sogenannte kleine Unterschied – Männer Frauen. DVD.
[217] Süfke, B. (2010): Männerseelen. Ein psychologischer Reiseführer. Goldmann, München.
[218] Pease, A. & B. Pease (2002): Warum Männer nicht zuhören und Frauen schlecht einparken. Ullstein, München.
[219] Moir, A. & D. Jessel (1990): Brainsex – Der wahre Unterschied zwischen Mann und Frau. Econ, Düsseldorf.
[220] Pease, A. & B. Pease (2002): Warum Männer nicht zuhören und Frauen schlecht einparken. Ullstein, München.
[221] Pease, A. & B. Pease (2002): Warum Männer nicht zuhören und Frauen schlecht einparken. Ullstein, München.
[222] Leimbach, B. T. (2008): Männlichkeit leben. Ellert & Richter Verlag, Hamburg.

Sprache	Im Alter von 3 Jahren können 99 % aller Mädchen sich verständlich ausdrücken. Jungen gelingt dies erst ein Jahr später. Mädchen verfügen dann über einen doppelt so großen Wortschatz wie die Jungen.[223] [224]
Verhalten	Im Alter von 4 Jahren spielen Jungen und Mädchen getrennt. Jungen versuchen in die Gruppen Älterer hineinzukommen, während die Mädchen Jüngere in die Gruppe aufnehmen.[225]
Hören	Im Alter von einer Woche kann ein weibliches Baby Schreie von bekannten Babys von Hintergrundgeräuschen unterscheiden. Jungen können das nicht.[226]
Sehen	Im Alter von vier Monaten können Mädchen Fotos von Bekannten von Unbekannten unterscheiden. Jungen können das nicht.[227]
Verhalten	Im Kindergarten spielen Jungen lieber mit Dingen, die etwas tun, während Mädchen lieber im Sitzen spielen.[228]
Gehirn, Verhalten	Im Ruhezustand ist das Gehirn des Mannes um 70–90 % runtergefahren, dass der Frau nur um 10 %. Auch dies ist eine Anpassung an ihre Aufgabe der Kindererziehung, die es ihr ermöglicht auch im Schlaf schnell auf Ereignissen bei den Kindern zu reagieren.[229] [230]
Verhalten	In Australien werden im Straßenverkehr doppelt so viele Jungen wie Mädchen überfahren.[231]
Statistik	In der Schuhindustrie gibt es sogenannte Grundtypen für die Schuhe. Für Männer gibt es 33, für Frauen 56 Grundtypen.[232]
Verhalten	In der Urzeit gab es eine deutliche Arbeitsteilung. So kümmerte sich der Mann um das Feld und die Jagd, während die Frau sich um das Haus und die Kinder kümmerte. Beide Rollen wurden vom anderen Geschlecht akzeptiert, weil es unter den gegebenen Bedingungen erfolgreich war.[233]
Beruf, Verhalten	In Deutschland werden mittlerweile mehr Männer als Frauen arbeitslos. Junge Männer sind bis zu 24x häufiger von Arbeitslosigkeit betroffen als junge Frauen.[234]
Verhalten	In einem Experiment sollte überprüft werden, zwischen welchem Elternteil die Bindung zum Baby stärker war. Dafür tauschten Mann und Frau die Rollen. Nach 4 Wochen war die Bindung zwischen Mutter und Baby stärker als zwischen Baby und mutterspielendem Vater.[235]

[223] Moir, A. & D. Jessel (1990): Brainsex – Der wahre Unterschied zwischen Mann und Frau. Econ, Düsseldorf.
[224] Pease, A. & B. Pease (2002): Warum Männer nicht zuhören und Frauen schlecht einparken. Ullstein, München.
[225] Moir, A. & D. Jessel (1990): Brainsex – Der wahre Unterschied zwischen Mann und Frau. Econ, Düsseldorf.
[226] Moir, A. & D. Jessel (1990): Brainsex – Der wahre Unterschied zwischen Mann und Frau. Econ, Düsseldorf.
[227] Moir, A. & D. Jessel (1990): Brainsex – Der wahre Unterschied zwischen Mann und Frau. Econ, Düsseldorf.
[228] Moir, A. & D. Jessel (1990): Brainsex – Der wahre Unterschied zwischen Mann und Frau. Econ, Düsseldorf.
[229] Pease, A. & B. Pease (2002): Warum Männer nicht zuhören und Frauen schlecht einparken. Ullstein, München.
[230] Birkenbihl, V. F. (2008): Mehr als der sogenannte kleine Unterschied – Männer Frauen.- DVD.
[231] Pease, A. & B. Pease (2002): Warum Männer nicht zuhören und Frauen schlecht einparken. Ullstein, München.
[232] Stolz, M. & O. Häntzschel (2013): Männer und Frauen. Knaur, München.
[233] Pease, A. & B. Pease (2002): Warum Männer nicht zuhören und Frauen schlecht einparken. Ullstein, München.
[234] Hollstein, W. (2012): Was vom Manne übrigblieb. opus magnum, Stuttgart.
[235] Moir, A. & D. Jessel (1990): Brainsex – Der wahre Unterschied zwischen Mann und Frau. Econ, Düsseldorf.

Sprache, Sehen, Gewalt, Gefahr, Aggression	In einem Gespräch stehen Männer lieber nebeneinander und schauen sich dabei nicht an, während Frauen lieber frontal zueinanderstehen und sich direkt in die Augen schauen.[236] Für Männer ist der direkte Augenkontakt durch einen anderen Mann, immer noch eine Drohgebärde.
Verhalten	In einigen der israelischen Kibbuzim hat man darauf geachtet den Geschlechtern keine rollenspezifischen Eigenheiten anzueignen. Jeder sollte alles machen können ohne Einschränkungen. Das Ergebnis nach mehreren Jahrzehnten war, dass die Rollen noch ausgeprägter waren als in der durchschnittlichen Bevölkerung.[237]
Verhalten, Beruf	In Grundschulen sind 83 % der Lehrer Frauen, aber 81 % der Direktoren Männer.[238]
Verhalten	In Räumen suchen Männer instinktiv den Notausgang, während Frauen die Gefühlswelten der anwesenden Personen aufnehmen.[239]
Verhalten	Je mehr Lehrerinnen an einer Schule unterrichten, umso höher ist die Benachteiligung von Jungen gegenüber den Mädchen.[240] Jungen müssen häufiger eine Klasse wiederholen, müssen bessere Leistungen erbringen, um an eine gute weiterführende Schule zu kommen, sind an Haupt- und Sonderschulen überrepräsentiert und an Gymnasien unterrepräsentiert.
Verhalten	Je mehr Liebe ein Mann empfängt, desto größer ist seine Angst vor dem Versagen und desto kleiner damit auch seine Bereitschaft zu geben, weil er Fehler machen könnte. Er benötigt also das Gefühl, dass die Frau auch allein klarkommen könnte. Damit bekommt er seine Freiheit, die er braucht.[241]
Gewalt, Gefahr, Aggression	Jungen aus Patchworkfamilien fallen häufiger bei Ladendiebstahl, Körperverletzung und Drogenhandel auf, als Jungen aus Einelternfamilien und noch häufiger als bei Zweielternfamilien.[242]
Verhalten	Jungen begeben sich instinktiv in Situationen, die ihre räumlichen Fähigkeiten fördern, während die Mädchen lieber in zwischenmenschliche Situationen gehen. Jungen sind beim Zusammensetzen von Puzzeln oder dreidimensionalen Dingen, schneller als Mädchen. Deshalb können Männer auch besser Landkarten lesen als Frauen, da sie ein besseres räumliches Verständnis haben.[243] Mädchen/Frauen orientieren sich eher nach auffälligen Punkten, wie Gegenstände oder Gebäude. Ein Junge/Mann abstrahiert dagegen eher und nutzt dies zur Orientierung.[244]
Sprache, Verhalten	Jungen erzählen Geschichten mit Gewalt aus der Sicht des Räubers, Mädchen gehen eher auf Heim und Freundschaft ein und erzählen eher aus der Sicht des Opfers.[245]
Sprache, Verhalten	Jungen gleichen ihre sprachlichen Defizite gegenüber den Mädchen erst zu Beginn der Pubertät aus.[246]

[236] Birkenbihl, V. F. (2008): Mehr als der sogenannte kleine Unterschied – Männer Frauen. DVD.
[237] Moir, A. & D. Jessel (1990): Brainsex – Der wahre Unterschied zwischen Mann und Frau. Econ, Düsseldorf.
[238] Moir, A. & D. Jessel (1990): Brainsex – Der wahre Unterschied zwischen Mann und Frau. Econ, Düsseldorf.
[239] Pease, A. & B. Pease (2002): Warum Männer nicht zuhören und Frauen schlecht einparken. Ullstein, München.
[240] Hollstein, W. (2012): Was vom Manne übrigblieb. opus magnum, Stuttgart.
[241] Gray, J. (1998): Männer sind anders. Frauen auch. Mosaik, München.
[242] Franz, M. & A. Karger (Hg.) (2011): Neue Männer – muss das sein? Vandenhoeck & Ruprecht, Göttingen.
[243] Moir, A. & D. Jessel (1990): Brainsex – Der wahre Unterschied zwischen Mann und Frau. Econ, Düsseldorf.
[244] Buss, D. M. (2019): Evolutionäre Psychologie. Pearson Studium; 2. Edition: 608 S.
[245] Moir, A. & D. Jessel (1990): Brainsex – Der wahre Unterschied zwischen Mann und Frau. Econ, Düsseldorf.
[246] Moir, A. & D. Jessel (1990): Brainsex – Der wahre Unterschied zwischen Mann und Frau. Econ, Düsseldorf.

Hormone	Jungen haben durch das Testosteron mehr rote Blutkörperchen. Dadurch sind sie den Mädchen körperlich überlegen. In allen Sportarten, die Kraft und Schnelligkeit oder räumliche Fähigkeiten bedürfen, erbringen die Männer höhere Werte.[247]
Verhalten	Jungen haben mehr Interesse, als die Mädchen daran die Welt zu erkunden. Sie entfernen sich also weiter von der Mutter.[248]
Hören	Jungen haben während der Pubertät Phasen, in denen sie nahezu taub sind. Ihr Wachstum ist sprunghaft, was dazu führt, dass alle Körperregionen nicht gleichmäßig wachsen. Mädchen hingegen wachsen gleichmäßig und haben deshalb diese "tauben" Phasen nicht.[249] [250]
Verhalten	Jungen können Muster besser durch Ablaufen erkennen, während Mädchen sich diese nur anschauen.[251] Jungen begreifen mathematische Zusammenhänge besser, wenn sie sich gleichzeitig bewegen. In manchen Schulen wird die gleichzeitige Bewegung gefördert.
Verhalten	Jungen lernen durch Abschauen. Nach Süfke[252] kann ein Junge nur dann zum empathischen Mann werden, wenn er einen solchen Vater/Vaterfigur hat.[253]
Hören, Sehen, Verhalten	Jungen lernen durch Sehen und Ausprobieren, Mädchen durch Kommunikation und Hören.[254]
Sprache	Jungen sind 4x häufiger Legastheniker als Mädchen.[255]
Verhalten	Jungen sind an Objekten interessiert, Mädchen an Menschen.[256]
Verhalten	Jungen spielen, um einen Sieger zu definieren; Mädchen spielen miteinander. Jungen kämpfen in einem Jugendcamp eine Rangfolge aus, Mädchen bauen ein Netzwerk auf.[257] [258]
Gehirn	Jungen übertreffen in aller Regel die Mädchen in ihren mathematischen Fähigkeiten, da sich ihre rechte Gehirnhälfte schneller entwickelt. Auf jedes außergewöhnlich begabte Mädchen kommen 13 Jungen mit den gleichen Fähigkeiten.[259] [260]
Verhalten	Jungen verfügen über eine bessere Hand-Auge-Koordination und sind deshalb besser in Ballsportarten. Die besseren Feinmotoriker sind aber die Mädchen.[261] [262]
Sprache	Jungen werden weniger häufig angesprochen als die Mädchen, weil ihre Antworten meist nur kurz sind.[263]

[247] Moir, A. & D. Jessel (1990): Brainsex – Der wahre Unterschied zwischen Mann und Frau. Econ, Düsseldorf.
[248] Moir, A. & D. Jessel (1990): Brainsex – Der wahre Unterschied zwischen Mann und Frau. Econ, Düsseldorf.
[249] Pease, A. & B. Pease (2002): Warum Männer nicht zuhören und Frauen schlecht einparken. Ullstein, München.
[250] Birkenbihl, V. F. (2008): Mehr als der sogenannte kleine Unterschied – Männer Frauen. DVD.
[251] Birkenbihl, V. F. (2008): Mehr als der sogenannte kleine Unterschied – Männer Frauen. DVD.
[252] Süfke, B. (2010): Männerseelen. Ein psychologischer Reiseführer. Goldmann, München.
[253] Birkenbihl, V. F. (2008): Mehr als der sogenannte kleine Unterschied – Männer Frauen. DVD.
[254] Moir, A. & D. Jessel (1990): Brainsex – Der wahre Unterschied zwischen Mann und Frau. Econ, Düsseldorf.
[255] Moir, A. & D. Jessel (1990): Brainsex – Der wahre Unterschied zwischen Mann und Frau. Econ, Düsseldorf.
[256] Moir, A. & D. Jessel (1990): Brainsex – Der wahre Unterschied zwischen Mann und Frau. Econ, Düsseldorf.
[257] Moir, A. & D. Jessel (1990): Brainsex – Der wahre Unterschied zwischen Mann und Frau. Econ, Düsseldorf.
[258] Gray, J. (1998): Männer sind anders. Frauen auch. Mosaik, München.
[259] Moir, A. & D. Jessel (1990): Brainsex – Der wahre Unterschied zwischen Mann und Frau. Econ, Düsseldorf.
[260] Pease, A. & B. Pease (2002): Warum Männer nicht zuhören und Frauen schlecht einparken. Ullstein, München.
[261] Moir, A. & D. Jessel (1990): Brainsex – Der wahre Unterschied zwischen Mann und Frau. Econ, Düsseldorf.
[262] Birkenbihl, V. F. (2008): Mehr als der sogenannte kleine Unterschied – Männer Frauen. DVD.
[263] Pease, A. & B. Pease (2002): Warum Männer nicht zuhören und Frauen schlecht einparken. Ullstein, München.

Fortpflanzung, Hormone	Jungen, die im Mutterleib mehr weiblichen Hormonen ausgesetzt waren, übernahmen mehr weibliche Eigenschaften.[264]
Verhalten	Junggesellen und Witwer sterben eher als verheiratete Männer.[265]
Morphologie	Knieverletzungen im Frauenfußball sind weit verbreitet, weil die Muskulatur für die Beanspruchung nicht ausgelegt ist. [mündl. Aussage der Kommentatorin bei dem WM-Spiel der Frauen (England – Schweden) um den dritten Platz am 06.07.2019 nach einem Foul] Dennoch gelten für die Frauen die gleichen Regeln wie für die Männer.
Verhalten	Kommt ein Neuling in den Kindergarten, wird dieser eher von den Mädchen aufgenommen als von den Jungen.[266] Mädchen bauen Netzwerke auf, in die sich leichter „Neulinge“ integrieren lassen, während Jungs Hierarchien aufbauen, in die der „Neuling“ sich seinen Platz erst erarbeiten muss.
Statistik	Kommt es zu einem zu pflegenden Angehörigen wird dies etwa 10x häufiger von der Frau übernommen als vom Mann.[267] [268]
Gewalt, Gefahr, Aggression	Konflikte bei Jungen werden zumeist körperlich ausgetragen, Mädchen nutzen die Sprache. Bei einem möglichen Angriff entscheiden sich 69 % aller Jungen auf eine körperliche Gegenwehr. 69 % der Mädchen entscheiden sich für Flucht.[269] [270]
Verhalten	Körperliche Nähe zwischen Männern stellt für den Mann ein Problem dar, da er Sorge hat als Homosexuelle angesehen zu werden. Umarmung, Küssen etc. ist aber beim Siegen erlaubt, siehe hier wieder das Fußballspiel.[271] [272] [273]
Sprache	Mädchen haben ein größeres Vokabular als Jungen und beherrschen (2-4jährig) die Grammatik besser. Bei Mädchen entwickelt sich die linke Gehirnhälfte schneller, wodurch die Mädchen einen Vorteil im Deutschunterricht haben.[274] [275]
Fortpflanzung, Verhalten	Mädchen haben mit 17 Jahren meistens schon die volle körperliche Reife erreicht, während die Jungen dann noch Flausen im Kopf haben.[276]
Sprache	Mädchen können eher sprechen als Jungen.[277]
Verhalten	Mädchen machen häufiger ein Abitur als Jungen.[278]
Verhalten	Mädchen spielen mit Puppen und bemuttern sie, Jungen finden eine Verwendung für die Puppe und nutzen sie für ihre Kreativität.[279]

[264] Moir, A. & D. Jessel (1990): Brainsex – Der wahre Unterschied zwischen Mann und Frau. Econ, Düsseldorf.
[265] Moir, A. & D. Jessel (1990): Brainsex – Der wahre Unterschied zwischen Mann und Frau. Econ, Düsseldorf.
[266] Moir, A. & D. Jessel (1990): Brainsex – Der wahre Unterschied zwischen Mann und Frau. Econ, Düsseldorf.
[267] Stolz, M. & O. Häntzschel (2013): Männer und Frauen. Knaur, München.
[268] Stolz, M. & O. Häntzschel (2013): Männer und Frauen. Knaur, München.
[269] Moir, A. & D. Jessel (1990): Brainsex – Der wahre Unterschied zwischen Mann und Frau. Econ, Düsseldorf.
[270] Pease, A. & B. Pease (2002): Warum Männer nicht zuhören und Frauen schlecht einparken. Ullstein, München.
[271] Birkenbihl, V. F. (2008): Mehr als der sogenannte kleine Unterschied – Männer Frauen. DVD.
[272] Schwanitz, D. (2003): Männer - Eine Spezies wird besichtigt. Goldmann, München.
[273] Kratochvil, H. (2012): Im Prinzip Jäger und Sammler. Galila, Etsdorf am Kamp.
[274] Pease, A. & B. Pease (2002): Warum Männer nicht zuhören und Frauen schlecht einparken. Ullstein, München.
[275] Moir, A. & D. Jessel (1990): Brainsex – Der wahre Unterschied zwischen Mann und Frau. Econ, Düsseldorf.
[276] Pease, A. & B. Pease (2002): Warum Männer nicht zuhören und Frauen schlecht einparken. Ullstein, München.
[277] Moir, A. & D. Jessel (1990): Brainsex – Der wahre Unterschied zwischen Mann und Frau. Econ, Düsseldorf.
[278] Birkenbihl, V. F. (2008): Mehr als der sogenannte kleine Unterschied – Männer Frauen. DVD.
[279] Moir, A. & D. Jessel (1990): Brainsex – Der wahre Unterschied zwischen Mann und Frau. Econ, Düsseldorf.

Physiologie	Magensaft: Mann: saurer, dadurch aggressiver, Frau: milder.[280]
Gewalt, Gefahr, Aggression	Man könnte vermuten, dass Frauen nur sehr selten Gewalt gegen Männer ausüben. In Berichten über Angriffe gegen den Ehepartner, z. B. durch Schlagen, Spucken, Schubsen und durch verbale Beleidigungen liegen die Zahlen der weiblichen und der männlichen Opfer jedoch in etwa gleich hoch.[281]
Gehirn	Mann: schwerer, linke Hälfte stärker entwickelt (logisch und rational betont), Frau: leichter, rechte Hälfte stärker entwickelt (intuitiv, praktisch betont).[282]
Verhalten	Männer begehen 3x häufiger den Ehebruch als Frauen.[283] Männer sind daran interessiert mit möglichst vielen Frauen intimen Kontakt zu haben, während Frauen die Kontinuität bevorzugen.
Morphologie	Männer benötigen 30 % mehr Flüssigkeit zum Überleben als Frauen.[284] Durch die meist körperliche Tätigkeit haben Männer wesentlich mehr Schweißdrüsen, die mehr Wasser zur Verdunstung und damit zur Kühlung des Körpers abgeben können.
Beruf, Verhalten	Männer billigen sich im Beruf mehr Lohn, Spesen und Firmenwagen zu, als dass es Frauen tun.[285]
Gehirn, Sprache, Verhalten	Männer denken leise, Frauen denken häufig direkt beim Reden.[286]
Gehirn, Sprache, Verhalten	Männer denken lieber allein über Probleme nach, während Frauen dies direkt im Austausch mit anderen tun.[287]
Verhalten	Männer erleiden 95 % aller tödlichen Berufsunfälle.[288]
Gewalt, Gefahr, Aggression	Männer flüchten bei Verunsicherung in geschlossene Systeme, wie Gruppen, Computerwelten oder terroristischen Einheiten.[289]
Sprache, Verhalten	Männer geben durchschnittlich etwa 7.000 Kommunikationsträger pro Tag von sich (Wörter, Tongeräusche, Körpersignale), Frauen dagegen ca. 20.000.[290]
Verhalten	Männer geben Lösungen, kein Mitgefühl. Ihr Grundverständnis ist, etwas Greifbares zu schaffen.[291]

280 Wais, M. & C. Grah-Wittich, U. Meier (2011): Wie werden aus Jungs richtige Männer ... und wer ist dafür zuständig? Gesundheitspflege initiativ, Deiningen.
281 Buss, D. M. (2019): Evolutionäre Psychologie. Pearson Studium; 2. Edition: 608 S.
282 Wais, M. & C. Grah-Wittich, U. Meier (2011): Wie werden aus Jungs richtige Männer ... und wer ist dafür zuständig? Gesundheitspflege initiativ, Deiningen.
283 Moir, A. & D. Jessel (1990): Brainsex – Der wahre Unterschied zwischen Mann und Frau. Econ, Düsseldorf.
284 Birkenbihl, V. F. (2008): Mehr als der sogenannte kleine Unterschied – Männer Frauen. DVD.
285 Moir, A. & D. Jessel (1990): Brainsex – Der wahre Unterschied zwischen Mann und Frau. Econ, Düsseldorf.
286 Birkenbihl, V. F. (2008): Mehr als der sogenannte kleine Unterschied – Männer Frauen. DVD.
287 Birkenbihl, V. F. (2008): Mehr als der sogenannte kleine Unterschied – Männer Frauen. DVD.
288 Leimbach, B. T. (2008): Männlichkeit leben. Ellert & Richter Verlag, Hamburg.
289 Birkenbihl, V. F. (2008): Mehr als der sogenannte kleine Unterschied – Männer Frauen. DVD.
290 Kirchstein, H. (2015): Männer trauern anders. Typisch männliche Strategien angesichts von Tod und Verlust – und wie sich damit umgehen ließe. Vortrag vor der Selbsthilfegruppe verwaister Eltern, Bramsche-Ueffeln am 23.4.15.
291 Gray, J. (1998): Männer sind anders. Frauen auch. Mosaik, München.

Verhalten	Männer gehen um 1/3 weniger zum Arzt als Frauen, um ½ weniger in Therapien und um 2/3 weniger zum Psychotherapeuten.[292]
Verhalten	Männer haben einen ausgeprägten Orientierungssinn über weite Strecken, Frauen über kurze Strecken.[293]
Sehen, Verhalten	Männer können besser Tiefe (dreidimensional) sehen als Frauen.[294]
Verhalten	Männer können einfacher Entscheidungen treffen, weil sie weniger Variablen mit einbeziehen, als dass Frauen es tun. Frauen bauen viele soziale und zwischenmenschliche Faktoren ein und haben dadurch eine komplexe Entscheidung zu treffen. Dies ist der feineren sensorischen Begabung der Frau geschuldet, die der Mann nicht hat.[295]
Sprache	Männer können feine Unterschiede in der sprachlichen Modulation nicht gut heraushören. Der Grund liegt darin, dass Frau für den Zusammenhalt in der Familie eine „feine Antenne" benötigt, da sie ihre Stärke im zwischenmenschlichen Bereich hat. Daraus folgt auch, dass Männer den Charakter eines Menschen schlechter einschätzen können.[296]
Verhalten	Männer können Frau kaum anlügen, da die Lüge feinste Veränderung im Verhalten des Mannes verursacht, was von der Frau erkannt wird. Dagegen können Frauen Männer problemlos anlügen, wie beispielsweise im Vortäuschen eines Orgasmus.[297]
Verhalten	Männer können sich gut nur Informationen merken, die in irgendeinem relevanten, sachlichen Zusammenhang stehen.[298]
Sprache, Verhalten	Männer konzentrieren sich beim Autofahren auf das Fahren, nicht auf das Gespräch.[299]
Verhalten	Männer kritisieren Frauen dafür, dass sie scheinbar nicht so gut fahren wie er, die Straßenkarte falsch herum lesen, einen schlechten Orientierungssinn haben, zu viel reden, keinen Sex wollen und den Toilettensitz nicht hochklappen. Frauen kritisieren Männer dafür, dass diese gefühlslos seien, Gleichgültigkeit an den Tag legen, nicht zuhören können, nicht reden, keine Beziehungsarbeit leisten wollen, Sex statt Liebe wollen und die Klobrille nicht runter klappen.[300] [301]
Verhalten	Männer möchten einer größeren Gruppe angehören, da sie sich dadurch stark fühlen. Sieht man in die Stadien ist das ein Ort, in dem der Anteil der Männer ca. 70 % beträgt. Das Verhalten ist an alte Stammesbräuche angelehnt, bei denen Männer sich zusammenschlossen, um beispielsweise den Feind zu schlagen. Die Parallelen zum Fußballspiel sind überdeutlich. Eine Gruppe definiert sich auch über ihre Lautstärke, wodurch sie immer bemüht ist, lauter zu werden, weitere Zeichen sind Kleidung, Fahnen, Bemalung und der Konsum von Alkohol.[302] [303] [304]

[292] Hollstein, W. (2012): Was vom Manne übrigblieb. opus magnum, Stuttgart.
[293] Pease, A. & B. Pease (2002): Warum Männer nicht zuhören und Frauen schlecht einparken. Ullstein, München.
[294] Pease, A. & B. Pease (2002): Warum Männer nicht zuhören und Frauen schlecht einparken. Ullstein, München.
[295] Moir, A. & D. Jessel (1990): Brainsex – Der wahre Unterschied zwischen Mann und Frau. Econ, Düsseldorf.
[296] Moir, A. & D. Jessel (1990): Brainsex – Der wahre Unterschied zwischen Mann und Frau. Econ, Düsseldorf.
[297] Pease, A. & B. Pease (2002): Warum Männer nicht zuhören und Frauen schlecht einparken. Ullstein, München.
[298] Moir, A. & D. Jessel (1990): Brainsex – Der wahre Unterschied zwischen Mann und Frau. Econ, Düsseldorf.
[299] Pease, A. & B. Pease (2002): Warum Männer nicht zuhören und Frauen schlecht einparken. Ullstein, München.
[300] Pease, A. & B. Pease (2002): Warum Männer nicht zuhören und Frauen schlecht einparken. Ullstein, München.
[301] Birkenbihl, V. F. (2008): Mehr als der sogenannte kleine Unterschied – Männer Frauen. DVD.
[302] Birkenbihl, V. F. (2008): Mehr als der sogenannte kleine Unterschied – Männer Frauen. DVD.
[303] Schwanitz, D. (2003): Männer - Eine Spezies wird besichtigt. Goldmann, München.
[304] Kratochvil, H. (2012): Im Prinzip Jäger und Sammler. Galila, Etsdorf am Kamp.

Gewalt, Gefahr, Aggression	Männer morden 5x häufiger als Frauen. Dabei sind Kriege nicht mit ein berechnet.[305]
Sprache, Verhalten	Männer nutzen meistens 3 von 5 Tonlagen, während Frauen alle 5 Tonlagen regelmäßig einsetzen.[306]
Haut, Gewalt, Gefahr, Aggression	Männer reagieren langsamer auf Schmerzen als Frauen, kommen allerdings weniger gut mit anhaltenden Schmerzen zurecht.[307] Hintergrund ist der Angriff beispielweise durch einen Schlag. Männer müssen in dieser Situation handlungsfähig bleiben. Ein anhaltender Schmerz erfolgt unter Geburt.
Sprache, Verhalten	Männer reden, um Fakten und Informationen auszutauschen. Frauen reden, um eine Gemeinschaft herzustellen und Beziehungen zu festigen. Männer reden eher kurz, Frauen eher ausführlich und länger.[308]
Geschmack	Männer schmecken besser salzig und bitter, während Frauen besser süß und zuckrig schmecken. Dies ist ein Vorteil aus der Urzeit, um den Süße- und damit Reifegrad einer Frucht zu bestimmen, um damit die Familie zu ernähren. Männer hingegen waren überwiegend für die Versorgung mit Proteinen, meist Fleisch, zuständig.[309]
Sehen, Verhalten	Männer sehen besser in die Ferne, Frauen besser auf kürzere Distanzen.[310]
Sehen, Verhalten	Männer sehen besser kleine Buchstaben, Frauen eher größere.[311]
Sehen	Männer sehen im Tunnelblick, während Frauen auch in den Randbereichen sehr gut sehen können. Männer benötigten diesen Blick, um zu jagen, da somit die Konzentration auf das Wild gesteigert werden konnte und sie nicht von randlichen Dingen abgelenkt wurden. Die Frauen hingegen mussten ständig die Kinder im Blick haben, die um sie herum aktiv waren. Gleichzeitig wirft die Frau dem Mann vor, er würde anderen Frauen nachsehen, was er aufgrund seines Tunnelblicks offensichtlich macht. Die Frauen schauen aber auch anderen Männern nach, tun dies aber aufgrund ihres besseren peripheren Sehens unauffälliger.[312] [313] [314]
Verhalten	Männer sind an der Spitze der sozialen Pyramide überrepräsentiert, aber genauso am unteren Ende als Arbeitslose, Hilfsarbeiter, Wanderarbeiter, Obdachlose und chronisch Kranke. Sie üben die dreckigsten Berufe als Kehrrichtabfuhr, Entsorgung, Tiefbau, Gummiverarbeiter, Straßenreiniger und Abwasserreinigung aus. Und sie üben die gefährlichsten Berufe aus im Hochbau, Gefahrengüterentsorgung, Dachdecker, Gleisbauer, Sicherheitswesen, Feuerwehr, Katastrophenschutz und Bergwerk. Das Verhältnis von Unfällen zwischen Männern und Frauen in diesen Bereichen liegt bei 99:1.[315]
Verhalten	Männer sind doppelt so häufig in der Psychiatrie, wie Frauen.[316]

---

[305] Moir, A. & D. Jessel (1990): Brainsex – Der wahre Unterschied zwischen Mann und Frau. Econ, Düsseldorf.
[306] Pease, A. & B. Pease (2002): Warum Männer nicht zuhören und Frauen schlecht einparken. Ullstein, München.
[307] Moir, A. & D. Jessel (1990): Brainsex – Der wahre Unterschied zwischen Mann und Frau. Econ, Düsseldorf.
[308] Pease, A. & B. Pease (2002): Warum Männer nicht zuhören und Frauen schlecht einparken. Ullstein, München.
[309] Pease, A. & B. Pease (2002): Warum Männer nicht zuhören und Frauen schlecht einparken. Ullstein, München.
[310] Pease, A. & B. Pease (2002): Warum Männer nicht zuhören und Frauen schlecht einparken. Ullstein, München.
[311] Birkenbihl, V. F. (2008): Mehr als der sogenannte kleine Unterschied – Männer Frauen. DVD.
[312] Moir, A. & D. Jessel (1990): Brainsex – Der wahre Unterschied zwischen Mann und Frau. Econ, Düsseldorf.
[313] Pease, A. & B. Pease (2002): Warum Männer nicht zuhören und Frauen schlecht einparken. Ullstein, München.
[314] Birkenbihl, V. F. (2008): Mehr als der sogenannte kleine Unterschied – Männer Frauen. DVD.
[315] Franz, M. & A. Karger (Hg.) (2011): Neue Männer – muss das sein? Vandenhoeck & Ruprecht, Göttingen.
[316] Birkenbihl, V. F. (2008): Mehr als der sogenannte kleine Unterschied – Männer Frauen. DVD.

Verhalten	Männer sind physisch stark und psychisch schwach, Frauen sind physisch schwach und psychisch stark.[317]
Verhalten	Männer sind stolz darauf, Dinge allein zu machen. Autonomie ist ein Zeichen von Effizienz, Macht und Kompetenz.[318]
Gewalt, Gefahr, Aggression	Männer sitzen im Restaurant lieber mit dem Rücken zur Wand und haben die Tür im Auge. Frauen sitzen nur dann mit dem Rücken zur Wand, wenn sie kleine Kinder dabeihaben. Dies ist ein Sicherheitsinstinkt noch aus der Urzeit, um Angriffe aus dem Hinterhalt zu verhindern.[319]
Verhalten	Männer sterben in Deutschland durchschnittlich 7 Jahre früher als Frauen. Es steht die Vermutung im Raum, dass durch einen größeren Reproduktionserfolg der Männer, verglichen mit dem der Frau, damit Eigenschaften assoziiert sind die risikoreicher sind und damit die geringere Lebenserwartung erklären könnte.[320] [321]
Verhalten	Männer streben nach offensichtlicher Macht und Anerkennung. Frauen tun dies viel subtiler, in dem sie Netzwerke schaffen oder die Familie zusammenhalten. Das Problem ist die Bewertung von Macht.[322] [323] [324]
Verhalten	Männer verfügen über weniger aktive Mimik. Dies stammt noch aus der Urzeit, weil Krieger besser kalt wirken. Frauen hingegen können innerhalb von 10 Sekunden 6 verschiedene Mimiken zeigen, ebenfalls aus der Urzeit begründet, weil sie im permanenten Kontakt zu anderen waren.[325]
Verhalten	Männer wollen, dass man ihren Fähigkeiten vertraut. Männer brauchen: Vertrauen, Akzeptanz, Anerkennung, Bewunderung, Zustimmung und Ermutigung.[326]
Verhalten	Männer zappen beim Fernsehschauen lieber als Frauen zwischen den Programmen hin und her.[327]
Sprache, Verhalten	Männer ziehen sich, wenn sie ein Problem/Stress haben, in ihre „Höhle" zurück. Sie werden schweigsam und sind abwesend und reagieren häufig nicht direkt auf Ansprache. Sie schauen ins Leere, weil sie ihr Problem allein lösen wollen. Haben sie eine Lösung kommen sie auch wieder heraus.[328]
Gehirn	Männliche Gehirne sind stärker auf theoretisches und dingliches Denken ausgerichtet, während die Mädchen eher empfindlicher für sensorische Reize sind.[329]
Verhalten	Männliche Säuglinge interessieren sich mehr für Gegenstände als für Gesichter.[330] [331]

---

[317] Wais, M. & C. Grah-Wittich, U. Meier (2011): Wie werden aus Jungs richtige Männer ... und wer ist dafür zuständig? Gesundheitspflege initiativ, Deiningen.
[318] Gray, J. (1998): Männer sind anders. Frauen auch. Mosaik, München.
[319] Pease, A. & B. Pease (2002): Warum Männer nicht zuhören und Frauen schlecht einparken. Ullstein, München.
[320] Buss, D. M. (2019): Evolutionäre Psychologie. Pearson Studium; 2. Edition: 608 S.
[321] Leimbach, B. T. (2008): Männlichkeit leben. Ellert & Richter Verlag, Hamburg.
[322] Moir, A. & D. Jessel (1990): Brainsex – Der wahre Unterschied zwischen Mann und Frau. Econ, Düsseldorf.
[323] Birkenbihl, V. F. (2008): Mehr als der sogenannte kleine Unterschied – Männer Frauen. DVD.
[324] Süfke, B. (2010): Männerseelen. Ein psychologischer Reiseführer. Goldmann, München.
[325] Pease, A. & B. Pease (2002): Warum Männer nicht zuhören und Frauen schlecht einparken. Ullstein, München.
[326] Gray, J. (1998): Männer sind anders. Frauen auch. Mosaik, München.
[327] Pease, A. & B. Pease (2002): Warum Männer nicht zuhören und Frauen schlecht einparken. Ullstein, München.
[328] Gray, J. (1998): Männer sind anders. Frauen auch. Mosaik, München.
[329] Moir, A. & D. Jessel (1990): Brainsex – Der wahre Unterschied zwischen Mann und Frau. Econ, Düsseldorf.
[330] Moir, A. & D. Jessel (1990): Brainsex – Der wahre Unterschied zwischen Mann und Frau. Econ, Düsseldorf.
[331] Pease, A. & B. Pease (2002): Warum Männer nicht zuhören und Frauen schlecht einparken. Ullstein, München.

Morphologie	Muskulatur: Mann: kantiger und deutlich ausgebildet, Frau: runder, mehr Bindegewebe und Fett.[332]
Gewalt, Gefahr, Aggression	Mütter schlagen ihre Söhne häufiger als ihre Töchter.[333]
Sonstiges	Nach Kasten[334] gibt es eine ganze Reihe von Geschlechterstereotypien, die hier aufgelistet werden sollen. Frauen sind danach: abhängig, ängstlich, attraktiv, aufreizend, behutsam, vorsichtig, charmant, einfühlsam, emotional, familienorientiert, friedlich, gefühlsbetont, gehorsam, geschwätzig, hilflos, kinderlieb, kleidungsbewusst, launisch, nachgiebig, nett, passiv, rücksichtsvoll, sanft, schutzbedürftig, schwach, sensibel, sicherheitsbedürftig, taktvoll, umgänglich, unentschlossen, unlogisch, unselbständig, verständnisvoll, weich, zart. Männer sind danach: abenteuerlustig, aggressiv, aktiv, ausgeglichen, bestimmend, direkt, dominant, ehrgeizig, entschieden, entschlusskräftig, entscheidungsstark, führungsbewusst, groß, hart, kämpferisch, kontrolliert, kraftvoll, kräftig, kühn, verwegen, mutig, tapfer, nicht leicht verletzbar, objektiv, sachlich, rational, realistisch, selbstbewusst, stark, überlegen, unabhängig, unternehmenslustig, verantwortungsbewusst, weinen nicht, wettbewerbsorientiert, zuverlässig.
Verhalten	Nach Scheidungen nehmen sich Männer 6x so häufig das Leben wie Frauen.[335]
Fortpflanzung, Verhalten	Nach Schwanitz[336] ist die Sexualität die Waffe der Frau, mit der sie Beziehungen regulieren kann. Dies können im Tierreich nur noch die Affen.
Fortpflanzung	Nur 10 % der Spermien werden für die Zeugung benötigt und 90 % sind dafür da, die fremden Spermien zu bekämpfen! (Aspekt der Urzeit). Im Verhältnis zu anderen Säugetieren hat der Mann vergleichsweise große Hoden im Verhältnis zu seiner Körpergröße. Das Ejakulat umfasst auch eine größere Menge, was ebenfalls darauf zurückzuführen ist, potenzielles Fremdsperma zu bekämpfen. Ein weiteres Indiz für eine Zeit, in der das Weibchen von mehreren Männchen begattet wurde, ist die Menge an Samenzellen. Liegt zwischen dem Geschlechtsverkehr eine längere Zeitspanne, verdoppelt sich die Anzahl der Samenzellen gegenüber Perioden, in denen es zu regelmäßigem Geschlechtsverkehr kommt. Die größere Anzahl an Samenfäden erhöht die Möglichkeit, dass der Mann sich durchsetzt.[337] [338]
Morphologie	Rumpf: Mann: Glieder und Brustkorb stärker entwickelt, Frau: Becken, Hüften stärker entwickelt.[339]
Instinkt	Schlaf aber auch Gähnen in Konfliktsituationen sind typische Instinkthandlungen. Von Infanteristen wird berichtet, dass es kurz vor dem Kampf fast schon zu schlafähnlichen Situationen kommen kann, so intensiv wird gegähnt. Ähnliche Verhaltensweisen sind bei Schülern kurz vor dem Schreiben von Klausuren zu beobachten.[340]

[332] Wais, M. & C. Grah-Wittich, U. Meier (2011): Wie werden aus Jungs richtige Männer ... und wer ist dafür zuständig? Gesundheitspflege initiativ, Deiningen.
[333] Leimbach, B. T. (2008): Männlichkeit leben. Ellert & Richter Verlag, Hamburg.
[334] Kasten, H. (2003): Weiblich – Männlich. Geschlechterrollen durchschauen. Reinhardt, München.
[335] Leimbach, B. T. (2008): Männlichkeit leben. Ellert & Richter Verlag, Hamburg.
[336] Schwanitz, D. (2003): Männer - Eine Spezies wird besichtigt. Goldmann, München.
[337] Buss, D. M. (2019): Evolutionäre Psychologie. Pearson Studium; 2. Edition: 608 S.
[338] Birkenbihl, V. F. (2008): Mehr als der sogenannte kleine Unterschied – Männer Frauen. DVD.
[339] Wais, M. & C. Grah-Wittich, U. Meier (2011): Wie werden aus Jungs richtige Männer ... und wer ist dafür zuständig? Gesundheitspflege initiativ, Deiningen.
[340] Tinbergen, N. (1956): Instinktlehre. Vergleichende Erforschung angeborenen Verhaltens. Paul Parey: 256 S.

Instinkt	Sich-hinter-dem-Ohr kratzen in Konfliktsituationen. Frauen ordnen ihre Haare, legen sie hinter das Ohr, Männer drehen am Bart, obwohl er nicht vorhanden ist. Diese Beobachten lassen sich bei Primaten genauso wie beim Menschen feststellen.[341]
Morphologie	Skelett: Mann: mehr Kalk, dadurch schwerer, stabiler, Frau: relativ leichter bei gleicher Größe.[342]
Hormone	So wie die männlichen Hormone ansteigen, sinken die weiblichen Hormone. Erst im Alter erhalten die weiblichen Hormone wieder mehr Raum, weil die männlichen Hormone sich reduzieren. Wir sprechen dann von Altersweisheit oder Altersmilde bei Männern. Frauen werden im Alter zänkischer, weil der Oestrogenspiegel sinkt und relativ mehr Testosteron vorhanden ist. Männer werden milder, weil deren Testosteronspiegel sinkt.[343]
Sprache	Stimme: Mann: voller, tiefer, rauer, Frau: zarter, höher.[344]
Sprache	Stottern und Sprachfehler finden sich fast ausschließlich bei Jungen. 80 % aller Lernbehinderungen liegen beim Jungen.[345] [346] [347]
Gewalt, Gefahr, Aggression	Über 70 % der Väter mit gesundheitlichen Beschwerden hatten zuvor ihre Kinder durch Trennung verloren.[348]
Gewalt, Gefahr, Aggression	Über 95 % der Gefängnisinsassen sind Männer.[349]
Sprache, Verhalten	Versucht eine Frau ihren Mann zum Reden zu bewegen, bedeutet dies, dass sie ihn aus der Höhle herauszieht, in der er gerade Erholung tankt. Sie verhindert also, dass er zur Ruhe kommen kann. Die Konsequenz ist, dass er immer schwächer wird und seine Schwachheit irgendwann in Aggression oder Depression umschlagen kann.[350]
Sehen, Verhalten	Visuelle Signale werden vom Mann nicht erkannt, beispielsweise, wenn er von einer Frau umworben wird. Er hat kein Detailsehen, kann aber das Zebra am Horizont und dessen Geschwindigkeit abschätzen. Frauen hingegen sehen alle Details und sprechen sofort die „Flittchenwarnung" aus, das Zebra sehen sie aber nicht.[351]
Fortpflanzung	Von 100.000 Säuglingen versterben in den ersten 24 Stunden 127,2 Jungen und 104,7 Mädchen, im ersten Jahr 498 Jungen und 403,8 Mädchen.[352] [353]
Hören	Weibliche Babys nehmen Geräusche doppelt so laut wahr, wie Jungen.[354]

[341] Tinbergen, N. (1956): Instinktlehre. Vergleichende Erforschung angeborenen Verhaltens. Paul Parey: 256 S.
[342] Wais, M. & C. Grah-Wittich, U. Meier (2011): Wie werden aus Jungs richtige Männer ... und wer ist dafür zuständig? Gesundheitspflege initiativ, Deiningen.
[343] Moir, A. & D. Jessel (1990): Brainsex – Der wahre Unterschied zwischen Mann und Frau. Econ, Düsseldorf.
[344] Wais, M. & C. Grah-Wittich, U. Meier (2011): Wie werden aus Jungs richtige Männer ... und wer ist dafür zuständig? Gesundheitspflege initiativ, Deiningen.
[345] Moir, A. & D. Jessel (1990): Brainsex – Der wahre Unterschied zwischen Mann und Frau. Econ, Düsseldorf.
[346] Pease, A. & B. Pease (2002): Warum Männer nicht zuhören und Frauen schlecht einparken. Ullstein, München.
[347] Birkenbihl, V. F. (2008): Mehr als der sogenannte kleine Unterschied – Männer Frauen. DVD.
[348] Franz, M. & A. Karger (Hg.) (2011): Neue Männer – muss das sein? Vandenhoeck & Ruprecht, Göttingen.
[349] Leimbach, B. T. (2008): Männlichkeit leben. Ellert & Richter Verlag, Hamburg.
[350] Gray, J. (1998): Männer sind anders. Frauen auch. Mosaik, München.
[351] Pease, A. & B. Pease (2002): Warum Männer nicht zuhören und Frauen schlecht einparken. Ullstein, München.
[352] Franz, M. & A. Karger (Hg.) (2011): Neue Männer – muss das sein? Vandenhoeck & Ruprecht, Göttingen.
[353] Hollstein, W. (2012): Was vom Manne übrigblieb. opus magnum, Stuttgart.
[354] Moir, A. & D. Jessel (1990): Brainsex – Der wahre Unterschied zwischen Mann und Frau. Econ, Düsseldorf.

Haut, Verhalten	Wenige Stunden alte Mädchen sind empfindlicher für Berührungen, Tasten etc. als Jungen. In Tests hat man herausgefunden, dass diese Unterschiede so groß sind, dass es keinerlei Überschneidungen dazu gibt.[355]
Verhalten	Wenn ein Mann die Gelegenheit bekommt seine Qualitäten zu zeigen, wird er das Maximum aus sich rausholen. Erst wenn er bemerkt, dass sich nichts ändert oder er keinen Erfolg hat, wird er sich egoistisch verhalten.[356]
Gewalt, Gefahr, Aggression	Wenn ein Mann nicht gebraucht wird, ist es sein „Todesurteil". Deshalb verfallen viele Männer in depressives Verhalten oder Versuchen sich durch exzessives Verhalten zu betäuben, wenn die Partnerin verstirbt. Ihm wird in diesem Moment seine Aufgabe genommen. Er wird nicht mehr gebraucht.[357]
Verhalten, Sprache	Wenn eine Frau einem Mann von ihrem Problem erzählt, hat er das Gefühl, dass sie sich einen Rat abholen möchte. Der Mann fühlt sich geehrt und motiviert und schlägt ihr eine Lösung vor. Er reagiert also so, als ob ein anderer Mann ihn fragen würde. Die Frau möchte aber nur über ihr Problem sprechen![358] [359] Frauen lösen häufig ihre Probleme dadurch, dass sie diese verbalisieren.
Verhalten	Wenn Männer und Frauen so identisch sind, wie kann es dann geschehen, dass fast in jeder Zivilisation der Mann in der Führungsposition ist und die Frau immer hinter ihm steht?[360]
Verhalten	Wer beendet eher eine Beziehung: die Frau.[361]
Sprache, Verhalten	Will eine Mutter ihr Baby ansprechen, reagiert das Mädchen eher auf Liebkosungen, während der Junge stürmisch angegangen wird. Dies macht die Mutter nicht, weil sie die Geschlechter unterschiedlich ausprägen will, sondern weil sie dahingehend vom Baby manipuliert wird.[362]
Verhalten	Zur Stressbewältigung greifen Männer eher zum Alkohol, während Frauen lieber shoppen gehen oder Süßigkeiten naschen.[363]
Gewalt, Gefahr, Aggression	Zwischen Geschwistern üben Mädchen gegenüber den Brüdern mehr Gewalt aus als Jungen gegen ihre Schwestern.[364]

---

[355] Moir, A. & D. Jessel (1990): Brainsex – Der wahre Unterschied zwischen Mann und Frau. Econ, Düsseldorf.
[356] Gray, J. (1998): Männer sind anders. Frauen auch. Mosaik, München.
[357] Gray, J. (1998): Männer sind anders. Frauen auch. Mosaik, München.
[358] Gray, J. (1998): Männer sind anders. Frauen auch. Mosaik, München.
[359] Süfke, B. (2010): Männerseelen. Ein psychologischer Reiseführer. Goldmann, München.
[360] Moir, A. & D. Jessel (1990): Brainsex – Der wahre Unterschied zwischen Mann und Frau. Econ, Düsseldorf.
[361] Pease, A. & B. Pease (2002): Warum Männer nicht zuhören und Frauen schlecht einparken. Ullstein, München.
[362] Moir, A. & D. Jessel (1990): Brainsex – Der wahre Unterschied zwischen Mann und Frau. Econ, Düsseldorf.
[363] Pease, A. & B. Pease (2002): Warum Männer nicht zuhören und Frauen schlecht einparken. Ullstein, München.
[364] Leimbach, B. T. (2008): Männlichkeit leben. Ellert & Richter Verlag, Hamburg.

TRAUER ALS PHASE?

Das Leben besteht aus Phasen. Sie betreffen unser Wachstum vom Kleinkind über das Schulkind zum Teenager, dann die jungen Erwachsenen. Wir gehen zur Schule, studieren oder machen eine Ausbildung, gehen arbeiten. Wir testen uns an Partnern, heiraten, trennen uns vielleicht wieder, erziehen unsere Kinder, lassen sie ziehen, werden zu Rentnern. Wir haben gute Phasen genauso wie schlechte. Alles kostet seine Zeit. Manche Phasen dauern länger, andere sind eher Blitzlichter. Phasen wechseln sich ab, kommen wieder, erscheinen und verschwinden auf Nimmerwiedersehen. Eine wirkliche Konstanz gibt es nicht, denn die Länge ist nicht absehbar. Sicher ist nur, dass alles im Leben in Phasen einzuteilen ist, die sich teilweise überlagern.
Genauso verhält es sich, wenn wir einen Teil in unserem Leben, einen nahen Menschen, den geliebten Job[365], die Heimat, ein Haustier, unsere Gesundheit, verlieren. Auch das kann in einer Phase dargestellt werden. Gesundheit kann manchmal dauerhaft verloren gehen und der Tod eines geliebten Menschen ist definitiv nicht umkehrbar. Folgert daraus eine endlose Phase? Nein!
Die betroffenen Menschen, die in ihr feststecken, können ihr mögliches Ende nicht absehen. Das ist das eigentliche Problem. Die Frage nach dem: „Wann hört das endlich auf?“, taucht immer wieder auf. Innerhalb der Phase scheint sich ein dauerhafter Zustand einzustellen, was es noch schlimmer macht. Erschwerend kommt hinzu, dass die Phase der Trauer keine definierte Länge hat. Bei dem einen dauert sie Tage, bei den anderen Wochen und Monate, beim Nächsten Jahre oder Jahrzehnte. Meine Worte dazu, dies auch noch als Phase zu klassifizieren, als ob es mal eben so endet, muss für den einen oder anderen ein Schlag ins Gesicht sein. Ich weiß. Verwechseln Sie bitte Sachlichkeit verbunden mit Erfahrungswerten nicht mit Herzlosigkeit. Die Realität ist nun einmal ein kaltes Phänomen.
Sezieren wir die Trauer mal etwas:
Wir haben etwas verloren, an dem wir gehangen haben. Wir trauern. Die einen trauern um den Verlust, andere bedauern sich selbst. Unsere Aufgabe im Leben ist es, dieses Erlebnis zu verarbeiten, ihm im Leben einen Platz zu geben, denn das Leben geht weiter. Für einige undenkbar, die Realität hat diese Härte. Jeder Tag ist neu, jeder Tag birgt aber auch neue Chancen. Wir können, wenn wir die Kraft und den Mut aufbringen, diese nutzen und annehmen oder wir versinken im Sumpf der Traurigkeit. Die Zeit mit ihren Sonnenauf- und -untergängen ist wie die Küchenuhr über der Türe bei uns zu Hause. Sie tickt unerbittlich weiter, da kann kommen, was mag. Es ist schwer, keine Frage, aber welche Konsequenz folgt daraus:

1. Wir können aufgeben, stehen bleiben und keinen weiteren Entwicklungsschritt mehr gehen. Der Tod des anderen ist auch der meinige. Der Schmerz ist grenzenlos und ein sinnstiftendes Weitergehen erscheint unmöglich.
2. Wir können versuchen, einen Weg zu finden, nach vorne zu gehen. Die Trauer annehmen, ihr einen Platz zuweisen und den nächsten Schritt gehen. Dies bedarf Kraft und Mut. Sie steckt in uns, auch wenn wir es gerade nicht fühlen können.
3. Wir wissen, dass es ein Leben danach gibt, wir haben aber selbst nicht die Kraft und brauchen Unterstützung. Einsicht ist schon Teil des Vorwärtsgehens.

[365] DPA (2016): Frauen fehlen häufiger im Job als Männer. Spiegel online 15.3.16.

Wir haben eine Selbstverantwortung für uns, die uns keiner nehmen kann. Das tut auch keiner, sondern es ist unsere persönliche Entscheidung, ob jemand anderes sie uns nehmen will oder nicht. Der Verstorbene ist der Letzte, der daran interessiert ist, sie uns zu nehmen. Es gibt viele Hilfsangebote, die wir nutzen können, wenn wir selbst nicht weiterwissen. Wir sind Menschen, die das Wissen austauschen, das ist unsere menschliche Eigenschaft. Jeder ist Herr seiner Entscheidungen.

Trauer ist eine Phase. Ich kann sie als Erfahrung annehmen, ich lerne, wachse an ihr, damit sie mich nicht dauerhaft niederwirft. Ich komme stärker aus ihr hervor, ich kann konzentrierter und umfänglicher mein neues Leben annehmen, wenn ich mich durch sie hindurchgearbeitet und -gefühlt habe. Ich weiß dann besser, was ich will und was ich nicht will. Zur Trauer gehört die Reflexion von Vergangenem. Ich kann alte Dinge aufarbeiten, sie abschließen, meine persönlichen Konsequenzen aus ihr ziehen.

Klingt alles so einfach, dabei ist der in seinen Höhen sauerstoffarme Mt. Everest gefühlt nur ein kleiner Hügel, den es zu überwinden gilt.

Trauerjahre sind Phasen des Innehaltens bei aller Schwere, Dunkelheit und Schmerzen. Es ist die härteste Phase, die wir als Menschen erfahren können. Es ist aber auch die wertvollste, wenn wir sie aktiv durchleben und an ihr wachsen. Keine Phase wird uns so sehr prägen wie diese. Und somit bekommt bei aller Härte auch diese Phase etwas Positives. Wichtig ist nur der Wille, das Licht dahinter zu suchen. Keiner weiß, wann es wieder heller wird. Das Einzige, was vielleicht hilft, ist die Gewissheit, dass sie als Betroffener oder Betroffene nicht der erste Mensch sind, der diese Erfahrung macht. Sie reihen sich ein in eine lange Kette von Menschen, die das auch schon erlebt haben und die nicht daran zerbrochen sind. Sie werden es auch nicht, denn danach wird es heller!

176

BLEIBEN SIE EHRLICH!

Das Plagiat in der Trauerbegleitung

Laut Duden ist ein Plagiat die „unrechtmäßige Aneignung von Gedanken, Ideen o. Ä. eines anderen auf künstlerischem oder wissenschaftlichem Gebiet und ihre Veröffentlichung“[366]. Mir fehlt hier ein Bereich, der schlecht prüfbar ist: das emotionale Plagiat!

Irgendjemand hat einen Gedanken entwickelt und dazu einen Text verfasst, veröffentlicht oder gar dazu ein Buch geschrieben. Geistiges Eigentum eines Menschen. Erworben durch mühsame Studien oder durch eigene Erfahrungen, die genauso mühsam gewesen sein können. Wir Menschen haben die Eigenschaft, Wissen gezielt weitergeben zu können, damit wir uns als menschliche Population weiterentwickeln können. Keine zufälligen Beobachtungen anderer, die durch Zufall übernommen werden, sondern die aktive und bewusste Weitergabe in Wort, Bild und Schrift. Unser Wissen geben wir bereits an unsere Kinder weiter, damit sie von unseren Erfahrungen lernen können. Eine Basis, auf der sie aufbauen können. Meistens müssen sie aber ihre eigenen Erfahrungen machen. Ich weiß, wovon ich rede als ehemaliger alleinerziehender Vater.

Außerhalb der Familie bieten wir unsere Erfahrungen ebenfalls an. Geben sie in Seminaren und Kursen weiter, wir sind Lehrende. Bücher schreibende Autoren auf der beruflichen Ebene, um davon zu leben. Es gibt die ehrenamtliche und die professionelle Schiene. Wir tun dies, weil wir es wollen, es können und häufig, weil wir es möchten, es uns einfach wichtig ist. Es ist unsere aktive Entscheidung, wie viel wir geben wollen und was wir lieber für uns behalten. Wenn dann andere unsere Bücher kaufen oder Leihgebühren in Bibliotheken entrichten, haben alle einen Mehrwert. Es gibt denjenigen, der das Wissen erhält, und denjenigen, der durch seine Wissensvermittlung Geld verdient. Oder wir geben es ehrenamtlich weiter, weil wir einen Gemeinsinn darin sehen und es uns ein gutes Gefühl vermittelt.
Und dann gibt es Menschen, die das geistige Wissen anderer ungefragt nehmen, eigene Projekte damit umsetzen und dieses als das eigene ausgeben. Sie gaukeln eine fachliche Kompetenz vor, die keine solide Basis hat. Denn die Basis entsteht erst dadurch, dass ich eigene Erfahrungen gemacht oder Sachverhalte durch Lernen und Studium erworben habe. Leider ist dies ein anstrengender Flaschenhals. Was bleibt, ist Authentizität, das kaum greifbare Gefühl dahinter, das Stück Ausstrahlung, das in meinem Gesicht zu finden ist. Das Gefühl des Gegenübers, dass derjenige, der darüber spricht, weiß, wovon er spricht.
Kein Mensch hat etwas dagegen, wenn das eigene geistige Eigentum von anderen verbreitet wird. Nicht umsonst gibt es in den sozialen Medien unter jedem Post den Teilen-Button. Bedingung ist aber, dass deutlich wird, woher dieses Wissen stammt (z. B. durch ein Zitat). Nein, ganz im Gegenteil, wir freuen uns sogar darüber, denn es ist eine Form der Wertschätzung. Und der Zitierte hat meist kein Problem damit, wenn die Person, die den Teilen-Button

[366] Plagiat: https://www.duden.de/rechtschreibung/Plagiat.

gedrückt hat, mehr Reichweite, vielleicht sogar mehr Geld verdient als derjenige mit der Urheberschaft. Wir denken in der Musik an die vielen Coverversionen.

Zitiere ich aber nicht und halte mein scheinbares Kompetenzfähnchen hoch, ist dies nicht nur verwerflich, sondern eine Straftat.

Und dann gibt es den emotionalen Sektor. Ich habe eine persönliche Erfahrung gemacht und Schlussfolgerungen daraus gezogen, die ich verbreiten möchte, um anderen eine Hilfe zu sein. Ich berichte über einen Sachverhalt, meist ein emotionales Grenzgebiet, und kann nur deshalb darüber authentisch berichten, weil ich es selbst er- und durchlebt habe. Eine Erzählung von mir zu einem emotionalen Grenzgebiet ist nur dann wahrhaftig nachvollziehbar, wenn ich persönlich dort war. Das kann die Situation im Krieg sein, das kann genauso gut die Situation bei einem Trauerereignis sein. Oder anders gesagt: eine Geburt mit ihren ganzen Facetten, wie Schmerz und Emotionen, kann ich als Mann nicht beschreiben. Berichten kann ich nur aus der Beobachterperspektive, ich werde aber niemals die Erfahrungen einer Frau nachfühlen können.

Nun gibt es aber Menschen, die genau das tun. Sie berichten aus Kriegen, als ob sie da waren, berichten von der Geburt, als ob sie selbst entbunden haben, berichten von der Trauer ohne eigenen Verlust. Sie plagiieren einen emotionalen Zustand, den sie allenfalls theoretisch empfinden können, wenn sie es nicht ausdrücklich kenntlich gemacht haben. Ziehen dann weitergehende Schlussfolgerungen daraus und verbreiten sie. Sie gehen sogar so weit, dies gezielt einzusetzen, um damit unter dem Deckmantel der Hilfsbereitschaft Dienstleistungen gegen Bezahlung anzubieten.

Ich will gar nicht in Abrede stellen, dass es darunter Menschen gibt, denen es gelingt. Aber genauso gibt es diejenigen, denen es nicht gelingt, und hier bewegen wir uns in einem emotionalen Minenfeld. Denn wenn ich die Erfahrungen nicht vorweisen kann, kann ich mich auch nicht vollständig einfühlen. Es wird immer etwas fehlen. Ich plagiiere einen emotionalen Kontext und gehe das Risiko des Schadens ein, auch wenn ich es gut meinen sollte. Mein Gegenüber wird aber in aller Regel eine mögliche Authentizität nicht in Frage stellen, weil davon ausgegangen wird, dass man den Erzähler damit verletzen würde, indem man ihn hinterfragt. Anders als in einer wissenschaftlichen Arbeit, bei der am Ende ein Produkt vorliegt, welches prüfbar ist, fehlt die Möglichkeit auf der emotionalen Ebene.

Nicht dass ich falsch verstanden werde: Ich achte denjenigen, der einen Mehrwert für den Einzelnen oder für die Gesellschaft generieren möchte. Aber jeder möge sich prüfen, ob er damit auch ehrlich sein kann, denn es gibt auf der Gegenseite Menschen, die sich in einer emotionalen Ausnahmesituation befinden und keine Zeit und keinen Raum für Prüfungen haben. Diese öffnen sich in ihrer Krisensituation, legen ihr Innerstes nach außen und gehen davon aus, dass Helfer ehrlich damit umgehen.

In einer Welt aus Fake News, Plagiaten und von Computern generierten Informationen (KI) gibt es immer noch einen menschlichen Bereich, den der Emotionen, den ich zwar vorgaukeln kann, der aber ehrlich bleiben sollte, da wir sonst in Zukunft unsere menschliche Basis verlieren, und was bleibt dann noch, wenn wir auch diesem Bereich nicht mehr vertrauen können?

LITERATUR

Anderberg, D., Rainer, H. & F. Siuda (2022): Der Einfluss der Covid-19-Pandemie auf häusliche Gewalt – neue Ansätze zur Quantifizierung mittels Google-Suchdaten. ifo Schnelldienst 1 / 2022 75. Jahrgang 19. Januar 2022: S. 32-34.

Bayrischer Rundfunk (2018): https://www.br.de/nachrichten/deutschland-welt/7-674-575-000-menschen-leben-zu-beginn-2019-auf-der-erde,RCrQoqr.

Birkenbihl, V. F. (2008): Mehr als der sogenannte kleine Unterschied – Männer Frauen. DVD.

Bischof-Köhler, D. (2006): Von Natur aus anders. Die Psychologie der Geschlechtsunterschiede. Kohlhammer, Stuttgart.

Block, J. H. (1976): Issues, problems and pitfalls in assessing sex differences: a critical review of the psychology of sex differences. Merill-Palmer Quarterly 22: 283-308.

Bode, S. (2004): Die vergessene Generation. Klett-Cotta, Stuttgart: 303 S.

Bründel, H. (1999): Konkurrenz, Karriere, Kollaps: Männerforschung und der Abschied vom Mythos Mann. Kohlhammer, Stuttgart.

Buss, D. M. (2019): Evolutionäre Psychologie. Pearson Studium; 2. Edition: 608 S.

Chromosom und Anzahl der Gene: https://www.google.de/search?q=anzahl+gene+y+chromosom&rlz=1C2CHBD_deDE958DE958&sca_esv=ba1232cc7c24873f&ei=qQseZ47FK_7pi-gPgN72oAI&ved=0ahUKEwjOvdmro66JAxX-9AIHHQCvHSQQ4dUDCA8&uact=5&oq=anzahl+gene+y+chromosom&gs_lp=Egxnd3Mtd2l6LXNlcnAiF2FuemFobCBnZW5lIHkgY2hyb21vc29tMgQQABgeMggQABiiBBiJBTIIEAAYgAQYogQyCBAAGIAEGKIEMggQABiABBiiBEiGFFDrCljhC3ABeAGQAQCYAUigAYwBqgEBMrgBA8gBAPgBAZgCA6ACnwHCAgoQABiwAxjWBBhHwgIGEAAYBxgemAMAiAYBkAYIkgcBM6AHtgY&sclient=gws-wiz-serp.

Cornelia Funke: https://corneliafunke.com/de.

Dance, A. (2023): Übeltäter Immunsystem.- In: Neuroimmunologie – Körperabwehr im Gehirn. Spektrum der Wissenschaft.

Dannhauer, H. (1973): Geschlecht und Persönlichkeit. VEB Deutscher Verlag der Wissenschaften, Berlin.

Darwin, C. (1995): Die Entstehung der Arten durch natürliche Zuchtwahl. Reclam, Stuttgart: 693 S.

DPA (2016): Frauen fehlen häufiger im Job als Männer. Spiegel online 15.3.16.

Eia, H. (2013): Gehirnwäsche: Das Gleichstellungs – Paradox. youtube: https://www.youtube.com/watch?v=3OfoZR8aZt4&list=PLPPa8aTP2j2MPyEzYwqmCOMHLi1bmu95e.

Eisenegger, C. (2014): Testosteron – Das verkannte Hormon. www.spektrum.de

Epigenetik: https://www.spektrum.de/news/epigenetik-maeusekinder-erben-erfahrungen-der-grosseltern-spektrum-de/1215397.

Fischer, L. (2016): Leidende Männer mögen dickere Frauen.-http://www.spektrum.de/news/leidende-männer-mögen-dickere-frauen/1430014.

Franz, M. & A. Karger (Hg.) (2011): Neue Männer – muss das sein? Vandenhoeck & Ruprecht, Göttingen.

Gellert, G. (2023): Die Wildnis und wir – Geschichten von Intelligenz, Emotion und Leid im Tierreich. Springer, Berlin: 150 S.

Gilmore, D. D. (1991): Mythos Mann. Artemis und Winkler, München.

Gray, J. (1998): Männer sind anders. Frauen auch. Mosaik, München.

Hammer, E. (2014): Männer altern anders. Herder, Freiburg.

Harari, Y. N. (2018): Eine kurze Geschichte der Menschheit. Pantheon, München: 525.

Hasten, C. & C. Schubert (2017): Der Körper trauert mit. Psychoneuroimmunologie der Trauer.- Leidfaden 2/2017: 10-14.

Hollstein, W. (2012): Was vom Manne übrigblieb. opus magnum, Stuttgart.

Hüther, G. (2009): Männer. Das schwache Geschlecht und sein Gehirn. Vandenhoeck & Ruprecht, Göttingen.

Industrielle Revolution: https://de.wikipedia.org/wiki/Industrielle_Revolution.

Kaati, G., L. O. Bygren & S. Edvinsson (2002): Cardiovascular and diabetes mortality determined by nutrition during parents' and grandparents' slow growth period. European journal of human genetics 10.11 (2002): 682-688.

Kappeler, P. M. (2020): Verhaltensbiologie. Springer Spektrum: 479 S.

Karoshi: https://arbeits-abc.de/karoshi.

Kasten, H. (2003): Weiblich – Männlich. Geschlechterrollen durchschauen. Reinhardt, München.

Kegel, B. (2009): Epigenetik. DuMont, Köln.

Kelle, B. (2013): Dann mach doch die Bluse zu. adeo, Asslar.

Kirchstein, H. (2015): Männer trauern anders. Typisch männliche Strategien angesichts von Tod und Verlust – und wie sich damit umgehen ließe. Vortrag vor der Selbsthilfegruppe verwaister Eltern, Bramsche-Ueffeln am 23.4.15.

Kratochvil, H. (2012): Im Prinzip Jäger und Sammler. Galila, Etsdorf am Kamp.

Kreuels, M. (2014): Männer trauern anders – Bilder. BoD, Norderstedt: 104 S.

Kreuels, M. (2015): Männer trauern anders – Texte. BoD, Norderstedt: 172 S.

Kreuels, M. (2017): Männerstille. BoD, Norderstedt: 100 S.

Kreuels, M. (2023): Das leere Ich. BoD, Norderstedt: 146 S.

Kreuels, M. (2024): Ukrainekind. BoD, Norderstedt: 208 S.

Kuby, G. (2006): Die Gender Revolution. fe-medien, Kisslegg.

Lamm, L. (2023): Frauen bei der Jagd: Geschlechter-Mythos endgültig widerlegt. https://www.nationalgeographic.de/geschichte-und-kultur/2023/07/frauen-jagd-geschlechter-mythos-jaeger-sammler.

Leimbach, B. T. (2008): Männlichkeit leben. Ellert & Richter Verlag, Hamburg.

Marlow, F., & A. Wetsman (2001). Preferred waist-to-hip ratio and ecology. Personality and Individual Differences, 30, 481–489.

Moir, A. & D. Jessel (1990): Brainsex – Der wahre Unterschied zwischen Mann und Frau. Econ, Düsseldorf.

Namaschk, G. & S. Rohr (2015): "Er macht doch gar nichts..." – Ein Blick auf Kinder mit Vater oder Mutter im Wachkoma. Broschüre Facharbeit Wachkoma.

Normalverteilung: https://de.wikipedia.org/wiki/Normalverteilung.

O'Connor, M.-F. (2023): The Grieving Brain: The Surprising Science of How We Learn from Love and Loss. HarperOne: 256 S.

Oeser, E. (2011): Katastrophen – Triebkraft der Evolution. primus verlag, Darmstadt.

Pease, A. & B. Pease (2002): Warum Männer nicht zuhören und Frauen schlecht einparken. Ullstein, München.

Pinel, J. P. J. & P. Pauli (2012): Biopsychologie. Pearson, Hallbergmoos, 8. Aufl.: 622 S.

Plagiat: https://www.duden.de/rechtschreibung/Plagiat.

Reichart, T. & C. Pusch (2023): Resilienz-Coaching: Ein Praxismanual zur Unterstützung von Menschen in herausfordernden Zeiten. Springer: 316 S.

Resilienz: https://de.wikipedia.org/wiki/Resilienz_(Psychologie).
Schwanitz, D. (2003): Männer – Eine Spezies wird besichtigt. Goldmann, München.

Stamm, M. (2007): Begabung, Leistung und Geschlecht. Eigene Internetseite www.margitstamm.ch

Stein, E. (1917): Zum Problem der Einfühlung. Halle (Saale), 1917. (Teile II und IV aus o.g. Diss.) Neuausgabe in Edith-Stein-Gesamtausgabe. Band 5, Herder, Freiburg 2008.

Stolz, M. & O. Häntzschel (2013): Männer und Frauen. Knaur, München.

Süfke, B. (2010): Männerseelen. Ein psychologischer Reiseführer. Goldmann, München.

Suzmann, J. (2021): Sie nannten es Arbeit. C.H. Beck, München.

Tinbergen, N. (1956): Instinktlehre. Vergleichende Erforschung angeborenen Verhaltens. Paul Parey: 256 S.

Toprak, A. & K. Nowacki (2012): Muslimische Jungen. Prinzen, Machos oder Verlierer? Lambertus, Freiburg i. B.

Travison, G. et al. (2007): A population-level decline in serum Testosterone levels in american men. The Journal of Clinical Endocrinology & Metabolism 1 (92): 196–202.

Ulrich, R. S. (1984): View through a window may influence recovery from surgery. Science 224: 420–421.

Villoldo, A. (2001): Das geheime Wissen der Schamanen: Wie wir uns selbst und andere mit Energiemedizin heilen können. Goldmann Verlag: 320 S.

Waal, F. de (2023): Mamas letzte Umarmung – die Emotionen der Tiere und was sie über uns aussagen. Klett-Cotta, Stuttgart: 432 S.

Wais, M. & C. Grah-Wittich, U. Meier (2011): Wie werden aus Jungs richtige Männer … und wer ist dafür zuständig? Gesundheitspflege initiativ, Deiningen.

Weber-Kellermann, I. (1991): Das Männliche und das Weibliche. Zur Sozialgeschichte der Geschlechterrollen im 19. und 20. Jahrhundert. In: E. Moltmann-Wendel: Frau und Mann; Alte Rollen – Neue Werte. Patmos, Düsseldorf: 15–46.

Weißbach, L. & M. Stiehler (2013): Männergesundheitsbericht 2013: Psychische Gesundheit. Hans Huber: 276 S.

Wilson, E. O. (2013): Die soziale Eroberung der Erde. Eine biologische Geschichte des Menschen. Beck, München.

Yehuda, R. et al. (2016): Holocaust exposure induced intergenerational effects on FKBP5 Methylation. Biol. Psychiatry 80 (5): 372–380.

STICHWORTVERZEICHNIS

Aasfresser 20
Affen
Affe 64, 171
Aggression 65, 66, 172
Aggressionen 66, 67, 130
aggressiv 53, 74, 171
AIDS 153
Alkohol 35, 66, 113, 153, 168, 173
Altenheime 70
Anerkennung 51, 170
Angehörigen 22, 25, 111, 126, 166
Angst 32, 49, 53, 54, 80, 87, 94, 95, 99, 107, 108, 135, 137, 157, 164
Ängste 49, 111, 116
Angstzustände 62
Antriebslosigkeit 62
appetitiven 66
Arbeit 9, 35, 51, 70, 71, 72, 73, 74, 82, 83, 84, 85, 88, 93, 98, 101, 107, 109, 110, 112, 118, 125, 131, 137, 140, 155, 177
Arbeiten 26, 28, 117, 174
Arbeitsbedingungen 26
Arbeitsteilung 21, 163
Armee 39, 160
Arterie 27
Aufgabe 20, 23, 35, 36, 37, 55, 64, 78, 132, 163, 173, 174
Aufgabenverteilungen
Aufgabenverteilung 20
Auge 157, 158, 165, 170
Augen 69, 93, 102, 105, 106, 111, 125, 141, 145, 164
Augenkontakt 68, 73, 154, 164
Auto 65, 68, 69, 73, 84, 93, 94, 97, 151, 168
Baby 107, 163, 173
Begleiter 9
Begleitung 67, 98, 101
Beifahrersitz 73
Bemalung 66, 168
Beratungsstellen 56, 57, 63
Beruf 20, 21, 51, 87, 92, 93, 94, 98, 114, 130, 148, 167
Berufe 28, 57, 148, 153, 169
Berufen 26
Berufsunfälle 153, 167
Berufswelt 28
Berührung 53
Beschützerinstinkt 49
Bevölkerung 35, 164
Bewertung 41, 59, 75, 145, 170
Beziehung 52, 82, 83, 84, 87, 88, 92, 104, 113, 114, 130, 134, 138, 141, 143, 160, 161, 173
Beziehungen 52, 61, 98, 105, 155, 162, 169, 171
Bindegewebsschwäche 62
Biologie 11, 20, 25, 28, 41, 70, 75, 145
Bluthochdruck 62, 125
Blutmenge 27
Botaniker 46
Boxsack 67
Cafés 68
Chromosom 63
Coronakrise 66, 153
Coronazeit 66
Corpus callosum 160
Cortisol 62, 64
Datenautobahnen 31, 62
DDR 38
Denken 25, 62, 69, 70, 145, 170
Depression 96, 155, 172
Depressionen 47, 53, 62, 111
Desoxyribonukleinsäure 46
Deutschlands 38
Diabetes 40
Dienstleistungen
Dienstleistung 177
DNA 47
DNS 46
Dogma 46
Drohgebärde 68, 164
Duft 47
Ehemänner
Ehemann 36
Ehrenamt 51
Eigenschaften 21, 28, 41, 47, 63, 65, 145, 166, 170
Einsamkeit 52, 74, 78, 82, 87, 91, 95, 124, 134
Eisen 156
Eizellen 155
Ejakulat 171
Eltern 21, 71, 91, 93, 94, 95, 98, 113, 117, 118, 119, 120, 132, 136, 167, 179
Emotionen 87, 90, 106, 177
Endorphine 62, 115
Energie 20, 63, 65, 89, 113, 114, 130, 132
Energieaufwand 39
England 148, 149, 162, 166
Enkel 40, 47, 99
Entwicklung 17, 20, 25, 27, 59, 75, 84, 106, 108, 145
Entwicklungen
Entwicklung 20, 145

Epigenetik 20, 46, 47, 48, 179
Erbgut 20
Erbgutes 46, 47
Erde 17, 20, 21, 24, 27, 65, 91, 103, 157, 161, 181
Erfahrungen 8, 9, 46, 47, 48, 56, 57, 78, 90, 96, 105, 176, 177
Erkrankung 84, 85, 86, 116, 123, 135
Ernährungsphase 23
Erschöpfung 31
Erziehung 28, 41, 86, 87, 98
Europa 40
Evolution 20, 21, 31, 41, 55, 70
Fahnen 66, 168
Familie 24, 35, 37, 39, 52, 54, 55, 56, 61, 65, 84, 85, 87, 90, 92, 93, 94, 95, 96, 98, 100, 105, 107, 108, 112, 114, 117, 118, 119, 120, 121, 125, 128, 131, 135, 139, 140, 155, 168, 169, 170, 176
Familien 35, 54, 56, 63, 67, 82, 93, 94, 143, 154, 157
Feind 65, 66, 68, 168
Finger 27, 157
Fitness 37, 61, 63
Fitnessstudio 65, 74
Fleisch 23, 24, 169
Folgegenerationen 47
Fortpflanzung 156
Fortpflanzungsorgane 161
Frau 20, 21, 24, 28, 35, 36, 39, 40, 41, 52, 56, 69, 70, 73, 74, 82, 83, 84, 85, 86, 87, 88, 89, 90, 91, 92, 93, 94, 95, 97, 98, 99, 101, 106, 108, 109, 112, 113, 114, 115, 116, 117, 118, 123, 124, 125, 126, 127, 131, 132, 135, 136, 137, 138, 139, 140, 142, 143, 144, 145, 152, 153, 154, 155, 156, 157, 158, 159, 160, 161, 162, 163, 164, 165, 166, 167, 168, 169, 170, 171, 172, 173, 177, 180, 181
Frauen 14, 22, 23, 24, 26, 28, 31, 35, 37, 39, 40, 41, 49, 52, 53, 55, 56, 57, 63, 65, 66, 67, 68, 69, 70, 71, 73, 75, 96, 97, 99, 113, 114, 115, 130, 145, 148, 151, 152, 153, 154, 155, 156, 157, 158, 159, 160, 161, 162, 163, 164, 165, 166, 167, 168, 169, 170, 171, 172, 173, 174, 178, 179, 180
Frieden 41, 85, 91
Früchten 23
Funktionsmodus 36, 136
Fußballstadien 66
Fußballstadion 65, 67, 74
Fußballstadions 66
Garten 40, 82, 89, 93, 94, 125, 128, 139
Geburt 23, 35, 93, 162, 169, 177
Geburtenrate 38
Gefahren 68
Gefahrensituationen
  Gefahrensituation 55
Gefühl 36, 66, 70, 97, 98, 102, 103, 104, 106, 109, 124, 126, 129, 131, 132, 134, 135, 136, 161, 164, 173, 176
Gefühle 68, 70, 79, 81, 84, 87, 90, 99, 100, 103, 107, 109, 113, 117, 120, 122, 124, 128, 133, 136, 138, 140, 143, 157, 162
Gefühlszentren 68
Gehen 51, 68
Gehirn 20, 31, 39, 62, 68, 69, 70, 106, 131, 156, 157, 158, 161, 163, 178, 179
Gehirnhälfte 157, 165, 166
Gehirnhälften 70, 156, 158, 160, 162
Gehirns
  Gehirn 31, 70, 156
Gemeinschaft 35, 52, 61, 64, 65, 73, 96, 104, 169
Gene
  Gen 21, 46, 55, 116
Generation 25, 31, 46, 47
Generationen 37, 47, 99
Genesungszeiten 40
Genfunktion 46
Genom 46
Geruch 162
Geschichte 11, 17, 20, 24, 28, 38, 55, 99, 126, 153, 156, 179, 181
Geschlecht
  Geschlechter 23, 24, 39, 41, 151, 155, 156, 157, 163, 178, 179, 180
Geschlechter 46, 148, 173
Geschlechtern 36, 37, 75, 158, 160, 164
Geschlechterrollen
  Geschlechterrolle 21, 24, 28, 151, 171, 179, 181
Geschlechtsverkehr 171
Geschlechtszelle 48
Geschlechtszellen 155
Gesellschaft 38, 57, 97, 136, 155, 177
Gespräch 8, 36, 67, 68, 69, 84, 97, 102, 103, 131, 138, 141, 164, 168
Gesundheit 5, 35, 37, 52, 53, 174
Gewalt 65, 66, 67, 71, 152, 153, 160, 161, 162, 164, 167, 173, 178
Gewinner 11
Glukokortikoide 62
Großeltern 21
Großvater 47
Gruppenzusammengehörigkeitsgefühl 68
Handeln 67
Handlung 20, 62, 153
Hausarbeit 51
Haut 62, 98, 141, 158, 159, 160
Herzerkrankungen 40, 62
Herz-Kreislauf-Erkrankungen 40
Herzrhythmusstörungen 31
Herzschlag 145
Hierarchie 53, 55, 56, 158
Hierarchien 55, 68, 166
Hobby 51, 82, 94
Hoden 161, 171

Höhle 69, 71, 73, 170, 172
Homo sapiens 25, 41
homosexuell 68
homosexuelle 153
Hooligans 154
Hormon 24, 64, 65, 160, 178
Hormone 74, 155, 172
Hormonen 166
Hospiz 57
Hungerwinters 40
Hypochondrie 52
Identität 49, 51
Immunsystem 31, 158
impotenten 160
industriellen
  industriell 17, 25
Industrienationen 49
Jagd 22, 24, 55, 65, 69, 157, 163
Jäger 20, 24, 28, 66, 67, 68, 166, 168, 179
Joggen 65, 69, 115
Jugendlichen 67, 154
Jungen 38, 54, 63, 67, 154, 155, 156, 159, 162, 163, 164, 165, 166, 172, 173, 180
Kampf 65, 72, 78, 116, 129, 171
Karoshi 51
Katastrophe 31, 59, 94
Kettensägen 67
Kibbuzim 164
Kind 23, 24, 39, 82, 93, 96, 105, 108, 135, 161
Kinder 23, 25, 35, 40, 47, 56, 57, 63, 65, 69, 70, 82, 83, 84, 85, 86, 91, 93, 94, 95, 96, 98, 105, 108, 112, 114, 116, 117, 118, 125, 128, 130, 131, 132, 133, 138, 153, 154, 155, 157, 162, 163, 169, 170, 172, 174, 176, 180
Kinderbetreuung 93
Kindererziehung 22, 152, 163
Kindern 24, 56, 70, 83, 84, 85, 86, 92, 93, 94, 95, 96, 98, 99, 105, 113, 114, 116, 117, 134, 138, 163
Kleidung 55, 66, 104, 168
Kleingruppen 24
Kliniken 38
Klischee 41
Knieverletzungen 166
Kochen 97, 101, 139, 142, 152
Kommunikation 24, 69, 73, 133, 159, 165
Kommunikationsprobleme 41
Kommunikationszentren 68
Konflikten 28
Körper 22, 27, 31, 48, 53, 58, 59, 62, 65, 74, 87, 88, 90, 145, 155, 161, 179
Körperformen 39
Körperkraft 26
Körperkult 53
körperliche Fitness 56
körperlichen
  körperlich 24, 39, 56, 65
Körpers 24, 32, 47, 167
Körperschmerzen 31
Kortikosteroide 62
Krähen 64
Krankenhauszimmer 40
Krankheiten 99
Krebserkrankungen 47
Krieg
  Kriege 22, 38, 59, 177
Kriege 59, 159, 169
Kriegsenkeln 47
Kriegskindern 47
Krise 11, 61, 79, 81, 85, 87, 91, 100, 104, 107, 110, 115, 118, 120, 122, 124, 128, 137, 140, 144
Kultur 20, 28, 61
Kulturen
  Kultur 23
Kunstwerke 67
Kupfer 156
Küssen 68, 166
Landwirtschaft 22, 24, 28, 149, 157
Lautstärke 66, 168
Leben 10, 11, 24, 32, 40, 52, 58, 59, 60, 72, 79, 80, 81, 82, 83, 84, 85, 86, 87, 88, 89, 90, 91, 92, 93, 94, 95, 96, 98, 99, 100, 101, 102, 103, 104, 105, 106, 107, 108, 110, 111, 112, 113, 114, 115, 116, 118, 119, 120, 121, 122, 123, 124, 125, 126, 127, 128,130, 131, 132, 133, 134, 135, 136, 137, 138, 139, 140, 142, 143, 144, 153, 155, 171, 174, 175
Lebenserwartung 35, 52, 101, 170
Lebensraum 46, 94, 156
Lebensumstände 25, 26
Leiblichkeit 53
Lernen 31, 56, 64, 176
lesbisch 153
Liebe 41, 83, 85, 86, 91, 93, 96, 103, 104, 112, 114, 116, 134, 138, 152, 164, 168
Mädchen 39, 54, 155, 156, 158, 162, 163, 164, 165, 166, 170, 172, 173
Magengeschwüre 62
Magensaft 167
Mann
  Männer 1, 3, 5, 20, 21, 24, 26, 36, 41, 51, 52, 53, 54, 55, 57, 65, 68, 69, 70, 71, 72, 73, 78, 85, 86, 94, 97, 99, 110, 111, 112, 113, 129, 138, 141, 145, 152, 153, 154, 155, 156, 157, 158, 159, 160, 161, 162, 163, 164, 165, 166, 167, 168, 169, 170, 171, 172, 173, 177, 178, 179, 180, 181
Männer 8, 9, 10, 14, 21, 24, 25, 26, 28, 35, 36, 37, 39, 40, 41, 49, 51, 52, 53, 54, 55, 56, 57, 66, 67, 68, 69, 70, 71, 73, 74, 75, 78, 96, 99, 114, 130, 145, 148, 151, 152, 153, 154, 155, 156, 157, 158, 159, 160, 161, 162, 163, 164, 165, 166, 167, 168, 169, 170, 171, 172, 173, 174, 178, 179, 180, 181
Männerängste 49

Männergesundheitsbericht 35, 52
Männern 8, 10, 24, 25, 28, 31, 39, 40, 56, 63, 66, 68, 69, 78, 119, 130, 153, 154, 155, 157, 158, 159, 160, 162, 166, 169, 172
Mannes 23, 35, 49, 56, 57, 60, 68, 99, 117, 155, 156, 157, 158, 159, 160, 161, 163, 168
männlich 57
männlichen 35, 39, 41, 57, 63, 67, 159, 167, 172
Maschinen 26, 28, 161
Maus 46
Mäuse 47
Mäusen 47
meiotisch 46
Mensch 11, 25, 26, 27, 38, 39, 59, 62, 75, 87, 90, 121, 133, 137, 140, 157, 175, 176
Menschen
Mensch 11, 17, 20, 21, 24, 25, 27, 28, 31, 32, 35, 37, 40, 41, 46, 48, 52, 56, 57, 58, 59, 62, 63, 73, 75, 78, 80, 89, 94, 95, 96, 97, 98, 106, 107, 108, 109, 111, 113, 114, 115, 117, 122, 125, 126, 129, 130, 131, 132, 133, 135, 137, 140, 155, 156, 165, 168, 172, 174, 175, 176, 177, 180, 181
Menschheit 20, 28, 153, 156, 179
Menschheitsgeschichte 55
menschlichen 20, 21, 47, 57, 177
Menstruation 161, 162
Milchproduktion 23
Mimik 116, 162, 170
mitotischen 46
Möglichkeiten 26, 46, 47, 59, 99, 111
Mönche
Mönch 35
morphologischen 27
Mortalitätsrate 52
Muskeln 65, 145
Muskulatur 62, 166, 171
Mutation 47
Mutationen 46
Mutter 47, 63, 69, 80, 84, 93, 94, 95, 96, 97, 98, 113, 114, 128, 131, 138, 151, 162, 163, 165, 173, 180
Müttern 39, 63, 96
Mythen 41
Nachfahren 21
Nachkommen 20, 21, 40, 47, 65, 145, 156
Nähe 23, 52, 68, 81, 82, 93, 96, 101, 104, 110, 128, 140, 166
Nahrung 23, 55, 65, 159
Nationalsozialisten 47
Natur 11, 20, 23, 24, 27, 28, 38, 39, 40, 41, 59, 75, 101, 103, 140, 141, 145, 156, 162, 178
Nervenverbindungen 31
Nest 26, 70, 94
Netzwerkstrategie 56, 57
neurobiologische Modell 31
Neuroimmunologie 31, 178
Neurophysiologie 62
Neuroplastizität 31
Nonnen
Nonne 35
Ödemen 62
Opiate 62
Orientierungssinn 168
Östrogenspiegel 158
Oxytocin 64
Paarbildung 41
Paaren
Paar 36
Partnerin
Partner 35, 52, 79, 81, 83, 84, 85, 86, 88, 90, 92, 96, 97, 98, 100, 104, 108, 110, 115, 119, 122, 125, 126, 127, 128, 138, 141, 143, 144, 173
Partnerschaft 35, 69, 83, 85, 93, 114
Patente 154
Patienten 40
Penis 53, 161
Perspektive 58, 63, 91
Pflanzen 40
Pflege 22, 28, 70, 131, 132
Plagiat 176
Polyneuropathie 101
Population 20, 39, 40, 59, 176
Pornographie 155
Primaten
Primat 172
Psychologie 9, 11, 17, 20, 23, 24, 28, 31, 37, 41, 46, 63, 75, 162, 164, 167, 170, 171, 178
Pubertät 40, 155, 156, 164, 165
Publikationen 24
Rechte 26
Reden 69, 70, 126, 167, 172
Reflexion 175
Religion 41
Rente 51
Reproduktionserfolg 170
Resilienz 61, 63, 180
resilienzfähig 62
Resilienzfähigkeit 63, 64
Revolution 17, 25, 26, 153, 180
Rollen
Rolle 20, 24, 26, 163, 164, 181
Rollenbilder 25, 28
Rollenverteilung 25, 28
Rosenduftstoff 47
Samenfäden 171
Samenzellen 155, 171
Sammeln 22, 23
Sammler 20, 24, 28, 66, 68, 166, 168, 179
Sauerstoff 65, 145
Säugetieren 171
Säuglingen 172

Säulen 49
Scheidungen 115, 155, 171
Schießen 156
Schizophrenie 40
Schlafstörungen 62
Schläge 65
Schmerz 60, 65, 79, 81, 82, 84, 87, 90, 94, 100, 102, 103, 107, 109, 113, 117, 120, 121, 122, 124, 125, 128, 133, 134, 136, 140, 141, 143, 169, 174, 177
Schmerzen 86, 87, 90, 91, 99, 112, 123, 126, 169, 175
Schuhe 163
Schwäche 68, 160, 162
schwanger 156
Schwangeren
  Schwangere 40
Schwangerschaft 23, 82, 106, 135, 157
Schwangerschaften 53
Schwarmbewusstsein 38
Schweigen 69, 73
Schweißdrüsen 65, 75, 167
Selbstbestimmung 152
Selbstmörder 153, 154
Selbstverständnis 160
Selektion 20
Sex 35, 104, 112, 115, 155, 168
Sexualität 53, 156, 171
Sicherheit 49, 51, 53, 66, 118
Soldaten 39, 57
sozialen 26, 28, 52, 57, 70, 75, 169
Soziologen 27
Soziologie 9, 11, 75
Spermien 171
Sport 31, 81, 113, 115, 125
Sprachvermögen 157
Sprachzentrum 157
Staaten 38
Stammesbräuche 66, 168
Stammfettsucht 62
Stärke 66, 113, 158, 162, 168
Status 51, 53
Sterbebegleiter 75, 98
Sterben 73, 82, 84, 90, 91, 110, 111, 126, 139, 140, 141
Stereotypen 41
Sternenkinderzentrum 35
Stockkämpfe 67
Strategie 25, 56, 57
Streit 41, 93, 95, 106, 114
Streitkräfte 38
Stresshormone 62
Stresshormonen 31, 62
Strom 28
Stromschlag 47
Studenten 46, 155
Stuhlkreis 65, 73
Suchtverhaltensweise 35
Suizid 37, 62, 132
Suizide 47
Suiziden 153
Suizidrate 57, 63, 153
Suizitrate 159
Supermarkt 28, 65, 97
Testosteron 24, 65, 165, 172, 178
Testosteronspiegel 158, 172
Tierarten 156
Tierstimmen 156
Tod 51, 52, 59, 60, 64, 71, 73, 79, 80, 82, 83, 84, 85, 86, 87, 89, 92, 93, 94, 98, 99, 101, 102, 103, 105, 107, 108, 109, 110, 111, 112, 113, 114, 115, 116, 117, 118, 119, 120, 121, 123, 125, 126, 127, 129, 130, 132, 135, 136, 137, 139, 140, 142, 143, 167, 174, 179
Tonlagen 169
Training 39
Trainings 39
Tränen 59, 73, 83, 90, 123, 125, 127, 129, 133
Trauer
  trauern 1, 8, 10, 11, 31, 35, 36, 37, 40, 47, 58, 59, 61, 62, 63, 64, 67, 75, 79, 80, 81, 83, 84, 85, 86, 87, 88, 89, 90, 91, 92, 93, 95, 96, 97, 98, 99, 100, 101, 102, 104, 105, 106, 107, 108, 109, 110, 111, 112, 113, 114, 115, 116, 117, 118, 119, 120, 121, 122, 123, 124, 125, 126, 127, 128, 132, 133, 134, 135, 136, 137, 138, 139, 140, 141, 142, 143, 144, 174, 175, 177, 179
Trauerbegleiter 57, 64, 90, 99, 153
Trauerbegleiterin 57, 67
Trauerbegleitung 110, 129, 176
Trauerbewältigung 86, 126
Trauercafé 57, 63, 65, 67, 68, 73, 100
Trauergespräch 68
Trauergruppe 67, 103, 109, 124, 125
Trauergruppen 67
Trauernde 41, 94, 107
Traumaforschung 47
Traurigkeit 97, 123, 174
Tumors 142
Übergewicht 40
Überlebenswahrscheinlichkeit 40, 145
Umarmung 68, 166
Umwelt 21, 28, 40, 63, 94
Umweltbedingungen
  Umweltbedingung 39, 145
Unterarm 27
Unterschiede 31, 37, 40, 41, 57, 63, 75, 145, 168, 173
Urzeit 57, 68, 156, 163, 169, 170, 171
USA 39, 153, 159, 162
Vater 47, 80, 81, 93, 97, 110, 113, 115, 151, 163, 165, 176, 180
Väter 69, 96, 162, 172
Vererbung 46

Vergangenheit 8, 25, 28, 35, 57, 65, 66, 69, 98, 115, 145
Verhaltensmustern 27
Verhaltensweisen 27, 31, 35, 36, 37, 47, 66, 67, 145, 171
Verlust 11, 31, 36, 51, 52, 53, 71, 79, 81, 85, 87, 91, 92, 94, 97, 100, 104, 108, 110, 113, 114, 115, 118, 121, 122, 125, 126, 128, 133, 138, 141, 144, 153, 167, 174, 177, 179
Verlustängste 52
Vermehrungsrate 20
Versorgung 35, 54, 56, 157, 169
Versorgungsaspekt 36
vorindustriellen
  vorindustriell 25
Wahrnehmung 41, 75, 94, 129, 145, 158
Wale 63
Wandergruppen 67
weiblich 37, 49, 57, 162
Weinen 31, 82, 84, 102, 162
Weltkrieg 157
wirtschaftlichen 26
Witwer 100, 166
Wohnort 24
Wohnortes 23
Wundheilung 62
Wut 67, 81, 83, 95, 109, 110, 113, 117, 120, 123, 128, 143
X-Chromosom 158
Y-Chromosom 47
Zebra 172
Zeitraum 24, 25, 27, 28, 49, 75
Zellansammlung 156
Zellen 155
Zeugung 171
Zivilisation 41, 173
Zorn 67, 95
Zusammenleben 41
Zwillinge 82, 161

ÜBER DEN AUTOR

Dr. Martin Kreuels

geboren 1969 in Kevelaer (Niederrhein),
Witwer und Vater

Biologe, Autor,
Inhaber des Literaturportals „Buchstabenparkplatz“,
Trauer- und Sterbebegleiter,
Referent für Männertrauer,
Gründer des Bundesverband Männertrauer e.V.
Wohnsitz in Ostfriesland

www.martinkreuels.de